U0208720

丝绸之路与华夏文明研究文库
西北边疆史地研究丛书

汗血宝马研究

西极与中土

侯丕勋◇著

飞天出版传媒集团
甘肃文化出版社

图书在版编目(CIP)数据

汗血宝马研究：西极与中土 / 侯丕勋著. --兰州：甘肃文化出版社，2015.12
（西北边疆史地研究丛书）
ISBN 978-7-5490-0966-4

Ⅰ. ①汗… Ⅱ. ①侯… Ⅲ. ①马—文化—研究—中国 Ⅳ. ①S821

中国版本图书馆 CIP 数据核字(2015)第 305271 号

汗血宝马研究:西极与中土

侯丕勋　著

责任编辑：	原彦平　李兰玲	
封面设计：	苏金虎	

出版发行：	甘肃文化出版社
网　　址：	http://www.gswenhua.cn
地　　址：	兰州市城关区曹家巷 1 号
邮　　编：	730030
印　　刷：	兰州万易印务有限责任公司
地　　址：	兰州市城关区黄河北玉垒关 23 号
邮　　编：	730000

开　　本：	787毫米×1092毫米　1/16
字　　数：	250 千
印　　张：	16.25
版　　次：	2016 年 4 月第 1 版
印　　次：	2016 年 4 月第 1 次
书　　号：	ISBN 978-7-5490-0966-4
定　　价：	40.00 元

《西北边疆史地研究丛书》由

甘肃省高校人文社科重点研究基地西北边疆史地研究中心

甘肃文化发展研究院、丝绸之路与华夏文明传承发展协同创新中心

西北师范大学甘肃省考古学、中国史、民族学、世界史重点学科

资助出版

前　言

　　西北边疆史地研究是西北师范大学历史学科长期稳定和最具特色的研究方向，学术积淀深厚。经过多年的发展，逐渐形成了西北疆域演变与国家稳定、西北边疆环境变迁、西北边疆民族宗教问题、西北边疆文化遗产保护与利用等相对集中的研究方向。近年来，西北师范大学充分利用便利的地域优势，主动适应地方文化建设的需要，在西北边疆史地研究方面开展系列学术科研活动，取得了一些重要成果。

　　一、编撰专题学术著作。以西北边疆史地为主题的学术专著有五十多部，其中主要有：吴廷桢、郭厚安《河西开发史研究》，季成家等《丝绸之路文化大辞典》，赵向群《五凉史探》，陈守忠《河陇史地考述》，侯丕勋、刘再聪《西北边疆历史地理概论》，李清凌《元明清治理甘青少数民族地区的思想和实践》，刘建丽《宋代西北吐蕃研究》，田澍《西北开发史研究》，田澍、何玉红《西北边疆社会研究》，田澍、何玉红《西北边疆管理模式演变与社会控制研究》，田澍、陈尚敏《西北史籍要目提要》，李并成《河西走廊历史时期沙漠化研究》，李并成《河西走廊历史地理》，胡小鹏《西北民族文献与历史研究》，李建国《陕甘宁革命根据地史》，尚季芳《民国时期甘肃毒品危害与禁毒研究》等。这些学术著作或以主题探讨为主，或以资料汇集为主，内容系统、全面，且具有一定的开拓性，引起了学术界的广泛关注。

　　二、承担各类科研项目。以西北边疆史地为主题的国家社科基金项目、教育部人文社科研究项目、甘肃省社科规划项目等八十余项，其中国家社科基金项目有：王三北《中国历代西北开发思维和苏联对外政策》，赵汝清《丝绸之路西段历史研究》，李清凌《元明清三代治理甘青少数民族地区的思想研究》，田澍《明清中央政府与蒙藏民族地区政治互动策略研究》和《十四到十六世纪明蒙关系的走向研究》，刘再聪《唐朝"村"制及西北民族地区基层治理研究》和《唐朝"村"聚落形态与基层行政制度"西进化"历程研究》，李并成《历史时期我国西北地区沙尘暴研究》，李晓英《近代甘宁青回族商人研究》，连菊霞《宗教信仰与族际通婚——以甘肃积石山县保安族、回族与汉族的通婚为例》，尚季芳《近现代西北民族地区毒品问题与社会控制研究（1840—1960)》，胡小鹏《晚清至民国时期甘青藏区社会群体纠纷解决机制研究》，潘春辉《清至民国时期甘宁青地区农村用水与基层社会治理研究》，李建国《近代西北地区商贸经济及对当地社会发展影响问题研究》，王新春《中国西北科学考察团与近代中国西北考古研究》，张嵘《我国社会现代化历程中的少数民族发展研究》，刘清玄《天水麦积山石窟洞窟题记释录与研究》，张荣《哈萨克问题与清代西北边疆安全》，李永平《甘肃新出土魏晋十六国文献整理研究》等。这些项目围绕与西北边疆史地有关的政治、经济、社会、文化、生态等内容展开研讨，主题集中，针对性强。

三、举办系列学术论坛。以西北边疆史地为主题的学术会议有："中国宋史研究会第十届年会暨唐末五代宋初西北史研讨会"，"庆贺蔡美彪先生八十华诞暨元代民族与文化国际学术研讨会"，"第11届明史国际学术研讨会"，"敦煌文化学术研讨会"，"河洮岷历史文化与甘肃民族史学术研讨会"，"南梁精神与甘肃红色文化高层论坛"，"甘肃历史文化资源高层论坛"，"甘肃远古文化与华夏文明高层论坛"，"中国古代史教学改革高层论坛"等。这些论坛吸纳国内外知名专家就当今西部大开发、西北边疆安全、西北民族地区社会稳定、西北生态保护、西北历史文化遗产保护开发等前沿课题展开集中研讨，提供学术咨询，具有较强的服务社会与政策咨询功能。

四、加强机构和学科建设。西北师范大学西北边疆史地研究取得的研究成果，有力地推动了历史学科的发展。2010年5月，西北师范大学西北边疆史地研究中心获批为甘肃省高等学校人文社会科学重点研究基地，成为国内专门从事西北边疆史地研究的高水平科研平台。目前，与西北边疆史地研究中心互为依托的科研平台有中国史一级博士点、中国史博士后科研流动站、甘肃文化发展研究院、甘肃省丝绸之路与华夏文明传承发展协同创新中心等。互为依托的平台之间相互推进，同步发展。2006年以来，《敦煌学教程》、《简牍学教程》、《西北边疆考古教程》、《西北少数民族史教程》等8部本科生系列教材先后出版，在国内高等学校历史学科教学方面产生了良好的影响。2013年，考古学、中国史、世界史、民族学四个学科同时获批为省级重点学科，使西北师范大学历史学科建设得到了新的发展机遇。

五、重视持续发展。近年来，西北师范大学围绕西北边疆史地研究，在《中国史研究》、《民族研究》、《中国边疆史地研究》及《人民日报》、《光明日报》等国内权威学术期刊和报纸上发表高水平学术论文七百余篇，不少被《新华文摘》、人大复印报刊资料等转载。截止2009年，汇聚阶段性成果的学术丛书《西北史研究丛书》十册本最后出齐。为了使西北边疆史地研究能够获得进一步、持续性顺利发展，《西北边疆史地研究丛书》应运而生。《西北边疆史地研究丛书》的编撰，必将不断深化西北边疆史地研究的深度，拓展西北边疆史地研究的学术视野。

西北边疆史地研究是一项伟大的事业，也是必将得到持续发展的事业。

二〇一三年十二月二十七日

目　录

插图目录

弁　言

一

　　大宛国汗血宝马，早在两千多年前就因其神奇而享誉中国了。自那时起，汗血宝马不断被贡献到中国来，从而使它逐渐变成了中国与中亚诸国间建立和发展友好关系的使者。2000年7月5日，土库曼斯坦尼亚佐夫总统赠送给我国江泽民主席的汗血宝马阿赫达什，和2006年4月2日土库曼斯坦尼亚佐夫总统赠送给我国胡锦涛主席的汗血宝马阿尔客达葛，续写了汗血宝马史和中土友谊的新篇章。2014年5月12日，土库曼斯坦库尔班古力·别尔德穆哈梅多夫总统，在北京举行的世界汗血马协会特别大会暨中国马文化节上，亲手将该国国宝阿哈尔捷金马，即一匹金色汗血宝马普达克赠送给了中国国家主席习近平，为中土两国人民的友谊树立了新的里程碑。

　　汗血宝马东入中原后，曾在历代汉民族生活中激起了层叠瑰丽的浪花，它所带有的马文化元素也就成了中国自先秦以来所形成的本土马文化向汗血宝马文化演变的主要元素。

　　在张骞第一次出使西域（前138年）之前，西汉人本不知道西域存在一个大宛国，更不知道大宛国出产神奇的汗血宝马。张骞第一次出使西域返汉时，首次将大宛国汗血宝马的信息带回了中原。此后不久，司马迁又将张骞所带回的汗血宝马信息记入了《史记·大宛列传》，接着，李广利在第二次伐宛战争中获得了3030匹汗血宝马，从此，汗血宝马便登上了世界历史舞台。直至今日，汗血宝马的身影仍然存在于中华民族的视野之中，它那众多古老和新颖的故事依然被众多的中国人满怀热情地传诵着。

二

汗血宝马的神奇故事、超凡灵性和高挑健美的形体，魂牵梦绕在古今中国人心头为时既久，而古代史家在正史和野史中对此均有简略记载，诗人、赋家也在其作品中予以尽情描述，这些都为今人了解、认识和研究汗血宝马问题提供了丰富资料。

历史文献对汗血宝马问题的记载，始于《史记·大宛列传》。正史文献对汗血宝马问题的记载存在一定阶段性差异，其中《史记·大宛列传》和《汉书·张骞李广利传》较为详细地记述了张骞于第一次出使西域时发现汗血宝马、带回汗血宝马信息，以及李广利奉命伐宛全过程及获得首批汗血宝马的情况；《后汉书·明帝纪》《三国志·魏书》和《晋书·苻坚载记》等记载了汗血宝马的汗血特征与舞马等情况；中唐后正史所记载破洛那、撒马尔罕等国所贡献马大多不以"汗血马"为称。

我国古代文献中的博物志、异物志、遗录、游记、见闻录、稗钞等，也不同程度地记载了汗血宝马。这些文献对汗血宝马的记载，大多较为系统、完整，带有一定故事性和趣味性，并对汗血宝马的生理特征多有涉及，因此，人们很容易从中得知汗血宝马的神奇之处。大量野史文献的有关记载，极大地丰富了正史文献记载汗血宝马问题的诸多不足。

关注社会现实问题，向来是我国古代诗赋诸家所保持的一种优良传统，因此，他们的部分诗赋作品总是带有鲜明的纪实性特点。在古代大宛国汗血宝马相继东入中原后，自然就成了历代诗赋诸家部分作品所描述的对象。如唐杨师道《马》诗追述西汉王公贵族骑着汗血宝马在上林苑宫殿区肆意游玩的情景："宝马权奇出未央，雕鞍照曜紫金装。春草初生驰上苑，秋风欲动戏长杨。鸣珂屡度章台侧，细蹀经向濯龙傍。徒令汉将连年去，宛城今已馘名王。"[①] 宋徐积《舞马诗》描述唐玄宗于开元天宝年间沉迷于观看汗血宝马跳舞，荒疏朝政："开元天子太平时，夜舞朝歌意转迷。绣褥尽容麒骥足，锦衣浑盖渥洼泥。才敲画鼓头

---

① 《文苑英华》卷330《诗》，北京：中华书局，1966年，第1718页。

先奋，不假金鞭势自齐。明日梨园翻旧曲，范阳戈甲满西来。"①以上古诗，虽系文学作品，但其中对汗血宝马的大量纪实性描述，明显具有一定史料价值，因此，它们在中国古代汗血宝马文化形成和发展的研究中，无疑具有不可或缺的重要作用。

三

汗血宝马问题，在史学领域属尚无全面、系统研究成果的一个课题，先前已有的论文多以探讨汗血宝马之"汗血"原因为主，其他方面涉及不多不深，且存在一些误断。

汗血宝马问题，虽然是一个小课题，但它延续的时间长达两千多年，涉及古代大宛、大夏、安息、康国、石国、西突厥、匈奴和古今中国等国家和民族。若从其具体内容看，这一课题包括了政治、经济、军事、民族、交通、文化和中外关系诸方面，至于所涉及历史人物，那也不少。因此，这一课题今后需要具体探讨的问题很多。若联系我国近十多年来的有关成果局限性明显的情况，今后需要着力开掘的问题，主要是史料收集和大量微观问题及个别根本性问题的探讨。

（一）收集与整理史料

史料是进行史学研究的基础与前提条件，没有史料或缺乏关键性史料，就难以进行史学问题的研究。汗血宝马问题由于不属于重大历史问题，所以史家对其记载都较简略。历史上一些关注怪异事物的学者，虽然也有部分记载，但又十分零散。这些情况造成了如今收集汗血宝马史料的一定困难。

据笔者查阅所知，有关汗血宝马的史料，主要分散于我国正史的本纪、西域传及与西域有关的部分人物传；其次，在古代博物志、异物志与杂录中也有少量记载；同时，还可以从西汉以后众多诗、词、赋等文献中查到有关史料。自20世纪80年代后期以来的部分汗血宝马问题论文，同样能为我们提供相关史料（具体文献目录，参见本书参考文献）。在此基础上，再将所收集的史料进行分类、归纳整理，并逐条探析其本

---

① 《全宋诗》卷654，第11册，北京：北京大学出版社，1993年，第7691页。

质性涵义，只要这样做，就一定能使汗血宝马的研究工作取得有价值的成果。

（二）探讨众多微观问题

对汗血宝马问题若要进行全面、系统研究，力求搞清楚其中众多微观问题，揭示大量具体问题的真实面目，那就必须不厌其烦地对其进行多层面探讨。

大量史料表明，需要探讨的汗血宝马微观问题约有数十个之多，诸如汗血宝马是谁首先发现的，何时发现的？是张骞第一个把汗血宝马带回了长安吗？汗血宝马有若干个名称，它们的涵义各是什么？汗血宝马之汗血原因诸说中哪一种说法是可信的，理由何在？李广利两次率军伐宛具体过程怎样，其根本目的是为夺取汗血宝马吗？大宛汗血宝马藏匿于贰师城，可是李广利何以专力攻打大宛城（即贵山城）？汗血宝马的产地在哪里，产地是一处还是多处？汗血宝马东入中原后曾上战场对匈奴作过战吗？汗血宝马东入中国后，中国古代的诗、词、赋中是怎样对其进行描述的？李广利伐宛期间，大宛王究竟是被谁所杀？李广利伐宛后，汉与大宛等国关系怎样？文献记载中的"舞马"与汗血宝马的关系怎样？土库曼斯坦总统向我国领导人所赠送的汗血宝马阿赫达什是怎样来到中国的，"阿赫达什"是什么意思？历史上从大宛等国来中国的汗血宝马很多，可是它们为何从中国人的视野中消失了？等等。

（三）探讨与阐释根本性问题

在有关汗血宝马的众多问题中，有两个问题是带有根本性的，其一是大宛国汗血宝马作为友好使者东入中国后逐渐密切起来的中国与大宛等国关系问题，其二是汗血宝马东入中国后所形成的汗血宝马文化及其在中国传统马文化中的地位与作用问题。

1. 中国与大宛等国关系

在历史上，汗血宝马一批批东入中原，如果考察其东来背景和所负使命，就能清楚地知道它们既不是作为一般的贡品，也不是作为民用的役畜，而实际上是作为友谊象征的特殊礼品被送来中原的。首批汗血宝马的东来，就曾为中国与西域大宛等国间友好关系建立了开创之功。在第二次伐宛战争后，大宛贵人立蝉封为大宛王，蝉封便"遣其子入质于汉。汉因使使赂赐以镇抚之"①。继而，"宛王蝉封与汉约，岁献天马二匹"②。大宛国以东的"仑头"（即轮台）一改前此常"苦汉使"行为，进而允许汉朝"田卒数百人，因置使者护田积粟，以给使外国者"③。在这一时期，乌孙也与西汉结成了"昆弟"之邦。与此同时，有些汉使、亡卒降于西域诸国，并"教铸作佗兵器。（诸国）得汉黄白金，辄以为器，不用为币"，而汉与西域"西北外国使，更来更去"④。在西汉之后，中原与大宛等国友好关系的持续发展，同样与一批批汗血宝马的东来密切相关。时至今日，只要我们客观分析和评价汗血宝马东入中原的历史影响，我们就会很自然地得出如果没有汗血宝马的东来，古代中国和西域大宛等国的关系极有可能是另外一种状况的结论。

2. 汗血宝马文化的地位与作用

中国本土马文化的肇始，当以春秋时期伯乐为秦穆公相千里马为标志。但当大宛国汗血宝马于西汉时东入中国后，汗血宝马文化就逐渐形成，并成为中国传统马文化的主流和主要特色了。这就是说，早在春秋时期初步形成的中国本土马文化，在汗血宝马东来后就吸收和融汇了汗血宝马所带有的诸多文化元素，从而使先秦时期所初步形成的本土马文化，逐渐发生了某种变异，即形成了以汗血宝马文化为主要特征的中国传统马文化。

在融入先秦以来本土马文化中的汗血宝马文化，以我国古代正史、野史、诗、词、赋、石刻、绘画、铜铸品等作为载体，以"天马""神马""龙驹""汗血"等词语表示其神秘性，以"千里马""千里驹""追风"等词语表示其奔跑速度飞快，以"解人语及知音舞与鼓节""舞马"等词语表示其具有超常灵性。在西汉到中唐的这一时期，汗血宝马经历了一个从外在的实物马逐渐向内在的观念中、意识中的马文化演变的过程。在中唐后，当汗血宝马从中国人视野中逐渐消失之后，观念和意识中的汗血宝马文化还铭刻在中国人的思想观念中。

---

① 《史记》卷123《大宛列传》。
② 《汉书》卷96《西域传上·大宛国》。
③ 《史记》卷123《大宛列传》。
④ 《史记》卷123《大宛列传》。

四

大宛国汗血宝马的东来和汗血宝马文化在古代中国的形成，与中国部分著名历史人物的极大关注有着很大关系。在这部分历史人物中，最为主要者当是一些帝王、诗人和画家等。

（一）喜爱汗血宝马的帝王

汉武帝是在中国汗血宝马史创始阶段起过关键作用的帝王。《易》中"神马当从西北来"的符咒促使他产生了"好宛马"、对宛马"闻之甘心"、必欲得之的思想。此后，大宛国郁成王杀汉使、劫汉物的事件，导致汉武帝不惜引起"天下骚动"，断然派遣李广利两次伐大宛，并因此获得了首批3030匹汗血宝马。在首批大宛国汗血宝马东入中原后，汉武帝所撰《天马之歌》，标志了中国汗血宝马文化的发端。东汉明帝刘庄也是一位喜爱大宛国汗血宝马的帝王。他曾赐给东平宪王刘苍和阴太后一匹汗血宝马，"血从前髆上小孔中出"。他还自称："尝闻武帝歌，天马霑赤汗，今亲见其然也。"[①]这一记载，对大宛国汗血宝马"汗血"现象及其"汗血"特点，作了根本性确认。

唐太宗李世民在亡隋兴唐过程中，曾率将士屡战沙场，他的坐骑"白蹄乌"就是一匹汗血宝马。贞观年间，李世民在为自己修建陵墓之时，为了褒扬"白蹄乌"等六匹坐骑的战功，遂下令将它们的形象雕刻于石，置于昭陵陵园，史称"昭陵六骏"。唐玄宗李隆基，对汗血宝马喜爱有加，自汉武帝以来所有帝王莫能为比。开元年间，玄宗曾下令在宫内设置"教坊"官署，专门负责训练汗血宝马为其跳舞。当时，共训练"舞马"百匹，每至"千秋节"（玄宗生日）这天，就牵来汗血宝马表演舞蹈，届时前来观看者，有时多达万人。宋释居简《续舞马行》诗曾咏道："见说开元天宝间，登床百骏俱回旋。一曲倾杯万人看，一顾群空四十万。"[②]从这首诗中，我们对唐玄宗喜爱汗血宝马之情况可窥一斑。

① 《后汉书》卷72《光武十王传·东平宪王苍传》。
② 《全宋诗》卷2792，第53册，北京：北京大学出版社，1998年，第33102页。

（二）汗血宝马诗人

中国古代诗人，曾以大量诗篇吟咏汗血宝马，这自然成了我国历史上长期存在的奇特文化现象。唐代杜甫、李白、岑参等，宋代苏轼、司马光、陆游、张耒等，都是颇具代表性的汗血宝马诗人，而杜甫吟咏汗血宝马诗篇数量居于首位。

杜甫吟咏汗血宝马的诗篇，现已查阅到近二十首，其中有"京师皆骑汗血马"，"胡马大宛名，锋棱瘦骨成。竹批双耳峻，风入四蹄轻。所向无空阔，真堪托死生。骁腾有如此，万里可横行"①等名句。李白生活于开天盛世，其诗才很得唐玄宗赏识，从而有机会进入宫廷，并曾在诗中自称骑乘过"天子大宛马"。唐代任华《寄李白》诗亦曾描述说：李白"身骑天马多意气，目送飞鸿对豪贵"②。

宋代司马光在《天马歌》中有"大宛汗血古共知，青海龙种骨更奇"③等名句；苏轼《次孔文仲见赠诗》以"君如汗血马，作驹已权奇"④诗句，将有才干之人同神奇的汗血宝马相比喻；徐积《舞马诗》"开元天子太平时，夜舞朝歌意转迷""明日梨园翻旧曲，范阳戈甲满西来"⑤等诗句，道出了唐玄宗观看舞马表演的奢靡生活。

（三）汗血宝马画家

东入中原地区的汗血宝马，以其矫健的身躯和神秘的汗血现象，引起了古代不少画家的关注。唐代以来的部分画家，曾用画笔，并以写实手法摹绘和创作了一批汗血宝马画，从而也涌现了如唐代的曹霸、韩幹、韦偃和宋代的李伯时等汗血宝马画家。

曹霸是一位宫廷画家，他曾将唐玄宗的汗血宝马"玉花骢"画成了画。此画传至宋代，当时诗人周紫芝看见后赋诗道："古来画马知几人，当时只数曹将军。"⑥

韩幹虽曾师从曹霸等人学画，但他并未简单地袭用他们的绘画风格

① 《御定全唐诗录》卷29，《文渊阁四库全书》第1472册，影印本，台北：台湾商务印书馆，第481页。
② 《御定全唐诗录》卷19，《文渊阁四库全书》第1472册，第334页。
③ 《全宋诗》卷498，第9册，北京：北京大学出版社，1992年，第6013页。
④ 转引自台湾《中文大辞典·水部》，第450页。
⑤ 《全宋诗》卷654，第11册，北京：北京大学出版社，1993年，第17211页。
⑥ 《全宋诗》卷1511，第26册，北京：北京大学出版社，1996年，第17211页。

和绘画技法，而是坚持了自己写实和富涵神韵的特点。他的著名画作《照夜白图》，画的是玄宗另一匹汗血宝马"照夜白"的肖像。韩幹画中的汗血宝马多具肥胖特点，宋代诗人张耒曾咏道："韩生画马常苦肥，肉中藏骨以为奇。"[①]李纲在诗中也咏道："始知韩幹画多肉。"[②]

李公麟(字伯时)是宋代声誉很高的一位画家，出自他手的汗血宝马画亦被众多诗人所吟咏。李公麟画中的汗血宝马多显瘦削，如黄庭坚诗吟咏道："李侯画骨不画肉，笔下马生如破竹。"[③]张侃《题李伯时马》诗亦曾吟咏道："近代李伯时，能画天厩马。画本出心匠，不在韩幹下。"[④]

在历史上，汗血宝马画的诞生和传世，为古代诗人赋诗吟咏提供了很好的对象，从而又产生了大量咏汗血宝马画之诗篇。

五

汗血宝马的产地问题，是史学界在汗血宝马课题上所关注的重要问题之一。近若干年来，汗血宝马产自大宛国费尔干纳盆地说虽然成了广泛流行之说，但只要我们查阅和考辨有关记载，就会知道汗血马的产地问题实际上并非单一。客观来看，汗血宝马有的始产于中亚地区，有的则产自中国本土。产自中国本土的汗血宝马，有的又与中亚汗血宝马存在着某种亲缘关系。

始产自中亚地区的汗血宝马，其具体产地有三：一是《汉书音义》所载"大宛国有高山，其上有马，不可得"[⑤]的那个山区。此山区似在费尔干纳盆地东南、今塔吉克斯坦"奥什"城（即汉贰师城）地区；二是宋代诗人龚开《黑马图》诗句所述"崑崙月窟"[⑥]所在地区。据考，此"月窟"实即大"月"氏之"窟"，亦即《太平广记》所说吐火萝国（今阿富汗）北部屋数颇梨山的"南崖穴"。这个"南崖穴"中，曾有神

---

① 《全宋诗》卷1164，第20册，北京：北京大学出版社，1995年，第13131页。
② 《全宋诗》卷1560，第27册，北京：北京大学出版社，1996年，第17715页。
③ 《全宋诗》卷987，第17册，北京：北京大学出版社，1995年，第11381页。
④ 《全宋诗》卷3109，第59册，北京：北京大学出版社，1998年，第37109页。
⑤ 《史记》卷123《大宛列传》注。
⑥ 《全宋诗》卷3465，第66册，北京：北京大学出版社，1998年，第41277页。

马粪流出①。三是今土库曼斯坦境内科佩特山脉和卡拉库姆沙漠间的阿哈尔绿洲。

中国本土发现过汗血宝马的地方，现有文证可据者主要有四：其一是敦煌渥洼池（今称月牙泉）。据《汉书·武帝纪》元鼎四年（前113年）条注引李斐曰：南阳新野刑徒暴利长，屯田期间曾在敦煌渥洼池旁发现和捕获了一匹奇异之马，为神异此马，诡称出自渥洼池。其二是青海湖的湖心山。据《隋书·吐谷浑传》等记载：吐谷浑人将所得波斯草马，放入青海湖湖心山，因生骢驹，能日行千里，史称"青海骢"。其三是宋代诗人楼钥等人诗中所描述"冀野"②骐骥和李纲诗中"冀北"③骐骥的产地。据考，其真正产地应为"冀北"。此"冀北"可能是指今河北省北部燕山一带地方。其四是《玉海》所载宋哲宗元祐年间，向熙河（今甘肃临洮、临夏一带）帅蒋之奇"贡骏马汗血者"的"西蕃"④地区。此"西蕃"极有可能是指临近宋代"熙河"的洮河之西吐蕃族。

六

现在，当笔者把这本研究汗血宝马问题的小册子奉献给广大读者的时候，已无当初筹划撰稿之时的兴奋心情了。这其中原因之一是史料收集尚未做到全面、系统，尤其国外史料仍然很贫乏；二是受笔者多年行文习惯和征引史料方法的影响，文字未能完全做到流畅和富于情趣。至于书中所提出和论述的学术观点，也未必尽善尽美，在此请诸专家学者不吝赐教。

笔者自知，任何一项学术成果，都只能是达到该课题研究终极目标漫长历程中的一块小基石。因此，笔者期望有志于这一课题研究的学者，今后为广大读者奉献更为优秀的学术成果。

---

① 《太平广记》卷435，《畜兽二·马》。
② 《全宋诗》卷2548，第47册，北京：北京大学出版社，1998年，第29545页。
③ 《全宋诗》卷1560，第27册，第17715页。
④ 王应麟：《玉海》卷149，《兵制·马政下·元祐三马图》，《文渊阁四库全书》，第946册，台北：台湾商务印书馆，第841页。

第一章 汗血宝马的发现

在张骞第一次出使西域之前，确切地说，在张骞第一次出使西域到达大宛国的公元前128年之前，中原西汉人对汗血宝马无人知晓，不仅如此，甚至连出产汗血宝马的大宛国也是闻所未闻。当时中原西汉人，对现今甘肃境外黄河以西地区情况的了解，可能比《穆天子传》和《山海经》所记述的丰富不了多少，至于对遥远的西域诸国情况的了解，那就更是仅限于模糊与残缺不全的传闻了。

从两汉文献记载和后代人研究得知，张骞第一次出使西域，其目的与最终的收获之间存在着极大反差。张骞不辞千辛万苦，冒着生命危险，在与汉朝失去联系十余年的情况下，仍然矢志不移地前往联络大月氏，最终目的却成了无法实现的泡影，然而，他"凿空"西域、了解西域诸国风土人情及发现大宛国汗血宝马等开创性贡献，则是述说千秋万代也不会终止的。这种意外的情况，正是张骞对中原汉朝的重大贡献，也是对中国历史的重大贡献。所以，客观地讲，张骞第一次出使西域的壮举，揭开了中原人了解西域诸国、研究西域诸国，并同西域诸国进行友好交往历史的第一页。

张骞在出使大月氏途中，停留于大宛国时发现了汗血宝马。但他当时并未获得汗血宝马，因此，更无可能将汗血宝马带回长安了。

汗血马是大宛国的"宝马"，别国难以轻易得到它。尤其是当匈奴先于西汉进入西域之后，不断扩大其影响，并役使西域诸国。这无疑成了后入西域的西汉同西域诸国建立友好关系的极大障碍，同样也成了获得汗血宝马的极大障碍。

第一节　大宛国汗血宝马的发现

张骞"凿空"西域，这在我国古代对外关系史上具有划时代意义，从此，中原西汉王朝与广大西域国家之间的交往史揭开了新的一页。不过，张骞第一次出使西域，其本意原与大宛国汗血宝马的东来无关。但若客观地看，它却为张骞发现汗血宝马，并把汗血宝马的信息带回中原提供了重要机会。下面先就张骞第一次出使西域原因与张骞发现大宛国汗血宝马的情况进行一些考述。

一、张骞第一次出使西域原因

张骞第一次出使西域（前138年）之际，恰逢西汉与匈奴战争即将爆发之时，这就表明，北方草原匈奴对西汉的严重威胁与张骞第一次出使西域是密切相关的。匈奴能够对西汉构成严重威胁以至双方之间爆发战争，这与匈奴自战国以来的发展紧密相连。

（一）西汉与匈奴南北对峙局面的形成

战国后期，我国北方草原地区主要有三大少数民族，即东北（燕山以北一带）的东胡、河套南北地区的匈奴及河西走廊地区的月氏。在秦统一六国后，东胡与月氏仍居故地，而河套南北地区的匈奴，对秦朝构成严重威胁，于是秦始皇派蒙恬率十万之众北击胡，悉收河南地，并"因河为塞"，即西起今甘肃岷县，东至辽东，修筑了防御匈奴的万里长城，同时北渡黄河，又开拓了北假（河套北河地区）等地，使匈奴力量受到了一定打击。但在蒙恬死、秦朝亡之后，中原出现了大乱，战国、秦朝时徙至北方长城沿线的中原戍边者纷纷逃归，匈奴便乘机南渡黄河，恢复了其战国时部分故地。

在冒顿单于继立后，匈奴作为一个政治、军事势力迅速崛起于北方草原，建立了一个强大的奴隶制草原游牧王国，并采取了统一整个北方草原的重大措施：一是以计谋大破东胡王，并虏其人民及畜产，势力伸展到了辽东地区；二是于汉文帝前元四年（前176年），派右贤王"西求月氏击之。以天之福，吏卒良，马强力，以夷灭月氏，尽斩杀降下之。定楼兰、乌孙、呼揭及其旁二十六国，皆以为匈奴。诸引弓之民（即北方草原各游牧民族），并为一家。北州已定"①。同时，又"南并楼烦（匈奴楼烦土部，位于今山西西北部）、白羊河南土（匈奴白羊王部，位于今河套以南），悉复收秦所使蒙恬所夺匈奴地者，与汉关故河南塞，至朝那（位于今甘肃灵台县西部）、肤施（位于今陕西横山县以东）"。至此，匈奴终于奄有东起辽东、西至西域的广大地区，成了能与中原西汉王朝相抗衡，并与西汉王朝南北对峙、拥有"控弦之士三十余万"②之众的强大势力，构成了对中原西汉王朝的严重威胁。

（二）韩王信降匈奴与"白登之围"

西汉建立初，徙韩王信（战国时韩王之子，汉初封为异姓王）于代地（今山西北部），都于马邑（今山西朔县），当匈奴大举南侵、围攻马邑时，其投降匈奴。韩王信为讨得匈奴信任，遂引匈奴再度南侵，攻太原（汉太原郡，位于今太原市南），至晋阳城（位今太原市南，一说为汉太原郡治）之南，对中原腹地构成了直接威胁。

为了能够解除匈奴的直接威胁，汉高祖刘邦便亲率大军进行反击。当时正值冬季，天降大雪，士卒的手指因受冻而"堕指者"有十分之二三，匈奴冒顿此时竟又佯装败退，并藏匿精兵，有意暴露赢弱，以诱汉兵。刘邦不知是计，便率三十二万大军全力追击。汉军大部分是步兵，少部分是骑兵，因此在北进中，刘邦所率骑兵首先到达平城（今山西大同地方），而步兵则未能全部到达。冒顿这时则见机行事，乘汉兵之危，"纵精兵四十万骑围高帝（刘邦）"于白登山（位于今山西大同北）七天七夜，致使内外不得相救援。冒顿为造声势，特地将匈奴骑兵中白马布防在白登山之西，青骢马（骢，青色马）布防在白登山之东，乌骊马（黑色马）布防在白登山之北，骍马（红黄色马）布防在白登山之南。在此危急形势下，汉高祖等贿赂匈奴王阏氏，阏氏便对冒顿说："两主不相困。今得汉地，而单于终非能居之也。且汉王亦有神，单于察之。"正好此时，冒顿与韩王信的部将王黄、赵利约定相会合，而王黄、赵利

① 《史记》卷110《匈奴列传》。
② 参见《史记》卷110《匈奴列传》。

所率兵却未能按时到达，冒顿怀疑王、赵二人与汉兵有密谋，加之阏氏有劝解之言，于是将白登山的包围圈打开一角，刘邦等乘机率兵"从解角直出"，并与大军会合。接着，冒顿也率兵向北退去了。①

匈奴的"白登之围"，使西汉统治者更加感到匈奴威胁的严重性，于是在对匈奴战争不能取胜的情况下，委派刘敬（原姓娄，因对汉有功，故赐姓刘）出使，与匈奴结成了"和亲"之好。此后，冒顿并未完全信守"和亲"之约，屡派韩王信及其部将王黄、赵利多次南侵；而汉将陈豨反叛后又与韩王信联兵侵扰代地，使边境长期不得安宁。

（三）中行说降匈奴"助纣为虐"

中行说，燕地人，汉文帝时宦者。其时，匈奴冒顿单于死，老上稽粥单于初立，文帝欲续"和亲"，打算派中行说护送宗室女去匈奴为单于阏氏。中行说本不愿意前往匈奴，而文帝却强行派他前往护送。于是中行说临行时便说道："必我行也，为汉患者。"其意是说，强行派我去，对汉朝必有后患。当中行说到达匈奴后，就投降了匈奴单于，从此，单于对其"甚亲幸"，而其对单于则经常出谋献策。在此之后，匈奴与汉朝的对抗不断加剧，对汉朝的侵扰有增无减。

中行说在匈奴极力离间在"和亲"期间形成的汉匈关系。当时，匈奴人"好汉缯絮、食物"，而中行说却离间说："匈奴人众不能当汉之一郡，然所以强者，以衣食异，无仰于汉也。"并说：如今单于改变匈奴风俗，喜好汉物，汉物虽占不到匈奴之物的十分之二，但却使匈奴尽归于汉矣。从汉得到的缯絮所缝制衣服，骑马奔驰在草棘中，衣皆易破裂，说明不如旃裘类衣服好。现在应把得自汉朝的食物皆扔掉，以示不如酪好。同时，又劝说单于左右亲信，实行向匈奴人征收畜产品的政策。他还日夜教唆老上单于"候利害处"，即注意寻找进攻汉朝的"利害处"。后在文帝十四年（前166年），匈奴单于率十四万骑兵入侵朝那（位于今甘肃灵台县西部）、萧关（位于今宁夏固原县境内），杀汉北地郡都尉，虏人民畜产甚多，大部队还到达了彭阳县（位于今甘肃镇原县境内），"奇兵"南下烧毁了回中宫（位于今陕西凤翔县境内），巡逻兵曾到达了甘泉宫（位于今陕西淳化县西北）。匈奴老上单于死，其子军

---

① 《史记》卷110《匈奴列传》。

臣继立为单于，而中行说仍然进行侍奉。此后，匈奴复绝"和亲"，大入上郡、云中（今内蒙古呼和浩特市以南），又入侵代地句注（位于今山西东北部）沿边一带。[①]

这一时期，虽然汉匈之间还勉强维系着"和亲"关系，但因匈奴的强大，其对汉朝北部边疆的侵扰与威胁已是日甚一日了。

（四）汉武帝为反击匈奴而欲求外援

汉武帝是一位具有雄才大略的封建统治者。在他即位时（前140年），汉朝既已国富兵强，基本具备了发动反击匈奴战争的条件。这时匈奴对汉朝的威胁依然十分严重。在此情况之下，汉武帝等谋划了"马邑之谋"，希冀一举歼灭匈奴骑兵主力，从根本上解除匈奴对汉朝的威胁。

《史记·匈奴列传》对"马邑之谋"作了简要记载，其大意是：西汉朝廷一方面对匈奴"明和亲约束，厚遇，通关市，饶给之"，另一方面暗中令马邑人聂翁壹佯装违背禁令同匈奴交市违禁物品，又佯装卖马邑城以诱匈奴，并派三十万汉兵埋伏于马邑城两旁。匈奴军臣单于因不明情况而对聂翁壹"信之"，又因贪图马邑财物，故率十万骑兵进入武州塞（在山西省北部雁门附近，即马邑城之北）。在匈奴骑兵尚距马邑百余里地方时，军臣单于发现当地汉朝牧畜遍野但无放牧者情况，因而对此感到奇怪，于是派兵攻打边亭以试探。当时，正好雁门郡尉史巡行此地，在受到匈奴兵进攻后，尉史便率兵守保边亭。不料，知晓汉朝"马邑之谋"的尉史，因所保边亭被匈奴攻克而被俘。在匈奴兵将要杀死尉史时，尉史因怕死而向匈奴泄露了"马邑之谋"，军臣单于听后大惊，并当即率兵北还，"马邑之谋"因此而失败。接着，军臣单于便"绝和亲，攻当路塞，往往入盗于汉边，不可胜数"[②]，汉匈大战自此而爆发。

匈奴兵全部是骑兵，行动迅速，来去如风；而汉兵既有骑兵，也有步兵，机动性、战斗力明显不敌匈奴兵，所以，在短时间内很难取得对匈奴战争的胜利。恰好在此时，汉武帝从汉兵所俘虏的匈奴兵口中获得

---

① 参见《史记》卷110《匈奴列传》。
② 《史记》卷110《匈奴列传》。

了重要情报。据载："是时天子问匈奴降者，皆言匈奴破月氏王，以其头为饮器，月氏遁逃而常怨仇匈奴，无与共击之。"① 当时，汉武帝急于战胜匈奴，以解除匈奴对汉朝的威胁，所以，在听到匈奴俘虏所提供的情报后，决定派人通使月氏。张骞正是在这样的条件下奉命出使西域的，出使途中曾到达了大宛国。

二、张骞在大宛国发现汗血宝马

张骞第一次出使西域，其目的在于联络大月氏，以便与西汉夹击强大的匈奴。至于大宛国汗血宝马的发现，则完全出于偶然。

（一）汗血宝马的发现

张骞在踏上第一次出使西域征途不久，就被匈奴扣留。从此他留匈奴时间长达十余年，后乘机逃脱，继续西行数十日，终于到达了大宛国。

张骞在大宛国停留时得知，在他到达之前，大宛国既已有"汉之饶财"的传闻，并曾"欲通"而"不得"。所以，大宛国王"见骞，喜"，并问道：你欲何往？张骞回答说：我为了汉朝而出使月氏，途中被匈奴所闭道，今逃脱西来，请大王派人为我作向导。如果真的送我到达了月氏，待我返回汉朝后，就向大王赠送无数汉朝财物。大宛国王相信了张骞的话，并派人送张骞前往月氏。②

张骞在停留大宛国时的最大收获，就是发现了大宛国"国宝"汗血宝马。有关这一点，史籍缺乏具体记载，不过，《史记·大宛列传》有大宛国"多善马，马汗血，其先天马子也"的记载。据有关专家研究认为，这是司马迁根据张骞返汉后给汉武帝的报告所记载。另在武帝元狩三年（前120年）秋③，当汉武帝得渥洼马（史籍尚无"渥洼马"汗血的直接记载，不过，从汉武帝《太一之歌》看，"渥洼马"是汗血的）后，即兴写了《天马之歌》（又称《太一之歌》），其中有天马"霑赤汗，

---

① 《史记》卷123《大宛列传》。
② 参见《史记》卷123《大宛列传》。
③ 《汉书》卷6《武帝纪》则说元鼎四年（前113年）"秋，马生渥洼水中"。

沫流赭"①之句。"霑赤汗，沫流赭"是对大宛国汗血宝马汗血特征的具体、客观描述。这时，张骞从西域返回长安已有六年之久了。这说明，汉武帝在《天马之歌》中对汗血宝马汗血特征的描述来自张骞的报告是可以肯定的。显然，《天马之歌》的歌词，已对张骞在大宛国发现汗血宝马的问题予以间接证实了。

（二）发现汗血宝马的确切年代

张骞发现汗血宝马的确切年代，史籍尚无明确记载。不过，我们可以根据《史记·大宛列传》和《资治通鉴》的相关记载，推算出较为确切的年代来。

在笔者阅读《史记·大宛列传》时，曾经发现司马迁是把张骞第一次出使西域的全程分别记述为三个时段，即从长安出发至陇西，匈奴"留骞十余岁"，后"西走数十日"至大宛；从大宛至康居、大月氏，再至大夏，又"留岁余，还"；后"从羌中归，复为匈奴所得。留岁余"，最后"亡归汉"。这三个时段的时间虽有模糊疏漏之处，但大多时间却是具有一定可据性的。如第一时段为"十余岁"，又"数十日"；第二时段为"岁余"；第三时段也为"岁余"。现在若把三个时段时间相加，就得出十二年多的一个总时数。由于张骞发现汗血宝马是在第一时段和第二时段之交，即他在到达大宛国后的短时间之内。这样以来，我们推算出张骞发现汗血宝马的确切年代就较为容易了。

《史记》与《汉书》的所有有关《纪》《传》等文献，均未确切记载张骞第一次出使西域出发在哪一年，但《资治通鉴》这部编年体史书却把张骞第一次出使西域的全程情况汇总于汉武帝元朔三年（前126年）四月条。这就表明，司马光认定张骞第一次出使西域结束并回到长安的时间是汉武帝元朔三年（前126年）四月。看来，《资治通鉴》的这一记载，为我们推算出张骞发现汗血宝马的确切年代进一步打开了方便之门。

现在我们就依据《史记·大宛列传》所载三个时段已有年数，按倒序具体推算张骞发现大宛国汗血宝马的确切年代：第三时段"岁余"加第二时段"岁余"，就是二岁余。张骞回到长安的公元前126年加二岁

---

① 《汉书》卷22《礼乐志》。

余，就是公元前128年"余"（"余"者，时间不足一年之数也）。公元前128年加第一时段的十余岁，至少是公元前138年，即汉武帝建元三年。至此，我们可以得出如下结论：张骞一行于汉武帝建元三年（前138年）开始第一次出使西域，元朔元年（前128年）发现大宛国汗血宝马，元朔三年（前126年）回到了长安。

第二节　汗血宝马发现初期西汉与西域诸国关系

从张骞第一次出使西域时发现汗血宝马，到李广利第一次讨伐大宛（汉武帝太初元年，即前104年）的二十多年间，中原西汉与西域诸国之间关系正处于开创时期。在这一时期，中原西汉与西域诸国之间开始接触，初步交往，但尚未形成真正的国家间互信关系。

在这一时期，西汉与西域诸国相互所求有着很大不同，西域诸国总的倾向是"贵汉物"，而西汉使者则多"求奇物"，故谈不上有意识建立正常的国家关系。尤其在这一时期之前，匈奴势力既已伸入西域，西域各国"皆役属匈奴。匈奴西边日逐王置僮仆都尉，使领西域，常居焉耆、危须、尉犁间，赋税诸国，取富给焉"①。这种客观情况，实际上成了西汉与西域诸国建立正常关系的一大障碍。

西汉既是一个大国，又是一个强国，但同控制西域的匈奴却有着很深的矛盾。这种客观现实情况的存在，使西汉无法顺利地同广大西域诸国建立起国家关系。这一时期，同西汉交往较多，或多次发生矛盾的西域国家，主要是大宛、乌孙、楼兰、姑师等，而大宛以西诸国也同西汉有一定的交往关系。这里通过西汉与西域诸国关系的探讨，来阐明西汉获得首批大宛国汗血宝马的历史背景。

一、西汉与大宛国的关系

大宛国是《史记·大宛列传》明确记载张骞第一次出使西域时所到

---

① 《汉书》卷96《西域传上》。

达的第一个西域国家。在此之前，西汉与大宛国之间从未有过正式交往，因此西汉对大宛国情况一无所知，而大宛国则已"闻汉之饶财，欲通不得"。从而在张骞到达之后，双方之间有着一定亲近感。所以，大宛王"见（张）骞"便"喜"，并问张骞"若欲何之"。张骞回答说：我"为汉使月氏，而为匈奴所闭道。今亡，唯王使人导送我。诚得至，反汉，汉之赂遗王财物不可胜言"①。大宛国王相信了张骞的话，于是派翻译和向导送张骞抵达了康居，康居又送张骞到达了大月氏。从此，西汉与大宛国之间的关系便逐渐密切起来了。

张骞在第一次出使西域后获得了"博望侯"封号，从此其名声大振，地位尊贵，这在西汉吏士中产生了强烈反响。当时吏士欲效法张骞，"皆争上书言外国奇怪利害，求使"。汉武帝本来以为西域"绝远"，是人们所不乐于前往之地，现在有人竟然争着要去，所以汉武帝便批准了上书者的请求，准许他们前往西域。但在出使中，一些吏士胡作非为，将所带官物视为私物，随便使用，并把市易所得之物占为己有，因而"外国亦厌汉使"②。这一时期，前往大宛国的汉使中也曾有人发生不轨行为，在大宛国造成了恶劣影响。

这期间，大宛等国的使者也有随汉使来西汉，"观汉广大，以大鸟卵及犛轩眩人（即大秦国幻人，亦即魔术表演者）献于汉，天子大说"。出使到大宛国的一些汉使，希图把汗血宝马弄到汉朝来，这引起了大宛国人的戒备与不满，因此他们把汗血宝马藏匿到了贰师城，不让汉使看见。③据此来分析，西汉要轻易得到大宛国的汗血宝马，看来已是不可能的了。

二、西汉与乌孙的关系

乌孙在西汉时期，是西域的一个大国，其居民主要由塞种和大月氏种构成，过着"不田作种树，随畜逐水草"的"行国"游牧生活。它的

---

① 《史记》卷123《大宛列传》。
② 《史记》卷123《大宛列传》。
③ 《汉书》卷61《张骞李广利传》。

疆域主要在伊犁河谷及其周围地区，其东为匈奴，西北与康居相邻，西与大宛国接界，南为"城郭诸国"（即位于南疆地区绿洲中的农业定居诸国）。西汉与乌孙发生正式交往关系，始于张骞第二次出使西域的时候（元鼎二年，即前115年）。

张骞这次出使乌孙，是为了请乌孙东归匈奴浑邪王故地（即今酒泉、敦煌以北地区），以此"断匈奴右臂"，并使"大夏之属皆可招来而为外臣"。当张骞一行到达乌孙后，乌孙王"见汉使如单于礼"，颇为恭敬，张骞遂代表汉朝天子赏赐了礼品。张骞见到乌孙王后，明确提出："乌孙能东居浑邪地，则汉遣翁主为昆莫夫人。"但由于乌孙王年老、乌孙国分裂、乌孙距汉遥远又不知汉朝大小，尤其是乌孙长期役属匈奴，乌孙大臣又畏惧匈奴，所以，乌孙未能东来，张骞出使亦未达到目的。不过，张骞曾派副使前往"大宛、康居、大月氏、大夏、安息、身毒、于阗、扞罙（即扞弥）及诸旁国"，从而扩大了汉朝同西域诸国的交往。

在过了"岁余"和"数岁"，张骞从乌孙、张骞所派遣副使与有关国家使者先后来到了西汉，"于是西北国始通于汉矣"。这在一定程度上反映出，乌孙成了当时西汉与西域诸国交往的一个中心。在张骞返汉时，乌孙还"遣使数十人、马数十匹报谢，固令窥汉，知其广大"，即亲临西汉，考察了解西汉国情。当乌孙使者了解到西汉"人众富厚"以后，"其国乃益重汉"。①

当乌孙与西汉关系逐渐密切之后，邻接乌孙的匈奴怒而欲击乌孙。乌孙王迫于这一情况，便遣使西汉献马，同时要求"尚汉女翁主"与汉建立和亲关系。在乌孙满足了西汉"必先纳聘，然后乃遣女"的要求后，西汉便将江都王刘建之女细君公主嫁给了乌孙昆莫，作为右夫人，终于实现了"和亲"。② 从此，西汉与乌孙的关系更加密切了。

---

① 《史记》卷123《大宛列传》。
② 《史记》卷123《大宛列传》。

三、西汉与楼兰的关系

楼兰是一个西域小国，位于盐泽（今罗布泊）西部与西南部。这里地处塔克拉玛干沙漠东部边缘地区，既有绿洲，也有戈壁沙漠，自然条件较差。楼兰属于西汉时的城郭诸国，是实行农业定居的国家之一。

楼兰处丝绸之路必经之地，加之其受匈奴影响较大，因此常常攻劫出使西域汉使。《史记·大宛列传》说："楼兰、姑师（即车师）小国耳，当空道，攻劫汉使王恢等尤甚。"《汉书·西域传·楼兰》也说："楼兰、姑师当道，苦之，攻劫汉使王恢等，又数为匈奴耳目，令其兵遮汉使。"在这一时期，西汉与楼兰国之间尚未建立起友好关系，而楼兰同匈奴合谋攻劫汉使则表明楼兰同西汉处在某种敌对状态。在此情况下，汉武帝令王恢助赵破奴将兵，击楼兰，虏楼兰王，并破车师。这样，西汉便以武力对乌孙、大宛等国构成了一定威慑。

楼兰由于是一个西域小国，其国力远不能同西汉和匈奴相抗衡，所以，西汉和匈奴在西域争斗之际，它便采取了"骑墙"亦即两不得罪的政策。正如《汉书·西域传·楼兰》说："楼兰既降服贡献，匈奴闻，发兵击之。于是楼兰遣一子质匈奴，一子质汉。"在李广利西伐大宛国时，匈奴又利用楼兰"候汉使"，因此，汉武帝派将军任文率兵捕获楼兰王，并遣送至阙进行斥责，而楼兰王则回答道："小国在大国间，不两属无以自安。"此后，楼兰与西汉关系略有改善。从这种情况看，西汉以武力伐宛，无疑是受到了较大国际关系的影响。

四、西汉与大宛国以西诸国的关系

在张骞第一次出使西域，发现大宛国汗血宝马之后，西汉不仅与大宛国以东西域诸国开始交往，而且还同大宛国以西诸国开始往来。这是这一时期西汉同西域诸国关系发展的重要方面。大宛国距长安一万二千余里，大宛国以西诸国距长安那就更遥远了，因此，交往初期的隔膜状况颇为突出。

大宛国以西国家很多，其中《史记·大宛列传》和《汉书·西域传》

所载主要是以下诸国：

大夏 在大宛国西南二千余里妫水南（今阿富汗一带）。其国有民百余万，以蓝市城为都，有城屋，但无大君长，往往城邑置小长；其兵弱，畏战；民善贾市，有市贩贾诸物，曾被大月氏征服。张骞第一次出使西域时曾到达大夏，见其国有"邛竹杖、蜀布"①。第二次出使西域时，张骞副使曾到过大夏，大夏使者也曾到过长安。

安息 在大月氏西约数千里（今伊朗一带），为农业国家，种稻麦，有蒲陶酒；有城邑数百座，疆域方圆数千里，是当地最大国家；北临妫水，"有市，民商贾用车及船，行旁国或数千里。以银为钱，钱如其王面（即钱面的纹饰是国王肖像），王死辄更钱，效王面焉"②。

大月氏 在大宛国西约二三千里，居妫水之北；为"行国"，都监氏城；兵强，控弦之士可一二十万，西迁后曾征服大夏。张骞第一次出使西域时曾经到达其地；张骞第二次出使西域时，其副使也曾到达当地。

条枝 在安息之西数千里，临西海（疑为地中海），当地暑湿；耕田；有大鸟（驼鸟），卵如瓮；其国人口多，有小君长；役属于安息国。据安息长老说：条枝有弱水、西王母。③

奄蔡 在康居（大月氏支国）西北约二千里，行国，与康居同俗；控弦者达十余万多；地临大泽（疑为黑海）。

大宛国以西还有黎轩、骊靬、大益等国。

大宛国以西诸国，距西汉遥远，交往十分困难，相互关系算不上亲近。据《史记·大宛列传》记载，"汉使、亡卒降（诸国），教铸作他兵器。（诸国）得汉黄白金，辄以为器，不用为币"；汉与"西北外国使，更来更去。宛以西，皆自以远，尚骄恣……及至汉使，非出币帛不得食，不市畜不得骑用。所以然者，远汉，而汉多财物，故必市乃得所欲"④。很显然，大宛国以西诸国，为了得到西汉财物，于是把商品交易方法用在了与西汉交往中。这种国家关系，对弘扬汉武帝威德，对顺利得到大宛国汗血宝马都是不利的。

---

① 《史记》卷123《大宛列传》。
② 《史记》卷123《大宛列传》。
③ 《史记》卷123《大宛列传》。
④ 《史记》卷123《大宛列传》。

第三节　汗血宝马发现初期匈奴与西域诸国关系及其对西汉在西域活动的制约

战国、秦朝时，匈奴活动于以河套为中心的北方草原地区，其东是东胡（即鲜卑）；其南先是赵国与秦国，继而是秦朝；其西是乌孙与月氏。约在楚汉战争时，匈奴开始强盛起来，建立了强大的奴隶制军事政权，继而逞凶于北方草原地区。

一、匈奴的向西开拓

匈奴先于西汉而强盛，"至冒顿而匈奴最强大，尽服从北夷，而南与中国（西汉）为敌国"①。西汉建立后，汉高祖刘邦为解除匈奴威胁，亲率三十二万大军北击匈奴，反被冒顿单于所率匈奴四十万精兵包围在白登山七天七夜。这种形势，迫使西汉统治者对匈奴实行"和亲"政策。从此，匈奴逐渐走上了向西拓展疆域之路。

（一）冒顿单于向西开拓

"白登之围"事件，使匈奴在对抗西汉斗争中取得了优势，并对汉朝构成了更为严重的威胁。从这一时期开始，冒顿单于开始向西开拓，曾"罚右贤王，使之西求月氏击之。以天之福，吏卒良，马强力，以夷灭月氏，尽斩杀降下之。定楼兰（居于今罗布泊西部和西南部）、乌孙（居河西走廊西北部）、呼揭（居"瓜州西北"，即今安西县西北）及其旁二十六国，皆以为匈奴。诸引弓之民，并为一家"②。经过冒顿单于这一时期向西开拓，已将整个河西走廊、今内蒙古西部、新疆东部等地区并入了匈奴的疆域。

（二）匈奴日逐王对西域的控制

在匈奴逐渐向西开拓的过程中，西域地区（即今新疆等地）诸国

---

① 《史记》卷110《匈奴列传》。
② 《史记》卷110《匈奴列传》。

"皆役属匈奴"，匈奴单于遂委任日逐王主管西域诸国事务。

为了控制西域诸国，"匈奴西边日逐王置僮仆都尉，使领西域，常居焉耆、危须、尉黎间，赋税诸国，取富给焉"①。在匈奴政治、军事控制下，西域诸国被变成了匈奴的财赋来源之地。这一时期，匈奴能得其（西域诸国）"马畜旃罽"②，同时，其"使（者）持单于一信，则国国传送食，不敢留苦"③。

在此同时，匈奴继续向更西地区拓展势力，逐步形成了"乌孙（居伊犁河谷及其周围地区）以西至安息（今伊朗一带），近匈奴"④的盛大局面。

二、匈奴与西域诸国的关系

匈奴势力先于西汉伸入西域地区之后，曾设置"僮仆都尉"之官对西域诸国进行控制与奴役。在经历若干年后，匈奴虽未能对西域各国实现军事占领，但相互间形成了"役属"与被"役属"关系。

从张骞发现大宛国汗血宝马到汉武帝派李广利以武力伐宛之间，匈奴与西域诸国关系，《史记·大宛列传》《史记·匈奴列传》《汉书·西域传》《汉书·张骞李广利传》等文献有一些零星记载，其中涉及"役属"与被"役属"关系者，主要是乌孙、楼兰和大月氏等西域国家。

（一）匈奴与乌孙的关系

乌孙是匈奴西边大国（但比匈奴小得多），以畜牧为业，史称"行国"，是当时与匈奴关系较为密切的一个西域国家。

在匈奴控制西域之后，乌孙"素服属匈奴日久矣，且又近之，其大臣皆畏胡"⑤，长期臣服，不敢反抗。但当乌孙逐渐强盛后，对匈奴的态度开始发生变化。《史记·大宛列传》说：乌孙"故服匈奴，及盛，取其羁属，不肯往朝会焉"。此后，匈奴与乌孙的关系进一步恶化，尤

---

① 《汉书》卷96《西域传上》。
② 《汉书》卷96《西域传下》。
③ 《史记》卷123《大宛列传》。
④ 《汉书》卷96《西域传上·大宛国》。
⑤ 《史记》卷123《大宛列传》。

其乌孙与西汉实现"和亲"之后，"匈奴闻汉通乌孙，怒，欲击之"①，近乎达到了兵戎相见的程度。这就使得乌孙与西汉难以建立起真正友好的国家关系。

（二）匈奴与楼兰的关系

楼兰是位于西域中部的一个小国，地当汉使出使西域的交通要道上，地理位置颇为重要。匈奴与西汉都很关注其动向，从而使楼兰在两大国间左右为难。

匈奴控制西域之后，楼兰王遂完全臣服了匈奴。在西汉步匈奴之后尘进入西域活动之际，楼兰曾"数为匈奴耳目"，匈奴还曾"令其兵遮汉使"②。此后，西汉迫使楼兰屈服，"既降服贡献，匈奴闻，发兵击之，于是楼兰遣一子质匈奴，一子质汉……匈奴自是不甚亲信楼兰"③，而西汉也不能过分相信和依靠楼兰从事西域地区的开拓。若从根本上来看，这一时期楼兰与匈奴的关系要好于与西汉的关系。

（三）匈奴与大月氏的关系

战国至西汉初，大月氏原居于河西走廊地区。约于汉文帝在位时，它被兴起于北方草原的匈奴打败，迫其西迁，并杀其王，又以其王头为饮酒之器，从此，大月氏对匈奴结下了世仇。在大月氏西迁至妫水流域和"臣大夏"之后，其又"役属"于匈奴，受匈奴的威胁。在西汉与西域诸国使者频繁往来之际，大月氏处于"以近匈奴，匈奴困月氏也"的境地。这一时期，匈奴使者若"持单于一信"，月氏等国便给其使者"送食"，又"不敢留苦"。④据此来看，这一时期匈奴在西域诸国的影响明显大于西汉，对西汉在西域的开拓活动极为不利。

三、匈奴在西域的影响及其对西汉在西域活动的制约

在匈奴势力伸入西域之后的数十年中（从汉文帝在位至汉武帝初年），西域诸国"皆役属"于它，从而扩大了它的影响。这对后入西域

---

① 《史记》卷123《大宛列传》。
② 《汉书》卷96《西域传上·鄯善国》。
③ 《汉书》卷96《西域传上·楼兰》。
④ 《史记》卷123《大宛列传》。

的西汉显然是十分不利的，因此在双方争斗的较长时间内，西汉总是处于劣势地位。如果具体分析匈奴在西域的影响对西汉在西域活动的制约，笔者以为主要表现在以下两方面：

（一）在匈奴影响下西域诸国"遮汉使""苦汉使"，阻碍了西汉与西域诸国友好关系的建立

从张骞发现汗血宝马到李广利奉命率军伐宛的二十多年间，西汉同大宛国以东及其以西诸国都处于交往的初始阶段，尚未建立起友好关系。这一时期，汉使不但因路途遥远、沙漠戈壁阻隔历尽了千辛万苦，而且"役属"于匈奴的一些西域国家还以"攻劫"、勒索等方式以"苦汉使"。

在一批批汉使出使到大宛国以东地区时，"匈奴奇兵时时遮击使西国者"①。而那些深受匈奴影响的国家"亦厌汉使"，并"禁其食物，以苦汉使"，其中楼兰、姑师（车师）这些小国，"当空道，攻劫汉使王恢等尤甚"。②

大宛国以西诸西域国家，由于距离西汉更加遥远，因而通使更为困难，加之匈奴的影响，汉使出使中所遇艰难困苦不亚于大宛国以东。据载，在大宛国以西诸国，"匈奴使持单于一信，则国国传送食，不敢留苦"；而当汉使到达当地诸国时，则"非出币帛不得食，不市畜不得骑用。所以然者，远汉，而汉多财物，故必市乃得所欲"，并在汉使面前表现出"骄恣"态度。他们之所以如此，"然以畏匈奴于汉使焉"③，即因畏惧匈奴故而以苦汉使。

从以上记载我们不难看出，西汉当初通使西域，以及与西域诸国建立友好交往关系，并非轻而易举、一帆风顺。

（二）匈奴对西域的影响在一定程度上促成了西汉的武力伐宛行动

匈奴势力伸入西域，西域诸国"皆役属匈奴"，从此"诸引弓之民，并为一家"。④自此之后，西域诸国受到了匈奴政治、经济等多方面的影响，并变成了匈奴政治上的仆从。

---

① 《史记》卷123《大宛列传》。
② 《史记》卷123《大宛列传》。
③ 《史记》卷123《大宛列传》。
④ 《史记》卷110《匈奴列传》。

　　从张骞第一次出使西域开始，多批西汉使者先后西去，进入匈奴的势力范围。当时，他们所面对的是举目无亲、四处无援、寸步难行的局面。而西域一些国家"攻劫汉使""苦汉使"和匈奴直接"遮汉使"的事件频频发生，从而使不少汉使因此而丧失了性命。同时，西汉远离西域诸国，加之中间又有沙漠、戈壁等的阻隔，诸国都以为西汉无法派兵前来攻打，所以常常伤害汉使。当汉武帝希图得到大宛国汗血宝马时，便派车令等为使者，携千金、金马等以友好方式去"请汗血马"，不料被大宛国抢劫了所带礼品，并惨忍杀害了汉使车令一行。在匈奴影响下所发生的这一系列事件，迫使汉武帝不得不派李广利采取以武力伐宛的非常手段来炫耀自己的威德，并获得汗血宝马。若不采取这样的手段，西域"大夏之属轻汉，而宛善马绝不来，乌孙、仑头易苦汉使矣，为外国笑"①，西汉在西域的"威德"亦将丧失殆尽。

---

①《史记》卷123《大宛列传》。

第二章　汗血宝马东入中原

早在两千多年前，在汗血宝马还未东入中原西汉之时，它既已是大宛国的"宝马"了。当时，大宛国人十分珍爱它，精心养护它，并极力防止被别国得到它。

汉武帝为了得到汗血宝马，先是谋划遣车令等使者带"千金及金马"等贵重礼物去"请"大宛国汗血宝马，但未能如愿。后来，汉武帝认为大宛国不愿让汉朝得到汗血宝马，那是蔑视汉朝"威德"的行为，因此，如果不把大宛国打败，得到汗血宝马，西域各小国就会仿效大宛国"轻汉"。在此情况下，汉武帝决定发动伐宛战争，以此巩固汉朝在西域的"威德"。

西汉之后，大宛等国为了同中原王朝保持友好关系，曾数十次献汗血宝马数千匹于中原王朝，从而使汗血宝马成了中原王朝与大宛等西域国家之间的友好使者。

第一节　汉使车令等"请宛王"汗血宝马
　　　　及其结局

在张骞与诸多汉使出使大宛国后，汉武帝与汉使都急欲得到汗血宝马。但大宛国以汗血马是"宛宝马"为由，将汗血宝马藏匿于贰师城，既不让汉使看见，更不愿送于汉朝。在此情况下，汉武帝设计了送"千金及金马"等贵重礼物去"请"宛王汗血宝马的策略。然而，此举不仅未能达到目的，而且导致汉使车令等遭到杀害、所带礼物被劫的后果。车令等汉使被杀、礼物被劫的这一不测事件的发生，不幸成了汉武帝发动伐宛战争的导火线。

一、车令等出使前西汉与大宛国相互交往的影响

张骞首次出使西域，激起了中原人争相出使西域的强劲风潮。据记载，当张骞首次出使西域，开通"外国道"（丝绸之路的最初名称），建殊勋于域外，武帝拜其为"大行"（汉代官名，主掌接待宾客之事），赐号"博望侯"，地位尊贵，于是众多吏士为之羡慕和争相仿效。此后，汉朝"吏卒皆争上书言外国奇怪利害，求使"。汉武帝本以为西域绝远，非人所乐往，当下既然有人愿意出使，故听纳其言，并"予节（"节"，即符节，使者出使时所持官府所颁凭证）。①从此，汉朝出使西域大宛等国"使者相望于道，一辈（批）大者数百，少者百余人……汉率一岁中使者多者十余，少者五六辈，远者八九岁，近者数岁而反"②，其盛况空前。

在汉朝一批批使者相继出使大宛等国之时，大宛等国使者也先后来到汉朝，于是形成了双向往来的盛况。西汉与大宛等西域国家使者的频繁往来，对双方都产生了较大影响，尤其对汉武帝遣使"请宛王"汗血宝马之举起了很大推动作用。

西汉与大宛等国的频繁交往，对西汉的影响是多方面的。首先，汉朝向西打开国门，使大量汉朝人有机会亲自前往西域大宛等国，了解那里的自然环境、风土人情，从而开阔了眼界；其次，使汉朝人有机会从来到西汉的西域人那里见识了魔术、杂技一类表演，丰富了汉人尤其都城长安人的文化生活；第三，受张骞出使西域的影响，曾经得到汉武帝允准的一批批见利忘义、"妄言无行之徒"争相出使，他们出使期间，"皆私县官赍物，欲贱市以私其利"，引起西域各国人民极大不满，因此，"外国亦厌汉使"③，从而损害了汉朝的声誉；第四，凡出使大宛国的汉朝使者，早就想把汗血宝马带回汉朝来，因此，他们就把"大宛有善马在贰师城，匿不肯示汉使"的情况报告了汉武帝，促使汉武帝作出了派遣车令等出使大宛国的决断。

---

① 《史记》卷123《大宛列传》。
② 《汉书》卷61《张骞李广利传》。
③ 《汉书》卷61《张骞李广利传》。

使者的往来，对大宛国也产生了广泛影响，其中主要是三个方面：
（一）大宛国来汉朝使者，在汉朝期间，曾"观汉广大"，并有部分人跟随汉武帝巡狩海上，得到了财帛等物的赏赐，使他们有机会"览视汉富厚"，"遍观各仓库府藏之积"，①对汉朝的繁荣富庶有了较多了解；
（二）大宛国因汉朝使者送去了大批财物，又由该国使者从汉朝带回了大批汉朝财物，从而使大宛国一度出现了"宛国饶汉物"②的局面；
（三）大宛国人得知一些汉使欲将汗血宝马带到汉朝去，于是产生了戒备心理，为防止汗血宝马东入汉朝，故将汗血宝马藏匿于贰师城地方，"匿不肯示汉使"③。

二、车令等出使大宛国所肩负的使命

汉武帝是我国历史上一位极其喜好良马，尤其喜好神奇之马的帝王。这在历史上是独一无二的。汉武帝曾经从《易》中看到"神马当从西北来"的符咒后，西汉得到了来自西北方乌孙的良马，应验了符咒之意，于是汉武帝欣然命名乌孙马为"天马"。后来，汉武帝又从西汉出使大宛国的众多使者那里得知了"大宛有善马（即汗血宝马）在贰师城，匿不肯示汉使"的情况。汉武帝对此"闻之甘心"（颜师古注"闻之甘心"曰："志怀美悦，专事求之。"④）并决心设法获得贰师城善马。

汉武帝对获得大宛国贰师城善马早已是梦寐以求了，但是他又得知大宛国不愿将贰师马送予汉朝。在此情况下，急欲得到汗血宝马的汉武帝便派遣使者"车令等持千金及金马以请宛王贰师城善马"⑤。这里"请宛王贰师城善马"，就是车令等出使大宛国所肩负的重要使命。

大宛国当时为何不愿将汗血宝马送给西汉呢？对此，从大宛国方面考虑，主要有三个原因：其一，大宛国举国上下都认为"贰师马，宛宝

---

① 《汉书》卷61《张骞李广利传》。
② 《汉书》卷61《张骞李广利传》。
③ 《汉书》卷61《张骞李广利传》。
④ 参见《汉书·张骞李广利传》注。
⑤ 《汉书》卷61《张骞李广利传》。

马也"。这就是说，大宛国人普遍把贰师城善马（汗血宝马）视之为"国宝"。既然是"国宝"，那就决不允许别国得到它。其二，大宛国人认为，在西汉与大宛之间，"出其北有胡寇（即匈奴），出其南乏水草，又且往往而绝邑（无城邑），乏食者多"，并说："汉使数百人为辈来，常乏食，死者过半，是安能致大军乎！"[1]以此之故，汉军不可能攻打大宛，因此，大宛国不把汗血宝马送给西汉，西汉也无可奈何。其三，大宛国王认为，西汉"绝远，大兵不能至"。正如《汉书·西域传上·大宛国》记载："大宛国，王治贵山城，去长安万二千五百五十里……东至都护治所（今新疆库车东南）四千三十一里。"鉴于西汉距离大宛国如此遥远，所以不肯将汗血宝马"予汉使"[2]。然而，大宛国不愿将汗血宝马送给西汉的做法却为后来大宛国王被杀、汗血宝马被驱赶到西汉埋下了祸根。

三、车令等"请宛王"汗血宝马的结局

车令等汉朝使者带着千金及金马等，肩负着汉武帝赋予的使命，经长途跋涉，历尽千辛万苦，终于到达了大宛国，盼望着尽快"请"到汗血宝马顺利归国。然而，车令等此次去"请"汗血宝马时，虽然身为西汉朝廷使者，并由汉武帝亲自派遣，所带礼物也很贵重，但因大宛国早已"饶汉物"[3]，所以不为"千金及金马"等礼物所动。尤其是当时大宛国人不仅坚持不给汉朝送汗血宝马的强硬态度，而且还分析认为向汉拒送汗血宝马也不会招来汉军的攻打。如大宛贵人们认为："汉去我远，汉使数百人为辈来，常乏食，死者过半，是安能致大军乎？且贰师马，宛宝马也。"这就是说，大宛国人一方面认为汉军无可能攻打大宛国，另一方面又为汉使"请"汗血宝马设置了不可逾越的障碍。

若客观来讲，大宛国人不向汉朝送汗血宝马，那是他们保护国宝的爱国行为，不向汉使屈从表现了他们不惧怕大国威势的英雄之举。而车

---

① 《汉书》卷61《张骞李广利传》。
② 《汉书》卷61《张骞李广利传》。
③ 《汉书》卷61《张骞李广利传》注引颜师古话说："饶汉物"，即"素有汉地财物，故不贪金马之币"。

令等人以汉朝国使自居，在大宛国人面前表现得蛮横无理，尤其还当面辱骂大宛国王，并把所带金马砸坏，然后扬长而去。[1]《汉书·西域传·大宛国》亦云："宛王以汉绝远，大兵不能至，爱其宝马不肯与。汉使妄言。"（颜师古注曰：'谓詈辱宛王。'）此举有失大国使者风度。

对车令等汉使的蛮横行为，大宛国贵人看见后异常愤怒，并指出："汉使至轻我！"其意是说，汉朝使者对我国的轻蔑达到了登峰造极的程度。接着大宛国遣送汉使车令等回汉朝去，但又暗中命令大宛"东部郁成王"拦截并杀了汉使，夺取了所带礼物。[2]就这样，汉使车令等不仅未能将汗血宝马"请"来，而且连他们自己也被大宛国人杀害了，所带礼物被劫夺了。这就是车令等汉使"请宛王"汗血宝马的悲惨结局。然而，车令等汉使"请宛王"汗血宝马结局所导致的后果则比此更惨了。

第二节　汉武帝的伐宛战争与首批 汗血宝马东入中原

当初，车令等奉命携带贵重礼物前往大宛国"请宛王"汗血宝马，本是一次友善出使活动，但大宛国人不使汗血宝马流失国外的决心同车令等在大宛国时的蛮横无理行为之间爆发的尖锐冲突，却最终导致了车令等被大宛郁成王所杀、礼物被劫的结局。当汉武帝得知这一消息后便大怒，因此，一次友善出使活动，便意外地演变成了讨伐大宛的残酷战争。

汉武帝派李广利等讨伐大宛的战争，虽然取得了最终胜利，但却付出了惨重代价，可是又为改善汉与西域诸国关系起到了较大推动作用。

一、汉武帝伐宛诸原因辨析

汉武帝的伐宛之举，并非是一次轻率的军事行动。若客观看待当时诸方面情况，就会对其原因有一个中肯见解。若将史籍所载、今人所说

---

① 《汉书》卷61《张骞李广利传》：大宛国不肯将汗血马"予汉使"，"汉使怒，妄言，椎金马而去"。

② 参见《汉书》卷61《张骞李广利传》。

予以梳理，即可概括出以下五种主要说法，其中前三说与汗血宝马有关：一是为了将汗血宝马当作玩物和用于礼仪说；二是将汗血宝马补充军马说；三是"天子好宛马"说；四是大宛杀汉使、劫财物说；五是为巩固西汉"威德"说。这些说法，虽然都可举出一定根据，但并不表明都具有很强的说服力。下面分别就诸说进行一些辨析。

（一）当作玩物和用于礼仪说

《汉书·西域传》云："孝武之世……闻天马、蒲陶则通大宛、安息，自是之后……蒲梢、龙文、鱼目、汗血之马，充于黄门。"这里"汗血之马，充于黄门"一说，显然是汗血宝马被当作玩物和用于礼仪的一条重要文证。唐人杨师道的《马》诗，曾生动描述过西汉王公贵族把汗血宝马当作玩物的情景。诗云："宝马权奇出未央，雕鞍照曜紫金装。春草初生驰上苑，秋风欲动戏长杨。鸣珂屡度章台侧，细蹀经向濯龙傍。徒令汉将连年去，宛城今已馘名王。"[①] 这首唐诗，虽有以古（指汉）喻今（指唐）之意，但对西汉王公贵族骑着精心装束的汗血宝马，一年四季在长安附近及上林苑宫殿区肆意游戏情景的描述当不会过分。据上所载，似乎汉武帝为王公贵族寻找称心玩物和为备礼仪之用而伐宛的说法不无道理，但如果从汉武帝不惜引起"天下骚动"[②]，断然派数万大军伐宛的史实来分析，把当作玩物和用于礼仪视为伐宛的主要原因，显然是欠妥当的。

（二）补充军马说

为补充对匈奴战争所需军马是汉武帝伐宛的主要原因。这是一种在史学界有着较大影响的观点，法国的吕斯·布尔努瓦力主这一观点。布尔努瓦说："汗血马是一种个头很大的战马，其用处特别大。"在汉朝与其宿敌匈奴人的战争中，马匹起着主要作用。"无论如何，汉朝政府也特别急需马匹以补充军马。因为在公元前121至前119年对匈奴的战争，使它损失了2万多匹战马。"[③] 布尔努瓦的这些话，似乎讲得很有道理，然而令人遗憾的是，在西汉史书中尚无将汗血宝马用于补充军马的哪怕是一条文证。因此，这些话只不过是臆测之辞而已。再就当时历史

---

① 《文苑英华》卷330《诗》，第1718页。
② 《史记》卷123《大宛列传》。
③ [法] 布尔努瓦著，耿昇译：《丝绸之路》，济南：山东画报出版社，2001年，第11、22页。

而言，经公元前119年汉匈大战，匈奴势力已基本削弱，"是后匈奴远遁，而漠南无王庭"①，从此匈奴已不足对汉构成威胁。特别是汉武帝伐宛的时间在此后十多年，这时对匈奴大的战争已不存在，对军马的需求已不如以前迫切。试想，在急需补充军马时不伐宛，而在不太急需时却又伐宛，这种情况能够说明补充军马说讲得通吗？至于西汉之后，虽然有汗血宝马参与战争的诗文可征，但均与汉武帝伐宛毫无关系。

（三）"天子好宛马"说

汉武帝喜好、钟爱大宛汗血宝马，似乎达到了痴迷的程度。当初，他在得到大宛国汗血宝马时，认为比乌孙马"益壮"，故欣然命名为"天马"。后来，《汉书·张骞李广利传》又记载说"天子好宛马"，于是仅派往大宛等国的使者就多得"相望于道"。还记载说"天子既好宛马，闻之甘心"，因此，又派遣车令等持千金及金马前往大宛国，"以请宛王"汗血宝马。从以上来看，汉武帝喜好大宛国汗血宝马是显而易见的。但是，是否据此可以认为，他的"好宛马"思想就导致了讨伐大宛的战争呢？其实是不能的。据《史记》记载，汉武帝在张骞第一次出使回来后就得知了大宛国汗血宝马，但当时并未发动讨伐大宛的战争。此后，所派汉使都曾报告大宛国将汗血宝马藏匿于贰师城，"不肯示汉使"，他也未发动讨伐大宛的战争。而再到后来，当大宛国杀了汉使，抢劫了财物，激怒了汉武帝，这才发动了讨伐大宛的战争。这说明，汉武帝"好宛马"思想，不可能是发动讨伐大宛战争的真正原因。但这并不是说，汉武帝的"好宛马"思想，对发动讨伐大宛战争连一点影响也没有，这只是说它不是真正的和根本性的原因。

（四）大宛杀汉使、劫财物说

在大宛国杀汉使、劫汉使所带礼物事件发生之前，汉武帝曾遣友善使者前往"请宛王"汗血宝马，而在此事件发生后，汉武帝便"大怒"，并发动了讨伐大宛国的战争。看来，大宛国杀汉使、劫财物事件在西汉伐宛战争问题上起了至关重要的作用。那么，据此是否可以认为大宛国杀汉使、劫汉使所带礼物是导致伐宛战争的根本性原因呢？有关这一点，大宛国贵人们曾商议说："汉所为攻宛，以王毋寡匿善马而杀汉

---

① 《史记》卷110《匈奴列传》。

使。"① 这一说法认定大宛王杀汉使、藏匿汗血宝马是伐宛战争的根本原因。其实，从伐宛的西汉方面来说并非如此。

据史籍大量记载，在从张骞第一次出使西域归来到大宛国杀汉使、劫汉使所带礼物的这一时期，汉武帝正在大力开拓西北疆域，并致力于建立与西域诸国的友好关系。虽然汉武帝的努力业已取得了一定成功，但因西域大国乌孙轻视汉朝，当张骞第二次出使西域到达该国时，其竟"礼节甚倨（傲慢）"，不欲东来攻打匈奴；楼兰、姑师（车师）等国，与匈奴勾结，往往劫杀汉使，阻挠汉朝与西域诸国交往；大宛及以西诸国"皆自恃远，尚骄恣，未可诎（屈）以礼羁縻而使也"②。这就表明，汉武帝经营西域的活动多方受阻，难以取得更大成效。在这样的背景下，西域小国大宛杀汉使、劫汉使所带礼物，汉朝不兴兵把它打败，就会使"大夏之属渐轻汉，而宛善马绝不来，乌孙、轮台易苦汉使，为外国（耻）笑"③。从这个意义上讲，大宛国杀汉使、劫汉使所带礼物，虽然可以看作是一个直接原因，但更准确的说，它只能是汉朝伐宛战争的一个导火线。

（五）为巩固西汉"威德"说

汉武帝是伐宛战争的主要决策者。有鉴于这一情况，他的意愿和言论，在说明伐宛的根本原因方面，必然具有特别的说服力。

张骞第一次出使西域回来后，在向汉武帝的报告中，建议在西域建立"威德"，武帝欣然同意。对此，《史记·大宛列传》载：汉武帝听张骞说"大宛及大夏、安息之属皆大国，多奇物，土著，颇与中国同业，而兵弱，贵汉财物；其北有大月氏、康居之属，兵强，可以赂遗设利朝也。且诚得而以义属之，则广地万里，重九译，致殊俗，威德遍于四海。天子欣然，以骞言为然"。这一重要记载表明，当时汉武帝欣然接受了张骞有关在西域建立"威德"的建议。

此后，汉武帝在西域建立"威德"的努力取得了一定进展，如汉武帝的《西极天马歌》说："天马来兮从西极，经万里兮归有德。承灵威兮降外国，涉流沙兮四夷服。"④《天马之歌》也说："天马来，从西

① 《史记》卷123《大宛列传》。
② 《汉书》卷61《张骞李广利传》。
③ 《汉书》卷61《张骞李广利传》。
④ 《史记》卷24《乐书》。

极。涉流沙，九夷服。"① 这两首天马歌，虽然都是大宛国汗血宝马东入中原前后的作品，但它们都在一定程度上对汗血宝马东入中原之前汉武帝在西域所建立"四夷服""九夷服"之"威德"有所反映。汉武帝苦心经营西域，建立"威德"，实属不易。因此，西域小国大宛挑战汉武帝"威德"，那汉武帝无论如何是无法容忍的。所以，当车令等被杀、所带礼物被劫时，汉武帝令李广利率军伐宛以巩固西汉在西域"威德"是势所必然的。

二、第一次伐宛战争

太初元年（前104年）秋，汉使车令等被大宛国所杀，所带礼物被劫，汉武帝得知消息便大怒。当时，曾出使过大宛国的姚定汉等人向武帝建言道："宛兵弱，诚以汉兵不过三千人，强弩射之，即破宛矣。"汉武帝以姚定汉等人所言"为然"②，从而发动了第一次伐宛战争。这次伐宛战争，汉军仅到达大宛国东部城市郁成城③，就被宛军所打败，故无功败还。

（一）备战简况

汉武帝的第一次伐宛战争，从太初元年（前104年）秋开始准备，至太初二年（前103年）秋完成，其间长达约一年时间。当时的备战，主要是采取了三个方面措施：

首先，任命出征将领。汉武帝为伐宛，任命其宠姬李夫人之兄李广利为"贰师将军"④、出征军队主帅。又任命赵始成为军正、浩侯王恢

---

① 《汉书》卷22《礼乐志·天马》。

② 《汉书》卷61《张骞李广利传》。

③ 郁成城位于西汉时大宛国东部，是大宛国郁成王的都城。另据《伊犁晚报》2002年7月18日《各路专家下月将汇聚新疆试图揭开汗血马神秘面纱》一文说："距奥什60公里有一城叫乌兹根。《汉书》载：汉武帝派来奥什买马的车令就是在这儿被杀的。"其意是说：今吉尔吉斯斯坦的乌兹根，就是历史上大宛国郁成王的都城郁成城。

④ 《汉书》卷61《张骞李广利传》载："太初元年，以李广利为贰师将军……期至贰师城取善马，故号'贰师将军'。"《资治通鉴》卷21"太初元年秋八月条"注引张晏曰："贰师，大宛城名。"《伊犁晚报》2002年7月18日《各路专家下月将汇聚新疆试图揭开汗血马神秘面纱》一文称："贰师"，即奥什。奥什是今吉尔吉斯斯坦境内慕士塔格冰山下的一座小城，距新疆喀什仅三百多公里地。

使导军、李哆为校尉，制军事 ①。

其次，组建出征军队。汉武帝在组建伐宛远征军时，尚未调遣土朝中央所直接统帅军队为主力，而是仅"发属国六千骑及郡国恶少年数万人"②，即发属国六千骑兵和郡国数万恶少年两部分人员出征。郡国恶少年有数万人，占了出征军队的绝大多数，所以，这支远征军战斗力并不强。

第三，筹集军需物资。将士出征，必先筹集军需物资，正如俗语所说："兵马未动，粮草先行。"可是，西汉在第一次伐宛战争之前，史书尚未留下筹集军需物资的具体记载。不过，我们从第二次伐宛战争的有关记载，可以得知在第一次出征时，携带有"赍粮"，主要是干糒，即干饭，亦即炒熟的粮食和面粉之类；所带兵器主要是"兵弩"。另据敦煌遗书《贰师泉赋》说："昔贰师兮仗钺专征来，本戈茅（矛）兮深入虏庭"，"我贰师兮精欲仰天，拔刀兮叱咤而前"③。这首赋如果具有一定可据性，那就说明，当时李广利等出征时，还带有钺、戈矛和刀等兵器。同时，为了驮运赍粮、兵器等，可能还驱赶着大群的马、驴和骆驼等。

（二）艰难征程与郁成城之战的失败

太初二年（前103年）秋，贰师将军李广利率军从河西走廊出发④西征大宛国。先途经"盐水"⑤地区，再从楼兰地区分兵南北两路西行⑥，最后约从今喀什附近西越帕米尔高原，先到达大宛国境内（今吉尔吉斯斯坦境内）。

西汉通往大宛国沿途诸小国，当得知李广利率军西征，莫不感到惊

---

① 参见《资治通鉴》卷21，太初元年秋八月条。

② 《汉书》卷61《张骞李广利传》。

③ P.2488，P.2712。

④ 李广利讨伐大宛国军队的主力是属国的六千骑兵，属国又在河西走廊；各郡国恶少年分散在西汉全国，在出征前极有可能都集中到了河西走廊；尤其史书在记述征程时，仅记载了邻近河西走廊的"盐水"。这些材料表明，伐宛大军从河西走廊出发是极有可能的。

⑤ 盐水，服虔曰："水名，道从外水中［行］。"孔文祥云："盐，盐泽也。言水广远，或致风波，而数败也。"裴矩《西域记》云："在西州高昌县东，东南去瓜州一千三百里，并沙碛之地，水草难行，四面危，道路不可准记，行人唯以人畜骸骨及驼马粪为标验。以其地道路恶，人畜即不约行，曾有人于碛内时闻人唤声，不见形，亦有歌哭声，数失人，瞬息之闻不知所在，由此数有死亡。盖魑魅魍魉也。"转引自《史记·大宛列传》注。

⑥ 据《史记》卷123《大宛列传》记载：在李广利率军出征前，西汉先派王恢率军打败西征途中常苦匈奴的楼兰国，意在开辟西征道路。《汉书·西域传》载："初，贰师将军李广利击大宛，还过扞弥，扞弥遣太子赖丹为质于龟兹。广利责龟兹曰：'外国皆臣属于汉，龟兹何以得受扞弥质？'""扞弥"，今新疆于田县地。

恐，因而都"各坚城守，不肯给食"，即固守城池，不给西征汉军提供食物，企图使汉军缺粮困顿。在此情况下，汉军被迫派兵攻打各城。当城被攻克者，守城者就给汉军提供食物，若攻不克者，汉军只好停顿数日而离去。汉军在经历长途艰难跋涉、多次战争与给养缺乏以及兵员锐减的折磨，最终到达了大宛国东部城市郁成城。[①]

郁成城是大宛国郁成王的都城，也是大宛国东部较大的一座古城，驻守军队较多，且有较强战斗力。先前奉汉武帝之命，持千金与金马等贵重礼物前来"请宛王"汗血宝马的车令等，就是在这里被杀的。李广利所率数万伐宛大军，当到达郁成城时，兵卒已"不过数千"，而且"皆饥罢"[②]。汉军在对己十分不利的情况下，发兵攻打郁成城，不料反被驻守郁成城的宛军所打败，并"杀伤甚众"，汉军伐宛遭受了惨重的失败。在此情况下，贰师将军李广利便与校尉李哆、军正赵始成商议说："（汉军）至郁成尚不能举（攻克），况至其王都乎？"[③]于是决定率军东归。

（三）兵遮玉门关

李广利在大宛国郁成城战败后，率领剩余兵卒，又艰难行军数千里[④]，回到敦煌玉门关下。这时，所剩将士已不过出发时的"什一二"。当时，李广利因战败未能获得汗血宝马，尤其未能达到巩固西汉在西域"威德"的目的，因此，难以回报武帝之命，于是带着愧疚的心情向汉武帝奏报说："道远多乏食；且士卒不患战，患饥。人少，不足以拔宛。愿且罢兵，益发而复往。"汉武帝得报，为之大怒，于是当即遣使传诏玉门关说："军有敢入者辄斩之！"就这样，李广利所率东归将士被汉武帝阻拦于玉门关外，等候新的命令。

三、第二次伐宛战争与首批汗血宝马的获得

西汉第一次伐宛战争的惨败，极大地震惊了王朝统治者，诸朝臣并

---

① 《史记》卷123《大宛列传》。
② 师古曰："罢，读曰疲。"罢，劳累、疲惫。
③ 《史记》卷123《大宛列传》。
④ 《汉书》卷96《西域传上·大宛国》条载："大宛国，王治贵山城，去长安万二千五百五十里。"大宛国贵山城，位于郁成城西北千里左右。李广利攻郁成城失败，率军回至玉门关下。据此推算，从郁成至玉门关约有数千里之遥。

为之展开了激烈争论。西汉统治者在权衡各种利弊的情况下，断然决定扩充西征军队，坚持进行第二次伐宛战争，并使战争取得了最终胜利，获得了大批汗血宝马。

（一）备战简况

西汉王朝为了取得第二次伐宛战争的胜利，在汲取第一次战争失败教训的基础上，采取了更多更有效的备战措施，其中主要是：

首先，思想准备。第二次伐宛战争的备战，是从西汉诸朝臣就是否继续进行第二次战争的争论开始的。当时，部分朝臣认为，汉将赵破奴所率二万多军队，因战败而降于匈奴，从而对伐大宛不利，为此极力主张"罢击宛军"，而"专力攻胡"。另一部分朝臣则认为，武帝既已下令诛大宛，大宛又是一小国，若不把它打败，"则大夏之属轻汉"；汗血宝马无法获得，西域的"乌孙、仑头（即轮台）易苦汉使，为外国笑"，以此之故，哪怕引起"天下骚动"，也要发动对宛战争。①经过激烈争论，主战朝臣的意见占了上风，这就为第二次伐宛战争作好了思想准备。

其次，扩充伐宛军队。李广利所率领屯驻玉门关外的汉军仅剩数千人，从第一次伐宛战争失败的教训看，实在不能胜任第二次伐宛战争的重任，因此必须大力扩充军队。当时所采取的主要措施是：（一）继续由李广利任贰师将军，率军伐宛，另又把校尉人数增至"五十余"；（二）"赦囚徒材官，益发恶少年及边骑"，达"六万人，负私从者不与"②；（三）又带了水工工匠，并"拜习马者二人为执驱校尉，备破宛择取其善马"③。

第三，筹集赍粮与兵弩。这次在备战中，筹集到"牛十万（头），马三万余匹，驴、骡、橐它（即骆驼）以万数。多赍粮，兵弩甚设"，又"发天下七科适④，及载糒给贰师。转车人徒相连属至敦煌"。⑤

---

① 《史记》卷123《大宛列传》。

② 《汉书》卷61《张骞李广利传》注引师古曰："负私从者不与"，即"负私粮食及私从者，不在六万人数中也。"

③ 《史记》卷123《大宛列传》。

④ 《史记》正义引张晏曰："吏有罪一，亡命二，赘婿三，贾人四，故有市籍五，父母有市籍六，大父母有市籍七：凡七科。"参见《史记·大宛列传》注。

⑤ 《史记》卷123《大宛列传》。

第四，"益发戍甲卒"卫酒泉。这次西汉伐宛，可谓是倾全国之力的壮举，兵员之众，辎重之丰，为前所未有。然而，北方草原之匈奴，仍为西汉的心腹之患，尤其当伐宛军队从河西走廊西行后，匈奴是否乘机南下侵扰河西走廊，就成了西汉统治者最为担心之事。为防万一，西汉统治者便采取了"益①发戍甲卒十八万酒泉、张掖北，置居延、休屠以卫酒泉"②。这就是说，为了有效防御匈奴南下侵扰，西汉在原有戍边甲卒人数的基础上，又征发了十八万甲卒去到酒泉、张掖二郡之北戍守，同时还设置居延、休屠二县，作为酒泉郡北部屏障，以利保卫酒泉郡的安宁。

第五，联络乌孙发兵击宛。在李广利率大军向大宛进发后，汉武帝以为还不足以对大宛构成最大压力，于是又派使者出使乌孙国，要求其"大发兵（与汉）并力击宛。乌孙发二千骑往"大宛③。乌孙位于大宛国东方，它这次出兵后，虽然"持两端，不肯前"④，没有直接参战，但由于是近邻，所以对大宛国还是构成了一定的威慑与压力，客观上对汉军起到了声援作用。

（二）艰难的征程

李广利于汉武帝太初三年（前102年）率军第二次伐宛，起程于敦煌之西。当时因将士众多，沿途西域各国不便提供粮食，于是分军为数支，分别从西域南北两道西行。汉军出发时近十万人众，声威震惊西域诸国。当时，一些小国闻汉军至，便开城迎接，"出食给军"；而另一些小国则闭城固守，拒绝为汉军"出食"，所以，汉军总是一边艰难行军，一边进行作战。汉军在途中的作战，主要是"捕楼兰王"、屠"仑头""破郁成"城和围攻大宛城。

"捕楼兰王"　在李广利率军出征之际，匈奴欲出兵半途拦截，阻止汉军伐宛。当时，出征的汉军很盛，匈奴未敢阻拦，但又不甘心，于是派遣骑兵前往"役属"于己的楼兰，并试图"因楼兰候汉使后过者，欲绝勿通"。正巧当时驻防玉门关的汉将任文俘获了匈奴兵，得知了上

① 《汉书》卷61《张骞李广利传》注引师古曰："益，多也。"
② 《史记》卷123《大宛列传》。
③ 《史记》卷123《大宛列传》。
④ 《史记》卷123《大宛列传》。

述情报，并及时报知了汉武帝。武帝随即下令任文"引兵捕楼兰王，将诣阙簿责"。此后不久，任文捕得了楼兰王，并将其送至长安，交汉武帝斥责时，楼兰王便对答道："小国在大国间，不两属无以自安，愿徙国入居汉地。"汉武帝听后觉得楼兰王的话诚恳直率，于是将其"遣归国"，继而也派使者去楼兰国"候司匈奴"，匈奴从此再也不敢"亲信楼兰"了。①

屠"仓头"　"仓头"，又称轮台，治乌垒城，位于今新疆库车县东部。"仓头"地当西域要道，与乌孙同为西域强国，汉使往还，其多劫掠。当李广利率军到达时，"仓头"既不迎接，又不"出食"，在汉军攻城时便采取固守策略，一时难以攻下。汉军不得已便连攻数日，终于攻克，继而对"仓头"进行了"屠"城，即毁坏其城，杀其居民，从而扫除了伐宛要道上的一大障碍。

"破郁成"城　"郁成"即郁成城，是大宛国郁成王的都城，位于大宛国东部。在李广利率军第二次伐宛时，由校尉王申生、故鸿胪壶充国等所率千余汉军到达了郁成城外。郁成王督军守城，"不肯给食汉军"。由于这时王申生所率汉军距汉军主力有二百里之遥，所以郁成王颇轻蔑，为此王申生等派人予以斥责。可是，郁成王不仅"食不肯出"，而且还派人窥知王申生等所率军队人数日渐减少情况，于是在一日早晨派遣三千宛兵攻打汉军，结果王申生等被杀，汉军大败，仅数人逃脱投奔贰师将军处。李广利得知情况后，遂令搜粟都尉上官桀率军前往攻打郁成城，结果城被攻破，郁成王仓皇逃往康居国。上官桀乘胜率军追往康居。康居王得知汉军已破大宛，遂将郁成王交给了上官桀，上官桀"令四骑士缚守诣大将军。四人相谓曰：'郁成王汉国所毒，今生将去，卒失大事。'欲杀，莫敢先击。上邽骑士赵弟最少，拔剑击之，斩郁成王，赍头。弟、桀等逐及大将军"②。这样，汉军便报了郁成王杀汉使车令等的旧有之仇，并对李广利攻打大宛国都城创造了有利条件。

围攻大宛城，获得汗血宝马　大宛城是大宛国都城，又名贵山城，位于郁成城西北约千里之地。李广利率军到达大宛城下时，兵卒仅剩

---

① 《资治通鉴》卷21，太初四年春条。
② 《史记》卷123《大宛列传》。

"三万人"，宛军随即对汉军发起攻击，汉军便用弓弩进行反击，宛军被迫退入城中。大宛城中原无水井，早先曾引河流入城，以解决城内居民饮用。为围困大宛城，李广利遂下令部下将河流改道，断绝城内水源，并先后围城四十余日，继而毁坏了大宛城外城，俘获了宛贵人勇将煎靡，宛人大恐，退保中城。在此危急形势下，宛贵人中有人提议道："汉所为攻宛，以王毋寡匿善马（即汗血宝马）而杀汉使。今杀王毋寡而出善马，汉兵宜解；即不解，乃力战而死，未晚也。"其余宛贵人听后都以为有道理，于是共杀王，持王头至贰师将军处，并提出如下约言："汉毋攻我。我尽出善马，恣所取，而给汉军食。即不听，我尽杀善马"，同时声言："康居之救且至。至，我居（城）内，康居居（城）外，与汉军战。汉军熟计之，何从？"在此情况下，李广利便与赵始成、李哆等商议说："闻宛城中新得秦人（当时的汉人），知穿井，而其内食尚多。所为来，诛首恶者毋寡。毋寡头已至，如此而不许解兵，则坚守，而康居候汉罢（罢，读"疲"，即困顿、疲惫之意）而来救宛，破汉军必矣。"汉军军吏皆以为李广利所言为是，于是同意了大宛贵人的约言。接着，大宛国放出汗血宝马，让汉军自己挑选，并给汉军提供了粮食。汉军便从大宛国汗血宝马中挑选了最好的汗血宝马数十匹（一说三十匹），中等以下牡牝汗血宝马三千余匹。这是西汉从大宛国获得的首批汗血宝马。随后，汉军便拥立与汉友好的昧蔡为大宛王，并结盟而罢兵。至此，第二次伐宛战争取得了完全胜利。

四、伐宛战争胜利对当时诸方面的影响

西汉伐宛战争的胜利，既对当时诸方面产生了重要影响，同时又对后世产生了重要影响。这些影响远远超出了获得汗血宝马这一问题本身。下面着重探讨对当时诸方面的影响问题。

（一）加速了西汉获得汗血宝马的进程

汗血宝马是大宛国的"宝马"，历来不让他国获得。西汉在张骞第一次出使西域时带来了大宛国有汗血宝马的重要信息。此后，汉武帝"发书《易》，曰'神马当从西北来'"。从此，希图获得大宛国汗血宝马就成了汉武帝梦寐以求之事。在经历挫折、艰难困苦和惨重损失的情况

下，于第二次伐宛战争的关键时刻，大宛国贵人与汉军结了"城下之盟"，约定大宛国"尽出善马"，由汉军"恣所取"。①接着，汉军按约"取其善马数十匹②，中马以下牡牝三千余匹"③。太初四年（前101年），李广利等将领率汉军驱赶着汗血宝马凯旋了。这表明，伐宛战争的胜利，加速了汗血宝马的获得。从此，中原西汉王朝开始有了直接得自大宛国的汗血宝马。④当汉武帝见到汗血宝马后，认为比乌孙马"益壮"，故更名乌孙马为"西极马"，而将大宛国汗血宝马则命名为"天马"。

（二）导致了大宛国政局的剧变

大宛国是当时西域的一个大国，又是一个强国，都城为贵山城，"户六万，口三十万，胜兵六万人"，有"副王、辅国王各一人"。大宛国是由"别邑七十余城"组成的具有城邦特点的王国。其国内广种葡萄、苜蓿，是一个农牧兼营的国家。

大宛国政局本来较为稳定，但由于宛王令郁成王杀汉使、劫汉使所带礼物，埋下了汉军伐宛的祸根。李广利率军第二次伐宛时，曾以兵围攻大宛城四十余日。为解除汉军兵临城下的压力，大宛国贵人们经密谋策划，发动了政变，杀了国王毋寡，同汉军达成了城下之盟。这是大宛国政局的一次重大变化。不久，汉军为了使大宛国此后同汉友好，遂立大宛贵人中对汉友善的昧蔡为大宛王，并与之结盟，然后启程东归。

时过一年之久，大宛贵人们"以为昧蔡善谀，使我国遇屠，乃相与杀昧蔡，立毋寡昆弟曰蝉封为宛王"⑤。看来，汉军两次伐宛战争，对大宛国政局剧变的影响是很大的。

（三）推动了西汉与西域诸国关系进一步改善

从元鼎二年（前115年）张骞第二次出使西域，到太初四年（前101年）李广利获得汗血宝马的十五年中，西汉与西域部分国家之间的交往

---

① 《史记》卷123《大宛列传》。

② 《汉书》卷59《张汤传》载："贰师将军李广利捐五万之师，靡亿万之费，经四年之劳，而廑（同仅）获骏马三十匹。"

③ 《史记》卷123《大宛列传》。

④ 《江南时报》2002年6月18日文章称："张骞把马（即汗血宝马）带回长安"。此说于史无据，自然不可信从。

⑤ 以上均参见《史记》卷123《大宛列传》

关系得到了初步建立，相互间使者往来日渐增多。然而，讨伐大宛国的战争，除了给大宛国造成严重损失和破坏之外，还出人意料地在某种程度上推动了西汉与西域诸国关系的进一步改善。

大宛国受到了伐宛战争的沉重打击，并使其政局连续发生了三次剧变，可是，大宛国的统治者最终却选择了同西汉友好的方针。大宛国贵人立蝉封为宛王后，蝉封便"遣其子入质于汉。汉因使使赂赐以镇抚之"①。同时，"宛王蝉封与汉约，岁献天马二匹"②。大宛国与西汉这种互信关系的确立，在一定程度上得益于伐宛战争的推动。

"仑头"是西汉通西域要道上的一个城郭之国，曾与乌孙一起"苦汉使"，在李广利第二次率军伐宛时，曾遭汉军"屠"城，受到了沉重打击。《史记·大宛列传》载："仑头有（西汉屯）田卒数百人，因置使者护田积粟，以给使外国者。"《汉书·西域传》也说："轮台、渠犁，皆有田卒数百人，置使者校尉领护，以给使外国者。"从这些记载可以看出，原来常"苦汉使"的仑头，同西汉关系不友好，因此其境内不存在西汉田卒的屯田。可是，在李广利的伐宛战争胜利之后，仑头便改变了对西汉的态度，并允许西汉田卒在其境内屯田积粟，为出使西域使者提供给养。看来，仑头和西汉间关系确已有了明显改善。

乌孙与西汉的关系，在当时是颇为特殊的。在张骞第二次出使西域之后，乌孙昆莫与西汉实现了联姻（即和亲），细君公主和解忧公主先后下嫁乌孙昆莫，从此，双方结为"昆弟"（即兄弟之邦）。在李广利率军第二次伐宛时，汉武帝要求乌孙"大发兵击宛"，乌孙虽发二千骑兵前往，但"持两端，不肯前"，尚未直接参战。不过，此后乌孙在较长时间与西汉保持了友好关系，这对扩大西汉在西域的影响、稳定西汉与西域诸国关系起了很大作用。

西域还有一些国家，它们与西汉的关系也曾受到了李广利伐宛战争胜利的影响。其影响情况，虽然未能彰显于史册，但一些简要记述，仍对我们认识这一问题有一定助益。太初四年（前101年），"贰师将军之

①《史记》卷123《大宛列传》。
②《汉书》卷96《西域传上·大宛国》。

东，诸所过小国闻宛破，皆使其子弟从军入献，见天子，因以为质焉"。李广利伐宛后，"汉发使十余辈至宛西诸外国，求奇物，因风（同讽）览以伐宛之威德"①。《资治通鉴》也说："自大宛破后，西域震惧，汉使入西域者益得职。于是自敦煌西至盐泽往往起亭。"②

（四）对西汉与汉军将士造成了正反两方面影响

李广利奉汉武帝之命，先后两次率军奔赴万里之外讨伐大宛，时间长达四年之久。③这既是一场胜利之战，又是一场损失惨重之战。其对西汉的影响（或作用）自然有正面和负面两个方面。

对西汉的正面影响主要是：

首先，直接起到了巩固西汉开拓西域的"威德"。在此之前，西域诸国"役属"匈奴，受匈奴"童仆都尉"控制，但当李广利打败大宛国，获得汗血宝马，进一步改善了同西域诸国关系，从而大大削弱了匈奴在西域的势力和影响，客观上起到了巩固西汉开拓西域的文治武功和已建立的"威德"，为后来西汉设置西域都护府创造了重要条件。

其次，使西汉更多的人（使者、将士等）有机会亲历西域，多方面了解了当地的风土人情。在张骞第二次出使西域后，中原人对西域的知识逐渐增多了，而在李广利伐宛战争胜利之后，中原人对西域的知识则进一步丰富了。这对后来丝路贸易的发展、中西交往的频繁打下了基础。

第三，伐宛战争的胜利，使建立了军功的西汉将士有幸得到了升迁和获得了奖励。当初，汉武帝为了能够给宠姬李夫人之兄李广利封侯，就任命李广利为贰师将军，并令其率军伐宛。因此，当战争胜利后，汉武帝便采用提升官职和赏赐黄金的方式嘉奖李广利等将士。据《史记·大宛列传》记载：汉武帝"封（李）广利为海西侯。又封身斩郁成王者骑士赵弟为新畤侯。军正赵始成为光禄大夫，上官桀为少府，李哆为上党太守。军官吏为九卿者三人，诸侯相、郡守、二千石者百余人，千石以下千余人。奋行者官过其望，以适过行者皆绌其劳。④士卒赐直（同

---

① 《史记》卷123《大宛列传》。

② 《资治通鉴》卷21，太初四年春条。

③ 《史记》卷123《大宛列传》载：李广利"伐宛再反，凡四岁而得罢焉"。

④ 《史记》集解引徐广曰："奋行者及以适行者，虽俱有功劳，今行赏计其前有罪而减其赐，故曰'绌其劳'也。绌，抑退也。此本以适行，故功劳不足重，所以绌降之，不得与奋行者齐赏之。"

值）四万金"①。

伐宛战争的胜利，也给西汉带来了严重的负面影响，其中主要是兵员、马匹等的严重损失。在第二次出征伐宛时，出发恶少年与边骑"六万人"，而"负私从者不与"（即"负私从者"不计算在六万人之内），另又"发天下七科适"为贰师将军运送军粮。以上合计人数远在六万人以上，而返回玉门关下者却仅有军人"万余人"。在出发时，有"牛十万（头），马三万余匹，驴、骡、橐它以万数"，"负私从者""七科适"所驱赶牛、马等也未计算在数内，但当回到玉门关时，仅有"军马千余匹"。②仅此便可知这次战争所造成损失的惨重了。

第三节　西域大宛等国向历代中原王朝贡献汗血宝马盛况

在古代历史上，曾在大宛国原有疆域或临近地区所建立国家，当中原地区建立统一强大王朝、较为强大割据政权或丝绸之路被打通时，就将汗血宝马断断续续贡献到中原来，往往呈现兴盛状况。

由于中原地区统一与分裂、丝绸之路畅通与封闭的影响，以致使西域大宛等国向中原贡献汗血宝马明显表现为两汉魏晋南北朝、隋唐和元明三个主要时期，其中从西汉至唐代中期，史籍明确记载主要贡献汗血宝马、名马等，而中唐以后一般记载贡善马、良马和马等。虽然所贡献马的名称不同，但无疑都属于与汗血宝马为同种类之马。

在将近两千年的历史上，西域大宛等国，究竟向中原地区的王朝和割据政权贡献了多少匹汗血宝马？由于古代文献记载的疏漏和模糊，因此，这是一个难以准确回答的问题。如果就一般常见文献所载而言，总数约在万匹左右。在此，仅就西汉至中唐时大宛等国向中原王朝贡献汗血宝马情况予以考述。至于宋、元、明时期，因所贡马不以"汗血马"相称，故在第四章中另作论述。

---

① 《史记》卷123《大宛列传》。
② 《史记》卷123《大宛列传》。

一、两汉时期，大宛等国贡献汗血宝马

西域大宛等国向中原王朝贡献汗血宝马，是双方关系走上正常化的一个重要标志。从此，大宛等国与中原王朝确立了友好的交往关系。

大宛国的首批汗血宝马，是因李广利等伐宛而东入中原的。此后，大宛国向西汉王朝正式贡献汗血宝马的活动，始于李广利伐宛后不久。据《资治通鉴》记载：太初四年（前101年）"后岁余（即天汉元年或二年）……（宛）立毋寡昆弟蝉封为宛王，而遣其子入侍于汉。……蝉封与汉约，岁献天马（即汗血宝马）二匹"。自此，宛王蝉封开了西域诸国向中原王朝贡献汗血宝马的先例，至于"岁献天马二匹"的历史延续了多久，总共贡献了多少匹汗血宝马，均未见于记载。

东汉前期，同西域诸国关系虽然存在"三绝三通"状况，但由于东汉王朝的统一与强盛，西域国家遂于建武十三年（37年）春，有"献名马者，日行千里"[1]；章帝时，东汉王朝拜李恂为使持节领西域副校尉之职后，西域诸国侍子及督使（主蕃国之使者）、贾胡（胡人中之商贾）数遣送"宛马"给李恂，李恂却"一无所受"[2]；冲帝、质帝时辅政大将军梁冀，曾"远致（致，即招引）汗血名马"[3]。梁冀此举，带有一定索取汗血宝马的性质，但是否获得了汗血宝马，亦未见于记载。

二、魏晋南北朝时期，大宛等国贡献汗血宝马

三国曹魏末期，以中原为中心的北方地区，尚处于统一状况，"康居、大宛献名马，归于相国府，以显怀万国致远之勋"[4]。当时，曹植曾获大宛国紫骍马一匹，并献文帝。此马"形法应图，善持头尾，教令

---

① 《资治通鉴》卷43，建武十三年春正月条。
② 《后汉书》卷51《李恂传》。
③ 《后汉书》卷64 《梁统传》附《梁冀传》。
④ 《三国志》卷4《魏书·三少帝纪》。

习拜，今辄已能行与鼓节相应"①。

西晋时期，西域大宛等国多次贡献汗血宝马。晋武帝司马炎泰始六年（270年）九月，"大宛献汗血马"②；泰始十年（274年），康居国王"那鼻遣使上封事，并献善马"③；太康六年（285年），晋武帝"遣使杨颢拜其王兰庚为大宛王。兰庚卒，其子摩之立，遣使贡汗血马"④。

十六国时期，大宛等国曾向前凉、后凉、前秦等贡献汗血宝马，出现了一个小高潮。前凉张骏咸和五年（327年），"西域诸国献汗血马、火浣布、犎牛、孔雀、巨象及诸珍异二百余品"⑤。后凉吕光太安二年（387年），龟兹国使至，"贡宝货、奇珍、汗血马，（吕）光临正殿，设会文武博戏"⑥；吕光麟嘉五年（393年），"疏勒王献火浣布、善舞马（即汗血马）"⑦。前秦时（378年），"大宛献天马千里驹，皆汗血，朱鬛、五色、凤膺、麟身及诸珍异五百余种"⑧。

东晋孝武帝太元七年（382年）二月，"大宛进汗血马"。苻坚建元十七年（392年），鄯善王、车师前部王来朝，"大宛献汗血马"⑨。南朝宋明帝刘彧泰始元年（465年）四月，"破洛那献汗血马"⑩。

北魏统一北方、开拓河西地区后，西域破洛那（汉时的大宛国）等多次遣使贡汗血宝马。拓跋焘太延三年（437年）十一月，"破洛那、者舌国（故康居国）各遣使朝献，奉汗血马"⑪；五年（439年），"遮逸国献汗血马"⑫；拓跋濬和平六年（465年）夏四月，"破洛那国献汗血马"⑬；拓跋宏太和三年（479年），洛那国（即破洛那）"遣使献汗

---

① （清）张澍辑：《凉州异物志》，《中国西北文献丛书》第65册，兰州：兰州古籍书店，1990年，第558页。
② 《晋书》卷3《武帝纪》。
③ 《晋书》卷97《四夷传·康居国》。
④ 《晋书》卷97《四夷传·大宛国》。
⑤ 《十六国春秋》卷72《前凉录三·张骏》，《文渊阁四库全书》第463册，影印本，台北：台湾商务印书馆，第902页。
⑥ 《凉州记》，《中国西北文献丛书》第65册，第558页。
⑦ 引自《太平御览》卷896《兽部八·马四》。
⑧ 《晋书》卷113《苻坚载记》。
⑨ 《十六国春秋》卷37《前秦录·苻坚》，《文渊阁四库全书》第463册，第623页。
⑩ 北魏时"破洛那"，即两汉时大宛国。
⑪ 《魏书》卷4《世祖纪上》。
⑫ 《魏书》卷4《世祖纪上》。
⑬ 《魏书》卷5《高宗纪》。

血马，自此每使朝贡"①；元恪延昌（512—515年）中，"破洛侯、乌孙并因之以献名马"②。

三、隋唐时期，拔汗那等国贡献汗血宝马

隋唐时期，在中原地区相继出现了统一局面，这为二王朝与西域各族、各国恢复和发展友好交往关系打下了基础，同时也为汗血宝马的继续东入中原创造了有利条件。

隋文帝时（581—604年），"大宛国献千里马，鬃曳地，号曰师子骢"③。

隋炀帝大业四年（608年）二月，"遣司朝谒者崔毅（又称崔君肃）使（西）突厥处罗，致汗血马"④。

唐朝时，在原大宛国境内和邻近地区所建各国，都曾先后向唐朝贡献汗血宝马和其他名称马匹。高祖武德（618—626年）中，"康国献四千匹"；康居国马，"是大宛马种，形容极大"⑤。"武德十年，（康国王）屈术支遣使献名马"⑥。武则天长安三年（703年）三月，"大食遣使献良马于唐"；"长安中，遣使献良马……开元初，遣使来朝，进马及宝钿带等方物⑦。玄宗开元二十一年（733年）三月，"可汗那（即拔汗那境内一城）王易米施遣使献马"⑧。开元二十九年（741年）正月，"拔汗那王遣使献马"⑨。天宝五年（746年）三月，"石国王遣使来朝，并献马十五匹"。天宝六年，"石国王遣使献马"⑩。天宝中，

---

① 《魏书》卷102《西域传·洛那》。

② 《魏书》卷32《高湖传》。

③ 张鷟：《朝野佥载》卷5，《文渊阁四库全书》，第1035册，影印本，台北：台湾商务印书馆，第272页。

④ 《隋书》卷3《炀帝纪上》。

⑤ 《唐会要》卷72《诸蕃马印》，《文渊阁四库全书》第607册，影印本，台北：台湾商务印书馆，第101页。

⑥ 《旧唐书》卷198《西戎传·康国》。

⑦ 《旧唐书》卷198《西戎传·大食国》。

⑧ 《册府元龟》卷971《外臣部·朝贡四》。

⑨ 《册府元龟》卷971《外臣部·朝贡四》。

⑩ 《册府元龟》卷971《外臣部·朝贡四》。

"大宛进汗血马六匹，一曰红叱拨、二曰紫叱拨、三曰青叱拨、四曰黄叱拨、五曰丁香叱拨、六曰桃花叱拨"①。玄宗开元、天宝年间，宫廷教坊驯练"舞马"百匹，用以表演取乐。这些"舞马"是西域国家贡献的还是唐朝繁殖的，尚无文证。不过，这一时期通过贡献进入中原地区的汗血宝马数量较多，是可以肯定的。

第四节　中原人与汗血宝马的东来

在古代历史上，大宛国疆域内的国家政权屡有更迭，其国名也多有变易，出产在这一地区的汗血宝马，因而也就从不同国名的国家东入中原地区了。

汗血宝马在古代历史上，一直被中原人认为是一种神奇之马，所以有些历史文献记载汗血宝马问题时，往往记载有人物及汗血宝马的具体情况，甚至还记载了一些简略的故事。现在将这方面情况集中到一起，进行概略考述，对读者了解和认识汗血宝马问题也是很有意义的。

一、冯奉世出使大宛国与汗血宝马的东来

冯奉世，字子明，西汉上党潞人。汉武帝末，以良家子选为郎。昭帝时，"以功次补武安长"，年三十余失官，后学《春秋》涉大义，读兵法明习，遂由前将军韩增奏请以为军司空令。宣帝本始（前73—前70年）中，从军击匈奴，战毕，复为郎官。元康元年（前65年），奉宣帝之命出使大宛国，获赠汗血宝马，并带回长安。②

当时，汉宣帝何以要派遣冯奉世出使大宛国？要回答这一问题，就要客观分析当时西汉本身以及西汉所面临的形势。通过这样的分析，即可得知汉宣帝派遣冯奉世出使大宛国，无非基于以下四个方面原因：

首先，当时恰逢宣帝发奋"中兴"之际，正在从事"功光祖宗，业

---

① 《说郛》卷3《纪异录》，北京：中国书店，1986年，第6—7页。
② 参见《汉书》卷79《冯奉世传》。

垂后嗣"①的宏大事业，极需具有杰出才干之士出使西域，建功立业。

其次，西域局势正处于动荡之中，非智勇双全之士难以肩负使命。据《汉书·冯奉世传》记载：当时，乌孙是西域大国，因攻打匈奴有功，西域诸国因而与其关系有了改善，这是西汉经略西域所遇到的新问题。另外，前莎车王之弟发动政变，杀害了西汉所任命的莎车王万年（万年，是解忧公主与乌孙肥王翁归靡的次子）②。乌孙肥王在世时，"莎车王爱之"，后万年为质入汉。莎车王无子，死时万年仍在汉。为此，莎车国人计欲自托于汉，又欲得乌孙心，即上书汉宣帝请万年为莎车王。汉许之，遣使者奚充国送万年。万年初立，暴恶，国人不悦。莎车王弟呼屠征杀万年，并杀奚充国"自立为王"，又约诸国"背汉"③。当时，莎车王呼屠征还派人前往西域诸国散布"北道诸国已属匈奴矣"的流言，而莎车自己则尽力"攻劫南道，与歙盟畔汉"，从而使"鄯善以西（与汉）皆绝不通"。④在这时，匈奴也乘机发兵攻打车师城，但因不克而退。

第三，当时西汉别无合适人选可以派遣。从汉武帝时开始，西汉不断派遣使者出使西域，其中不少人建立了功业。但至宣帝时，"汉数出使西域，多辱命不称，或贪污，为外国所苦"⑤。这是说，西汉当时缺乏智勇双全人才，所以所派遣使者都未能很好完成使命，人才缺乏可见一斑。

第四，冯奉世是智勇双全的人才。冯奉世出身于世代官吏之家，年轻时做过地方官，从军作过战，并曾研习过《春秋》和兵法，具有较为丰富的经历、出众的才干和智谋，是一位难得的智勇双全人才。如他奉命出使大宛国途中到达鄯善时，得知莎车与别国共杀莎车王万年和汉使奚充国消息，当即与副手严昌商定迅速进击莎车，防止其国力增强，进而危害西域。于是，他"以节⑥谕告诸国王，因发其兵，南北道合万五千人进击莎车，攻拔其城。莎车王（呼屠征）自杀，传其首诣长安"，

---

① 《汉书》卷8《宣帝纪》。
② 《汉书》卷96《西域传下·乌孙》。
③ 《汉书》卷96《西域传上·莎车》。
④ 《汉书》卷79《冯奉世传》。
⑤ 《汉书》卷79《冯奉世传》。
⑥ "节"，即符节，古代使者所持身份凭证。

从此，"诸国悉平，威振西域"。当冯奉世将这一情况报告汉宣帝后，宣帝便召见推荐冯奉世的将军韩增说："贺将军所举得其人。"① 以上情况表明，冯奉世是当时最为合适的出使大宛国的人选，所以，他奉命前往是很自然的。

冯奉世和他的副手严昌出使大宛国，获赠汗血宝马，完全出于意外情况。据载：冯奉世和他的副手严昌奉命出使，主要是"以卫候使持节送大宛诸国客"②，也就是在西域动荡的形势下，护送大宛等国来汉朝"客"人回到本国去。因此，当冯奉世等不远万里，把大宛等国"客"人送回国，使宛王等感到由衷的高兴，尤其宛王得知冯奉世联合西域诸国打败莎车，逼迫莎车王呼屠征自杀，因而对冯奉世"敬之异于它使"，并将大宛"名马象龙"③赠送给了冯奉世，并带回了汉朝。汉宣帝在得知冯奉世带来了"象龙"汗血宝马时，颇感高兴，于是便任命出使有功的冯奉世为光禄大夫和水衡都尉。④

二、汉明帝亲见汗血宝马

汉明帝刘庄，是我国史籍记载中曾自称亲自见过汗血宝马及其汗血现象的唯一一个皇帝。由于这个缘故，有关记载自然就显得特别重要和珍贵，其说服力自然也在其他记载之上。

汉明帝亲见汗血宝马的记载，见《后汉书·东平宪王（刘）苍传》：中元二年（57年），明帝给刘苍和阴太后"并遗宛马一匹，血从前髆上小孔中出。尝闻武帝歌，天马露赤汗，今亲见其然也"。这一记载，文字虽然不多，但它却说明了以下三个方面问题：

首先，汉明帝给东平宪王刘苍和阴太后曾赏赐大宛汗血宝马一匹。明帝所赐马为"宛马"，且"从前髆上小孔中"出血，所以是一匹纯种汗血宝马，极为珍贵。那么，刘苍等何以得到这匹珍贵的汗血宝马呢？

---

① 《汉书》卷79《冯奉世传》。
② 《汉书》卷79《冯奉世传》。
③ "象龙"，史家解释不一，"师古曰：言马形似龙者。仲冯曰：此马名曰象龙也。""象龙"，疑是中国"龙马"说的由来。
④ 《汉书》卷79《冯奉世传》。

据载，刘苍和明帝为同母所生，关系非同一般；而刘苍"少好经书，雅有智思"，明帝"甚爱重之"，及即位便拜苍为骠骑将军，且位在三公之上，而刘苍"至亲辅政，声望日高"。[①]据此来看，刘苍获赐汗血宝马，不仅出于至亲，而且还带有笼络之意。

其次，明确说明了汗血宝马的汗血部位及汗血特点。自西汉得知汗血宝马以来，明确说血"从前髆上小孔中出"是历史记载中的第一次，而且这一记载又被后来的大多这类记载所证实。同时，汗血宝马之血从前髆上"小孔中出"和天马"霑[②]赤汗"的记载说明了汗血宝马汗血的基本特点，这些特点也被后代这类记载所证实。

第三，说明了汉明帝亲自看见过汗血宝马及其汗血情况。在我国历史记载中，自称亲自看见过汗血宝马及其汗血现象的汉明帝是唯一一个人。这一凤毛麟角式的记述，完全证实了汗血宝马东入中原的客观真实性，为后代人保存了有关汗血宝马及其汗血现象的真实情况，把汗血宝马的神奇与奥秘基本上揭示出来了，为历代中国人认识汗血宝马及其汗血现象，作出了重要贡献。

三、裴仁基、宇文士及、唐太宗与大宛千里马

裴仁基，字德本，隋朝河东郡（今山西省西南部）人。"少骁勇，便弓马"。开皇初，为文帝亲卫，平陈时，他奋勇陷阵，后屡次出征，战功卓著。

据张鷟《朝野佥载》记载：隋文帝时，大宛国（时称拔悍、铍汗那）曾献一匹千里马（即汗血宝马），其鬣毛垂地，号称"师子骢"。文帝下令将其驯养于马群之中，但即使"陆梁人"（即强悍、勇敢之人）也莫能制驭。文帝于是下令将整个马群赶来，并问在场朝臣：你们当中谁能制驭这匹马？郎将裴仁基答道："臣能制之。"说毕，裴仁基"遂攘袂向前，去十余步。踊身腾上，一手撮耳，一手抠目，马战不敢动"，他套好臂套，骑着千里马就出发了。奔跑飞快的千里马，"朝发西京，暮至东

---

① 《后汉书》卷72《光武十王传·东平宪王苍传》。
② "霑"，即霑濡，亦即浸湿。其意是说，汗血宝马的汗血特点是：血从汗血宝马的前髆上小孔中渗出后，在马毛中呈浸湿或浸润状。

洛（东都洛阳）"。后至隋末，社会动乱，千里马丢失，去向不明。[①]

唐初，这匹千里马曾再现于世。据载：唐太宗李世民当时曾下令天下寻访隋朝时期千里马，不久，同州（今陕西大荔、合阳、韩城一带）刺史宇文士及终于找到了它。原来，千里马"老于朝邑（今陕西大荔县东）市面家，挠硙（推磨子），鬃尾焦秃，皮内穿穴"，看到这种景象，宇文士及十分悲痛，并哭泣不已。当时，唐太宗在长乐坡，千里马到了新丰（今陕西临潼附近），便"向西鸣跃"。太宗得到千里马非常高兴。后经精心喂养，千里马"仍生五驹，皆千里足也。后不知所在矣"。[②]大宛千里马，因社会动乱遭受了折磨，又因社会的安定而备受关爱。

四、崔君肃出使与西突厥贡汗血宝马

崔君肃[①]是隋朝司朝谒者。大业四年（608年）二月，他奉命出使西突厥（其王庭在龟兹北），回国时，西突厥遣使者伴随前来贡汗血宝马。[②]

崔君肃出使西突厥，本来不是为了让汗血宝马东入隋朝，甚至当时的隋朝人很有可能根本不知道西突厥有汗血宝马。这表明，西突厥的汗血宝马随崔君肃东入隋朝，也是有其特殊缘由的。

突厥在南北朝时基本上是统一的，后至隋文帝时，沙钵略可汗与大逻便（木杆可汗之子，西突厥的开创者）有隙，突厥遂一分为二。隋文帝末，东突厥启民可汗归服隋朝；西突厥达漫继立，号"泥撅处罗可汗"，占据东起阿尔泰山，西至咸海以西，南起昆仑山，北至巴尔喀什湖的广大地区。大业初，西突厥处于由盛转衰时期，恰好这时正是隋炀帝"慕秦皇汉武"业绩，开拓疆域之际。正如《隋书》所载："当大业初，处罗可汗抚御无道，其国多叛，与铁勒屡相攻，大为铁勒所败。时

---

① 参见张鷟：《朝野佥载》卷5，《文渊阁四库全书》，第1035册，第272页。

② 张鷟：《朝野佥载》卷5，《文渊阁四库全书》，第1035册，第272页。

③《隋书》卷84《北狄传·西突厥》称"崔君肃"，《资治通鉴》隋纪五亦称"崔君肃"，而《隋书·炀帝纪上》则称"崔毅"，其注又称"崔君毅"。其名虽异，实为同一人。

④《资治通鉴》卷181，大业四年二月条。

黄门侍郎裴矩在敦煌引致西域，闻（西突厥）国乱，复知处罗思其母氏，因奏之。炀帝遣司朝谒者崔君肃赍书谕之。"崔君肃见到处罗可汗时，处罗态度"甚距（同倨），受诏不肯起"。崔君肃于是以启民可汗欲灭西突厥、其母向氏（时在隋朝）日夜思念处罗等为说辞，说服了处罗可汗，处罗便"跪受诏书"，并表示愿归服隋朝，继而遣使者随崔君肃东入隋朝贡献汗血宝马。①

在南北朝时期的历史文献中，尚无突厥出产汗血宝马的记载。后来，西突厥有了汗血宝马，这极有可能与其向西拓展疆域有关。还在北魏时，突厥活动在阿尔泰山地区；到了北周时期，突厥活动地区已经扩大到阿尔泰山东部与东南部等地；后至隋朝前期，突厥势力几乎扩展到整个北方草原及西域北部一带，此后又向更西地区扩展。当处罗可汗在位时，"居无恒处，然多在乌孙故地（今伊犁河流域）。复立二小可汗，分统所部。一在石国（今乌兹别克斯坦东北部一带）北，以制诸胡国。一居龟兹（今新疆库车）北，其地名应娑"②。以上所说"石国"地区一带，当是汉代大宛国疆域的中心地带。③这就是说，由于西突厥占据了盛产汗血宝马的"石国"地区，从而使它轻而易举地得到了向隋朝贡献的汗血宝马。

五、唐玄宗为汗血宝马更名

唐玄宗开元、天宝年间（713—756年），是唐朝的盛世时期。当时，唐朝经济、文化高度发展，与这种情况相适应，中外之间的交往也出现了前所未有的崭新局面，西域各国争相与唐朝往来，贡献珍贵的汗血宝马也就势所必然。

唐玄宗非常喜爱汗血宝马，他为大宛国所贡献的汗血宝马更名就充分体现了这一点。据《纪异录》（又名《洛中纪异》）记载："天宝中，大宛进汗血马六匹：一曰红叱拨、二曰紫叱拨、三曰青叱拨、四曰黄叱拨、五曰丁香叱拨、六曰桃花叱拨，上乃改名红玉犀、紫玉犀、平山

①《隋书》卷84《北狄传·西突厥》、《隋书》卷3《炀帝纪上》。
②《隋书》卷84《北狄传·西突厥》。
③ 参见谭其骧主编：《中国历史地图集·隋时期全图》。

辇、凌云辇、飞香辇、百花辇，命图于瑶光殿。"① 以上六匹汗血宝马的原名，基本上是以颜色和花的名称命名，其中"叱拨"为波斯语asp或asd的音译，意为马。唐玄宗所改名，前二名以"犀"（即犀牛，珍贵之意）为名，后四名以"辇"（帝王所乘车）为名，似有玄宗乘坐由犀所牵引车子神游之意。由于玄宗对这六匹汗血宝马特别喜爱，故命朝廷画工将它们的形象画于长安瑶光殿的墙壁上，以示永久纪念。这也反映了玄宗对唐朝与西域各国交往关系的珍视。

六、唐玄宗、安禄山、田承嗣与"舞马"

在唐朝时，大批汗血宝马东入中原。当玄宗开元、天宝年间（713—756年），主管宫廷音乐的官署"教坊"，开始训练具有灵性的汗血宝马跳舞，因而谓之"舞马"，并定期使"舞马"在宫廷内进行表演，其场面十分热烈、壮观。这种情况在中国古代史上是尚无先例的。

唐玄宗时，在宫内训练"舞马"、唐玄宗观看"舞马"表演，以及这批"舞马"的去向与下落等情况，唐郑处诲的《明皇杂录补遗》、宋唐庚的《舞马行·序》与宋徐积的《舞马诗·序》均有记述，但详略不一。若比较而言，唐郑处诲的《明皇杂录补遗》记述最为详尽，现综述如下：

唐玄宗在位时，曾命令教坊训练"舞马"100匹，分为左、右两部分。当时，给这些"舞马"都取了名，一律叫作"某家宠"或"某家娇"。同时，将塞外所贡献"善马"也牵来一起进行训练。在"舞马"训练和表演时，所演奏乐曲名为《倾杯乐》，"凡数十曲"。在教坊内，有"乐工数十人"，每当为"舞马"伴奏时，年少而"姿貌美秀"的乐工们便着"淡黄衫"，佩"文玉带"，并分别站立于"舞马"的左右前后。在表演之前，总是要对"舞马"进行精心打扮，如"饰其鬃鬣，衣以文绣，络以金银，杂以珠玉之类"等。"舞马"在进行表演时，都要为其搬来"三层板床"（此"床"有一层、二层和三层三种，类似如今的木桌），置于地上，接着由一人骑一马登上"床"面，然后奏起乐曲，

---

① 引自《说郛》卷3《纪异录》，第6—7页。

而"舞马"便跟随乐曲节拍翩翩起舞。有时还让"壮士"（力气大之人）将一层的"床"与马一起举起，让人与马悬空表演。"舞马"在"床"上，有时"旋转如飞"，有时"奋首鼓尾，纵横应节"（即摇头摆尾，前后左右转动躯体，并与乐曲节拍相合）。玄宗观看"舞马"表演有固定的时间，即在"千秋节"（即玄宗生日）的一天，具体地点为都城长安的勤政楼下。据此来看，玄宗等唐朝统治者，对汗血宝马的灵性是非常熟悉的，并借此来娱乐。

"安史之乱"发生后，"舞马"先是流落于民间，后数匹马又被安禄山所得，并"常观其舞而心爱之"。安禄山的叛乱极不得人心，他自己也短命而亡，因此，"舞马"的精彩表演，他观之未久。

此后，唐宫廷"舞马"又落到了安禄山的部将田承嗣之手。由于田承嗣（后来降唐，任魏博节度使）不知是"舞马"，所以，他将所得之马与战马混杂在一起饲养，并"置之外栈"。有一天，田承嗣在军中宴请部下。为了助兴，田承嗣又令"酒行乐作"（即一边饮酒，一边奏乐取乐），不料收养于军中的"舞马""闻乐声起舞"，且"马舞不能已"，饲养"舞马"的吏士"皆谓其为妖，拥篲（扫帚）以击之马"，但马跳舞情况仍"抑扬顿挫，犹存故态"。饲养"舞马"的吏士便将情况报告给田承嗣，田承嗣即"命篲之，甚酷，马舞甚整，而鞭挞愈加，竟毙于枥（槽）下"。极具灵性的汗血宝马，竟遭到了如此不幸的下场 [①]。

宋人唐庚《舞马行》诗序云："明皇时，教坊舞马百匹，谓之某家娇，其曲谓之《倾杯乐》。天宝之乱，此马流落人间，魏博田承嗣得之，初不识也。已而承嗣大宴军中，酒行乐作，马闻乐声起舞，承嗣以为妖，命杀焉。予读其说而悲之，作《舞马行》。" [②] 宋人徐积《舞马诗》序云："唐明皇时，尝令教舞马四百蹄，为左右部，因谓之某家娇。其曲谓之《倾杯乐》者凡数十曲，奋首鼓尾，纵横应节。乐工数十人，衣淡黄衫、文玉带，立于马左右前后。或施榻一层，或令壮士举一榻，而马舞于其上。又饰其鬃鬣，衣以文绣，络以金铃，杂以珠玉之类，其穷欢极侈如此。余读《唐

---

① 郑处诲：《明皇杂录补遗》，《开元天宝遗事十种》，上海：上海古籍出版社，1985年，第34—35页。

② 《全宋诗》卷1323，第23册，北京：北京大学出版社，1995年，第15020页。

书》，感天宝之乱，于是作《舞马诗》云。"① 徐积《舞马诗》云：

> 开元天子太平时，夜舞朝歌意转迷。
> 绣榻尽容麒骥足，锦衣浑盖渥洼泥。
> 才敲画鼓头先奋，不假金鞭势自齐。
> 明日梨园翻旧曲，范阳戈甲满西来。②

这首诗揭露了唐玄宗于盛世之时，"夜舞朝歌"、尽情享乐、懒于朝政、安而忘危的腐朽生活，并指出了导致安史之乱历史悲剧发生的根本原因。

七、郑和与祖法儿国"汗血马"

明朝前期，郑和率宝船队七次下西洋时，数次航行至阿拉伯海沿岸，多次登陆访问当地各国，并进行商品交易，尤其曾接受了祖法儿国（今阿曼佐法儿一带）所进贡"汗血马二十匹"，回国后献给了明朝皇帝。

《三宝太监西洋记》第78回写道：当元帅（郑和）"宝船经过祖法国"时，该国进贡"汗血马二十匹（本国颇黎山有穴，穴中产神驹，皆汗血），良马十匹（头有肉角数寸，能解人语，知音律，又能舞，与鼓节相应）"。③第99回又写道：归国后，郑和奉上表章，黄门官受表。郑和奉上进贡礼单，黄门官宣读祖法儿国进贡："玉佛一尊……汗血马二十匹，良马十匹……献上龙眼观看，奉圣旨：'玉佛安奉大报恩禅寺，马着兵部等官给散，余者各归所司职掌。'"④

以上是笔者所查阅到的以"汗血马"为名贡来中国最晚的一批汗血宝马的记载。不过，有些情况还需作点说明。首先，《三宝太监西洋记》是部小说，其中所写是否有真凭实据，至今尚未查阅到印证资料。

---

① 《全宋诗》卷654，第11册，第7691页。
② 《全宋诗》卷654，第11册，第7691页。
③ 罗懋登：《三宝太监西洋记》，北京：华夏出版社，1995年，第78回，第623页。
④ 罗懋登：《三宝太监西洋记》，第99回，第786—787页。

其次，《三宝太监西洋记》所说祖法儿国"颇黎山有穴，穴中产神驹，皆汗血"与《通典·边防九·吐火罗》条吐火罗"城北有颇黎山，南崖穴中有神马，国人每牧马于其侧，时产名驹，皆汗血焉"说雷同；而良马"头有肉角数寸，能解人语，知音律，又能舞，与鼓节相应"说，又与宋膺《异物志》"大宛马有肉角数寸，或有解人语及知音舞与鼓节相应者"亦多雷同，不知其原因何在。第三，祖法儿国与吐火罗国相距较远，两国境内山的名称及有穴、穴中有神马等情况，几乎完全相同，不知是何故。以上疑点尚不得其解，故笔者对《三宝太监西洋记》有关汗血马说暂且存疑。

第五节　历代在国内发现的汗血宝马后代

大宛国汗血宝马，从东入中原时起，其身价随即倍增，声名为之大振；对其占有者倍感荣耀，仰慕其声名者难以数计，至于赋诗、填词对其赞颂者更是不绝于时。更有甚者，一些人由于无法辨别纯种汗血宝马，故把部分汗血宝马后代误认为纯种汗血宝马。其中"渥洼马""青海骢""冀北骐骥"、云南抚军千里马等，就是被历史上人们误认为纯种汗血宝马的。这种现象，不仅反映了汗血宝马在我国历史上影响之大，而且还反映了汗血宝马文化业已深入中国人之心。

一、"渥洼马"的发现与捕获

"渥洼马"是汉武帝元狩三年（前120年）秋[1]，由一个名叫暴利长的刑徒，在敦煌渥洼池（今名月牙泉）旁发现并捕获的一匹野生骏马。此后，暴利长将"渥洼马"献给了汉武帝。当时，暴利长"欲神异此马，云从（渥洼）水中出"[2]。汉武帝得渥洼马，遂作《太一之歌》，

---

[1]　"渥洼马"的捕获时间，《汉书·礼乐志》则说："元狩三年（前120年），马生渥洼水中。"
[2]　《汉书》卷6《武帝纪》元鼎四年六月条注云："李斐曰：'南阳新野有暴利长，当武帝时遭刑，屯田敦煌界，数于此水旁见群野马中有奇（异）者，与凡马（异），来饮此水。利长先作土人，持勒靽于水旁。后马玩习，久之代土人持勒靽收得其马，献。欲神异此马，云从水中出。'"

歌曰：“太一况，天马下，霑赤汗，沫流赭。志俶傥，精权奇，籋浮云，晻上驰。体容与，迣万里，今安匹，龙为友。”①

汉武帝《太一之歌》（或《宝鼎天马之歌》）中有“霑赤汗，沫流赭”之说，这似乎说明“渥洼马”的特征与大宛汗血宝马的特征是相同的。既然如此，这是否意味着“渥洼马”也是纯种汗血宝马？若从《汉书·武帝纪》有关暴利长捕获“渥洼马”的注文看，“渥洼马”本不来自西域大宛国，它原是当地一匹野生骏马，因此，它即便是汗血马，但也不属于大宛国纯种汗血宝马。同时，我们也注意到，张骞第一次出使西域时，于公元前128年在大宛国发现了汗血宝马，返汉后又将大宛国“多善马，马汗血，其先天马子也”的情况报告了汉武帝。而汉武帝作《太一之歌》又在此之后，有鉴于此，那么，是不是汉武帝把大宛国汗血宝马“霑赤汗，沫流赭”的汗血特征加在了“渥洼马”身上呢？对此，尚未见到文证。如果不是这样，那“渥洼马”汗血表明，要么它是流落荒野的杂种汗血马，要么它是与大宛汗血宝马有一定血缘关系的野生骏马。

“渥洼马”是一匹骏马，又曾汗血，故得到了汉武帝的青睐。正如《汉书·武帝纪》载道：元鼎五年（前112年）十一月，武帝颁诏云：“渥洼水出马，朕其御焉。”这无疑是汉武帝亲自骑过“渥洼马”或乘坐过“渥洼马”所驾之车的重要文证。

在古代人们看来，“渥洼马”就是汗血宝马，因此给予特别的关注，并在诗中加以吟咏。

古代部分诗篇曾咏及“渥洼马”，如杜甫《沙苑行》诗云：“龙媒昔是渥洼生，汗血今称献于此。”②吕温《天马词》云：“天马初从渥水来，郊歌曾唱得龙媒。”③宋人李复《题画马图》诗云：“龙种天驹产渥

---

① 《天马之歌》，有学者亦称《太一之歌》。现将《汉书·礼乐志》注《太一之歌》诸词语摘引如下：师古释“太一况，天马下”曰：“言此天马乃太一所赐，故来下也”；师古释“沫”曰：“沫、沬两通”；苏林释“籋”曰：“籋音蹑。言天马上蹑浮云也”；师古释“晻”曰：“晻音乌感反。言晻然而上驰也”；孟康释“迣”曰：“迣音逝”；如淳释“迣”曰：“迣，超逾也”；师古释“今安匹，龙为友”曰：“言今更无与匹者，唯龙可为之友耳”。
② 《御定全唐诗录》卷27，《文渊阁四库全书》，第1472册，第459页。
③ 《御定全唐诗录》卷68，《文渊阁四库全书》，1473册，第260页。

洼，五云毛色散成花。"①李纲《右蕃马》诗云："汗血生从渥洼水"②；
李庭《送孟待制驾之》诗云："渥洼龙媒天马子，堕地一日能千里。"③
王冕《五马图》诗云："世无伯乐肉眼痴，那识渥洼千里种。"④

　　古诗对"渥洼马"的神奇与作用也多吟咏。杜甫《遣兴》诗云：
"君看渥洼种，态与驽骀异。不杂蹄啮间，逍遥有能事。"⑤牟巘《有翅
天马图》诗云："自古空言马生角，今乃见马生两翅。恐是渥洼种，往
往感龙气。"⑥詹同《高暹献天马图歌》诗云："前年晓御慈仁殿，拂
郎之国天马献。兰筋虎脊渥洼姿，长风西来起雷电。"⑦郑清之《画马
图》诗云："房精夜陨渥洼水，中有天马变如鬼。霱云流赭登玉台，清
风谡谡生双耳。"⑧周紫芝《题龙眠画四马图》诗云："渥洼初来九夷
服，尽得大宛三象龙……霱云之姿迣万里，太一来觌天马下。"⑨

二、段颎击羌与"汗血千里马"东入中原

　　段颎，东汉武威郡姑臧（今武威市）县人，为西汉西域都护段会宗
之从曾孙。桓帝延熹二年（159年），迁护羌校尉，此后多年击羌，屡建
战功。灵帝建宁三年（170年）春，他被"征还京师，将秦胡、步骑五
万余人及汗血千里马、生口万余人"⑩。

　　上述段颎"将还"京师的"汗血千里马"问题，史书记载过于简
略，诸多情况难以断明，尤其"汗血千里马"是东汉军马，还是从羌地
所获民马，一时难以下断语。现就这一问题略作分析：

　　首先，《后汉书·皇甫张段传》与《西羌传》等，在段颎出征击西
羌的有关记载中，均无以"汗血千里马"为军马的记载。同时，在十余

① 《全宋诗》卷1101，第19册，第12495页。

② 《全宋诗》卷1547，第27册，第17566页。

③ 《全金诗》卷145，第4册，天津：南开大学出版社，1995年，第459页。

④ 《全明诗》卷9，第1册，上海：上海古籍出版社，1990年，第211页。

⑤ 《御定全唐诗录》卷25，《文渊阁四库全书》，第1472册，第423页。

⑥ 《全宋诗》卷3515，第67册，第41984页。

⑦ 《全明诗》卷24，第1册，第480页。

⑧ 《全宋诗》卷2905，第55册，第34668页。

⑨ 《全宋诗》卷1498，第26册，第17098页。

⑩ 《后汉书》卷65《皇甫张段传》。

年的作战时期，段颎也无从西域大宛等国获得汗血千里马的记录。这显然说明，段颎"将还"京师的"汗血千里马"本来不是东汉的军马。

其次，东汉在明帝初即位时（中元二年，57年），将一匹大宛马送给了东平宪王刘苍和阴太后。从这时直至建宁三年（170年）的113年间，史书中尚无西域诸国给东汉贡献"汗血千里马"的记载，中元二年的大宛马也无可能活到建宁三年，所以，东汉王朝也无可能将大宛汗血千里马补充为军马。

第三，《后汉书·皇甫张段传》有关"汗血千里马"部分的记载，其涵义也是值得探讨的。记载说：汉灵帝建宁三年（170年）春，段颎被"征还京师，将秦胡①、步骑五万余人，及汗血千里马，生口万余人"。如果仔细揣摩这段话的涵义，我觉得主要有两部分：从"征还京师"到"五万余人"为第一部分，这部分所说的"秦胡、步骑五万余人"，是段颎所率领的军队；而"及汗血千里马，生口万余人"为第二部分，这部分说的是段颎击羌时所获"战利品"。通过以上分析，可以清楚地看出"汗血千里马"是段颎击羌所获"战利品"的一部分。这无疑进一步说明"汗血千里马"不是汉军的战马，而是得自羌地的民马。

至于进入中原后"汗血千里马"的去向等问题，史书尚无记载。但若从当时汗血宝马极为罕见的情况，上交朝廷是可以肯定的，而流入民间、补充军马则不大有可能。

三、"青海骢"与"冀北骐骥"

"青海骢"，又称"龙种"，约于南北朝后期始产于今青海湖中湖心山上的一种骏马。据《北史》记载："青海周回千余里，海内有小山。每冬冰合后，以良牝马置此山，至来春收之，马皆有孕，所生得驹，号为龙种，必多骏异。吐谷浑尝得波斯草马，放入海，因生骢驹，能日行

---

① "秦胡"，专家解释有数说：一是秦即秦人或汉人，胡指胡人即汉族以外的诸民族；二是秦胡是秦时之胡或已汉化之胡。参见《居延新简释粹》第63页注。作者疑为"秦胡"，或即胡人化了的秦人之意。这是说，在秦朝或秦亡之时，部分秦人迁居北方胡人居住之地，时日既久，他们的习俗便日渐胡化，故谓之"秦胡"。

千里，世传青海骢者也。"[①]在《隋书·吐谷浑传》与《通典·边防六·吐谷浑》中也有类似记载。从以上记载得知，南北朝后期的吐谷浑人，曾从波斯获得了与大宛国汗血宝马有着血缘关系的波斯草马，放入青海湖湖心山，与当地公马（或野生公马）交配后产了"青海骢"。由于"青海骢"又称"龙种"，且能"日行千里"，所以，古代史家、画家以至诗人等都很关注它。司马光《天马歌》曾吟咏道："大宛汗血古共知，青海龙种骨更奇。网丝旧画昔尝见，不意人间今见之。"[②]

　　"冀北骐骥"，是宋、明两代诗人在咏汗血宝马诗中所描述发现于"冀北"（即今河北燕山及其以北地区）的一种骏马。这种"冀北骐骥"，究竟是汉时匈奴中汗血宝马的后代，还是西汉以来进入中原地区的大宛国汗血宝马流落民间的遗裔？至今无法断定，但其汗血、雄健、奔跑速度快却是可以肯定的。古诗描述"冀北骐骥"者，所见不是很多，而且尚未见到全诗描述"冀北骐骥"者。宋人楼钥《习马长杨诗》云："强汉承平后，兢兢武不忘……冀野来骐骥，天闲出骟骦。骧腾射熊馆，驰骤华山阳。"[③]林表民《题六马图二首》诗云："龙媒要是龙眠笔，意在能空冀北群。"[④]刘攽《王太傅河北阅马》诗云："丰草河壖地，平沙冀北区。"[⑤]张嵲《题赵表之李伯时捉马图诗二首》云："徒观出塞十四万，讵觉权奇冀北空。"[⑥]陶安《五花马》诗云："五花马，雪蹄骄春赤云胯。前年来从冀北野，蹄不惊尘汗流赭。将军见马筋骨奇，不惜千金买得之。"[⑦]从上述看来，"冀北骐骥"是颇为著名的，其影响也是颇大的，从而使它成了古诗与古画的描述对象。

[①] 《北史》卷96《吐谷浑传》。

[②] 《全宋诗》卷498，第9册，第6013页。

[③] 《全宋诗》卷2548，第47册，第29545页。

[④] 《全宋诗》卷3001页，第57册，第35703页。

[⑤] 《全宋诗》卷608，第11册，第7203页，。

[⑥] 《全宋诗》卷1845，第32册，北京：北京大学出版社，1998年，第20549页。

[⑦] 《全明诗》卷71，第3册，第213页。

四、蒋之奇获西蕃汗血马

蒋之奇，北宋仁宗至哲宗间（1064—1100年）常州宜兴（今江苏宜兴县）人，历任监察御史、陕西副使等职。哲宗元祐（1086—1094年）间，曾"为熙河（今甘肃临洮）帅"。

据宋王应麟《治玉海》记载：元祐初，蒋之奇任"熙河帅"时，"西蕃有贡骏马汗血者，有司以非入贡岁月，留其马于边"①。这是笔者所见北宋时获贡汗血宝马的唯一记载。此处的"西蕃"，当指宋代洮河之西的吐蕃族。这表明，这匹汗血宝马并非直接来自西域的纯种汗血宝马。若联系到南北朝后期，在"西蕃"所居的青海湖地区出产过"青海骢"的记载，笔者据此推断，这匹"西蕃"汗血马或许是流散"西蕃"地区的汗血马与当地土种马杂交而来的一匹良马。

五、明沐国公赠送云南抚军的千里马

在明朝末年，沐国公曾给云南抚军赠送了一匹千里马。这匹马"色黑，胸有白毛如月，名'捧月乌骓'，来自西番，龙种也"。云南抚军属下文吏，不知这匹马的珍贵，于是将其置于普通马群中饲养，但时间一久，此马便逐渐消瘦，并不再好好吃草料。有一天，有一个人前来求见云南抚军，并对抚军说："驽马以安闲、饱刍荽长膘；骏马以驰骤、出汗不生他疾。譬如有才者利见用也。"其意是说：劣马不活动、饱食草料，就会长膘；良马屡屡奔驰、出汗，就不会生各种疾病。这犹如有才干之人被重用施展才干一样。听了此话后，抚军允许试试这匹马。

这匹马，如不给其套上笼套、备好鞍鞯，就没有人敢于骑乘它。然而，求见抚军的那个人，却"攘袂向前，去十余步，身腾上，一手撮耳，一手抠目，马战不敢动"这几句话，与隋裴仁基制驭千里马说完全相同，不知何故。然后跳下马，套好笼套，备好鞍鞯，这时这匹马竟变

① 王应麟：《玉海》卷149，《兵制·马政下·元祐三马图》，《文渊阁四库全书》，第946册，第841页。

得与普通马完全一样了。接着，那人又跃上马背，策马奔驰起来，这时他两耳只听嘶嘶风声，而眼睛却无法辨清从眼前掠过的各种物体。约一个时辰，往返就奔跑了"百数十里"之地。这时人们看见，千里马已是"周身流血"了①。

---

① 参见徐岳《见闻录》，引自王立《汗血马的跨文化信仰与中西交流——〈汗血马小考〉文献补正》，《文史杂志》2002年第5期。

第三章　汗血宝马诸奥秘的破解

汗血宝马在科学不发达的古代社会，被中国人普遍视为一种神奇之马，诸如它的来源、名称、汗血、汗血部位及其生理特征等，似乎都是神秘莫测的。到了近现代社会，我国的科学技术逐渐发展了，西方国家的自然科学知识与技术也逐渐传入我国，这使得我国部分学者用科学观念看待汗血宝马，并对其中一些现象作出了科学解释。自19世纪以来，我国部分学者在科学观念指导下，终于将汗血宝马的诸种神秘现象破解了。

第一节　汗血宝马探源

汗血宝马的来源问题，至今仍为人们所不知，亦未引起史学界对此问题的足够关注。现在有必要对其进行一些初步探讨。

一、以科学观念认识汗血宝马的来源

汗血宝马的来源问题，是整个汗血宝马问题研究的基点。这个问题若不能彻底解决，笼罩在整个汗血宝马问题之上的神奇色彩就将无法廓清。

汗血宝马是从哪里来的？是自古有之，还是后天所生？是"神马"的遗种，还是土种马的后代？或者其具有某种特殊情况？有关汗血宝马的来源问题，在历史文献中保存下来了若干民间传说资料，这些资料似乎都把汗血宝马的来源说成与"神"有关，这在一定程度上加大了我们认识汗血宝马来源问题的难度，但是这并不意味着我们将根本无法科学认识它。

众所周知，"神"原本是不存在的。"神"只不过是历史上人们所不理解和不能驾驭的自然力量与社会力量以人格化的方式在人们头脑中

的虚幻反映。汗血宝马产生时期的一些现象，当时当地的人们无法科学认识，于是就把汗血宝马的来源与"神"联系起来了。现在，只要我们坚持科学观念，运用科学的研究方法，汗血宝马的来源问题，是完全能够探讨清楚的。尤其是汗血宝马是一种动物，同时又是一种家畜，因而是历史上的一种客观存在，并为人们所亲睹，这与其他家畜类动物并无二致。这也就为我们科学认识汗血宝马的来源提供了物质基础。总之，从古至今，还没有哪一种动物和家畜是由"神"生出来的，自然汗血宝马的来源根本不可能与"神"有何关系。

二、汗血宝马来源诸说简析

汗血宝马因"汗血"而神奇，又因神奇而引起古代人们对其来源的探寻。在古代文献中，虽然没有留下当时人们专门探寻汗血宝马来源情况的记载，但他们所收集和记载的古代大宛和吐火罗等国的一些民间传说，都较为客观地反映了当时探寻汗血宝马来源的部分情况，这对我们认识汗血宝马的真正来源自然是会有所助益的。

民间传说资料一：《汉书音义》："大宛国有高山，其上有马，不可得，因取五色母马置其下，与交，生驹汗血，因号曰天马子。"[1]

民间传说资料二：吐火罗国"其山穴中有神马，每岁牧牝马于穴所，必产名驹"[2]。

民间传说资料三：吐火罗"北有颇黎山，其阳穴中有神马，国人游牧牝于侧，生驹辄汗血"[3]。

民间传说资料四：吐火罗"城北有颇黎山，南崖穴中有神马，国人每牧马于其侧，时产名驹，皆汗血焉"[4]。

民间传说资料五："吐火罗国有颇黎山，南崖穴中有神马，国人每牧牝马于其侧，时产名驹，皆汗血焉"[5]。

---

[1]《史记》卷123《大宛列传》注。
[2]《隋书》卷83《西域传·吐火罗》。
[3]《新唐书》卷221《西域传下·吐火罗》。
[4]《通典》卷193《边防九·吐火罗》。
[5]《太平御览》卷895《兽部七·马三》。

民间传说资料六："吐火罗国波讪山阳，石壁上有一孔，恒有马尿流出，至七月平旦，石崖间有石阁道，便不见。至此日，厌哒人取草马，置池边与集，生驹皆汗血，日行千里，今名无数颇黎。"①

民间传说资料七：《图记》云："吐火萝国北，有屋数颇梨山，即宋云所云波讪山者也。南崖穴中，神马粪流出，商胡曹波比亲见焉。"②

以上民间传说资料，其记载虽然各有歧异，但只要把握住关键性内容，我们仍然可以从中归纳出与汗血宝马来源有关的几点看法来。首先，中亚地区汗血宝马最初产生地似乎有二：一是大宛国境内某一高山之下，二是吐火罗国境内颇黎山（波讪山或屋数颇黎山）地区。其次，汗血宝马之母，是当地居民家养的母马，汗血宝马之父是高山上"天马"（神马）或石崖穴中"神马"（"神马"本是人们头脑中的虚幻反映，并非真马）。既然传说资料说"神马"能生"子"，那就是说，传说中的"神马"实际上是当地人们平时看不见、捉不住的野生公马。第三，当地居民家养的母马本不汗血，当与野生公马"交"后生驹皆汗血，这便是汗血宝马的真正来源。

至于汗血宝马最初产生的时间，现今虽无资料可征，但据有关记载分析，其必然在张骞第一次出使西域以前很久，距今约有3000年左右时间。

三、"天马子"说疏解

史籍记载中的"天马子"，有着两种颇为近似的说法：《史记·大宛列传》以为，汗血宝马"其先天马子也"；《汉书音义》说：大宛国高山上不可得之马，与当地居民母马相"交"，生驹皆汗血，"因号曰天马子"③。这两说之意，虽然较为明白，但要说清楚其与汗血宝马来源问题之间的关系，还需做点疏解工作。

"其先天马子也"中的"其"，为代词，具体指西汉时的汗血宝马；"先"，为名词，即祖先，实指西汉时汗血宝马的祖先，亦即最初产生的

---

① 《太平广记》卷435《畜兽二·马》。
② 《洽闻记》，《太平广记》卷435《畜兽二·马》。
③ 《史记》卷123《大宛列传》注。

汗血宝马（野生公马与居民母马之驹）；"天马"，为名词，即"神马"，亦即野生公马；"了"，为名词，意即儿了，实指野生公马与居民母马之驹。对诸词如此去疏解，似乎较为复杂，但实际上，"其先天马子也"是一个复合词，它的本意实际上是说最初产生的汗血宝马是野生公马与居民母马之驹。很显然，"其先天马子也"之说，具体讲的还是汗血宝马的来源问题。

《汉书音义》中"天马子"之说，是我国历史上第一次对《史记·大宛列传》中"马汗血，其先天马子也"记载系统解释中的一个关键性说法。这个说法明白无误地说明了汗血宝马是"天马子"，亦即野生公马与居民母马之"子"。这种"天马子"，实际上是历史上的第一代汗血宝马。这一点同样说明了历史上汗血宝马的真正来源。

第二节　汗血宝马诸名称的由来与涵义

汗血宝马有着诸多名称，但其相互之间又存在颇大歧异。在文献记载和史学界使用较为广泛者，主要是"汗血马""汗血宝马""天马""汗血千里马""天马千里驹""蒲梢""善马""良马""捧月乌骓"等。汗血宝马的这些名称，有的缘起有着一段脍炙人口的故事，而有的则同"汗血"与否有关；有的来自国外，而有的则是中原的土产；有些出自中原帝王的笔下，而有的原本是民间的俗称；有的有着一定历史背景，有的则富于文化意蕴。现对以上诸名称分别予以考述。

一、"汗血马"与"汗血宝马"名称的缘起及其盛行时代

（一）"汗血马"

"汗血马"是名闻古今中外，而又颇为神奇的一个名称。不过"汗血马"一名的由来，说来也颇简单，若从根本上来说，这是西汉时期中原人将大宛国马因寄生虫所引起的出血误认为是马在流"汗"的结果。

"汗血马"名称，最早载于哪一部文献，这是一个需要考辨的问题。我国现存史籍最早涉及汗血宝马问题者当属《史记·大宛列传》。《大宛

列传》载道：张骞第一次出使西域归来后向汉武帝报告说，大宛"多善马，马汗血，其先天马子也"。虽然此处并无完整的"汗血马"名称，但它对"汗血马"名称的出现仍有决定性影响。另据有关专家研究认为，《史记·大宛列传》的前半部分（即包括汗血宝马问题者）是根据张骞给汉武帝的报告撰写而成。又据《隋书·经籍志》记载，隋朝时尚存张骞《出关记》一卷。宋僧录赞宁也说："见张骞《海外异物记》，后，杜镐检三馆书目，果于六朝旧本书中载之。"①据此，我们可以断言，隋朝《出关记》必是张骞给汉武帝报告的一种抄本（后亡佚），而《海外异物记》极有可能是后人对《出关记》的更名。综上所述，我们认为，我国历史上最早记载汗血宝马问题的不可能是《史记·大宛列传》，而应是张骞的《出关记》。不过，二者所记汗血宝马问题的内容极有可能是相同的。

到了东汉，班固《汉书》中的《武帝本纪》和《张骞李广利传》两篇文献，完整记载了"汗血马"的名称。《武帝本纪》太初四年（前101年）条说：贰师将军李广利斩大宛王首，"获汗血马来"；《张骞李广利传》说："及得宛汗血马"，曰"天马"。这里所记是"汗血马"名称的首见。不过，其中显而易见的是从司马迁完成《史记》的征和二年（前91年）到班固完成《汉书》的章帝建初中（约80年左右）的一百七十多年间，虽然两汉上层人士口头传称"汗血马"名称还是极有可能的，但文献中最早出现"汗血马"名称的还是《汉书·武帝本纪》和《汉书·张骞李广利传》。这说明"汗血马"名称的形成曾经经历了一个口头传称的阶段。

在"汗血马"名称形成之后，中原人和中原地区的文献，并非都一成不变地总称"汗血马"，而实际上是存在明显变化的。总的来说，在历史上"汗血马"名称的使用，明显呈现着阶段性特点，详细情况见以下诸名称的论述。

（二）"汗血宝马"

"汗血宝马"，是由"汗血"与"宝马"两个词连接而成的一个名称。在我国历史文献中，早已有这一名称的相关记载。不过，现今人们

---

① 《宋稗类钞》卷19《博识》，《文渊阁四库全书》，第1034册，第486页。

所以熟知它，主要是因为日本清水隼人于2001年4月宣布他在中国新疆天山西部发现了"汗血宝马"，并拍摄了照片，继而由我国各地小报大肆炒作的结果。

本来，"汗血"是大宛国"善马"得寄生虫病后的一种症状，这是人们所公认的，而"宝马"之称是源自大宛国对汗血宝马的故有之称。《汉书·张骞李广利传》说：汉武帝派遣车令等为使持千金与金马等前往大宛国请汗血马，但因大宛国人以汉地悬远，大军不能来，"且贰师马，宛宝马也"，遂不肯予汉使。从这一记载可知，"宝马"这一名称不仅出自大宛国人之口，而且是大宛国人对汗血宝马的一种爱称。由于班固将大宛国人对汗血宝马的爱称"宝马"载入了《汉书·张骞李广利传》，所以，古代中国也就有了"宝马"之称。

时至唐代，一批批大宛国汗血宝马东来中原，而当时唐朝贵族又喜欢骑着汗血宝马在长安宫殿区游玩，所以时人杨师道写了一首《咏马》诗，曰："宝马权奇出未央，雕鞍照曜紫金装。春草初生驰上苑，秋风欲动戏长杨。鸣珂屡度章台侧，细蹀经向濯龙傍。徒令汉将连年去，宛城今已籍名王。"[①]这首以借古讽今手法对唐代贵族予以指斥之诗，是在中原使用"宝马"名称中颇为罕见的一个例证。

《汉书·张骞李广利传》说："大宛有善马在贰师城"、"贰师马，宛宝马也"。这是说贰师城"善马"是汗血马，"宛宝马"也是汗血马。据此分析，"宝马"名称中既已蕴涵了"汗血"之意。所以，现在于"宝马"名称之前再加"汗血"二字，不能不说它带有画蛇添足之嫌了。不过，"汗血宝马"在当今即已成为习称，所以还是可以使用的。

二、"善马""贰师城善马"与"贰师马"名称的来源

西汉人始称大宛国汗血宝马为"善马"者，是"凿空"西域的张骞。如《史记·大宛列传》说，张骞第一次出使西域归来后向汉武帝报告说：大宛"多善马，马汗血"。在张骞之后，曾经出使西域的众多使

---

① 《文苑英华》卷330《诗》，第1718页。

者向武帝进言道："大宛有善马。"①看来，汉朝曾出使西域的使者称大宛马为"善马"其时间是很早的。

据载，大宛国人也曾称汗血宝马为"善马"。如《史记·大宛列传》与《汉书·张骞李广利传》载道：李广利第二次伐大宛，围其城，攻之四十余日。宛贵人商议道："王毋寡匿善马，杀汉使。今杀王而出善马，汉兵宜解。"宛贵人遣使与李广利约定："汉无攻我，我尽出善马，恣所取，而给汉军食。即不听我，我尽杀善马。"此处的四个"善马"名称，都出自宛贵人之口，这说明大宛国人称汗血宝马为"善马"是毫无疑义的。

那么，张骞和大宛国人，谁是"善马"名称的创始者，谁又是"善马"名称的袭用者？关于这一点，只要进行一些分析就一清二楚了。在历史上，大宛国很早就有汗血宝马了，而且其时间要比张骞第一次出使西域早得多。这一不争的史实表明，大宛国人以约定俗成方式为汗血宝马命名是完全可以肯定的，"善马"就是他们这样创始的名称，而张骞只不过是对大宛国人"善马"名称的袭用而已。

大宛国人创始的"善马"名称，并不蕴涵特别的涵义，就其本意而言，犹如汉语的"良马""名马"之类，它是由张骞及后代人意译为汉名的。从张骞大宛"多善马，马汗血"之说可知，它所指称的当是大宛马中最好的马，即汗血宝马。

"善马"一名，在《史记》《汉书》中多次出现，主要使用于西汉中后期和东汉时期，后至晋武帝司马炎"泰始中，康居国王那鼻遣使上封事，并进善马"，除此再未见于正史记载。这种情况说明，"善马"一名的使用时限是较为短暂的。

"贰师城善马"与"贰师马"，都始出《史记·大宛列传》。"贰师城善马"是《史记》作者司马迁和《汉书》作者班固的记述，而"贰师马"则是大宛国贵人们的说法。由于"贰师城"和"贰师"都是城名或地名，所以这二者意在说明"善马"或汗血宝马的所在地。若从这两个名称的涵义看，它们没有特异之处，所以未能流行起来。

---

① 《汉书》卷61《张骞李广利传》。

三、汗血宝马称"天马"的由来

大宛国汗血宝马，本不以"天马"见称。据《汉书·张骞李广利传》记载，当汉使车令等请宛王汗血宝马时，大宛国人把藏匿于贰师城的汗血宝马叫作"贰师马"。据《史记·大宛列传》记载，在李广利率重兵围困大宛国都城时，大宛贵人们曾商议说：汉军所以攻宛，是因国王毋寡"匿善马"、杀汉使之故，今若杀国王毋寡，向汉军"出善马"，汉军必然解除对都城的围困。为此，大宛贵人们便向李广利等提出：汉军若停止攻宛，宛将"尽出善马"；若不停止攻宛，宛将"尽杀善马"。当时，急于获得汗血宝马的李广利等接受了大宛贵人所提条件，于是大宛贵人杀毋寡、向汉军"出善马"，并让汉军自择之。这样，汉军获得"善马"数十匹。这条涉及大宛国汗血宝马的重要材料，其中竟接连出现了六个"善马"字样，足见在汗血宝马入汉前，大宛国人通常既不称这种马为"汗血马"，也不称"天马"，而是以"贰师马"和"善马"为称。

西汉人当初又是以何名称汗血宝马的呢？张骞是西汉最早得知汗血宝马的人，他出使西域回来后曾说：大宛"多善马，马汗血，其先天马子也"[①]。又据《汉书·张骞李广利传》记载："汉使往（大宛）既多，其少从率进孰于天子，言大宛有善马在贰师城，匿不肯示汉使。天子既好宛马，闻之甘心，使壮士车令等持千金及金马以请宛王贰师城善马。"在李广利伐大宛国时，又"拜习马者二人为执驱马校尉，备破宛择取其善马"。以上文证虽不算多，但对说明西汉人当初同样既不称大宛国马为"汗血马"，也不称"天马"，而是称"善马"或"贰师城善马"。至于张骞"其先天马子也"的说法，那也不能看作是已把汗血宝马称作"天马"了。因为在张骞的心目中，不仅汗血宝马不是"天马"，而且就连汗血宝马的祖"先"也仅仅是"天马子"。如果按张骞的说法推断，经过长期繁衍而来的汗血宝马同"天马子"的关系无疑是相当悬远的。

然而把大宛国汗血宝马称"天马"，并不是没有来由的。

从大宛国方面来说，这与当地民间传说有关。张骞关于大宛马"其

[①]《史记》卷123《大宛列传》。

先天马子也"和《汉书·西域传》大宛国汗血马"言其先天马子也"的说法，我以为绝不会是张骞和《史记》《汉书》的作者杜撰的，很明显都是得自大宛国的民间传说。魏晋间孟康所谓"大宛国有高山，其上有马，不可得，因取五色母马置其下，与集，生驹皆汗血，因号天马子云"①，显然这也是得自大宛国的民间传说。这个民间传说，是把大宛国高山之上不可得之马视为神马（或天马），而这种神马与普通五色母马之子为"天马子"。从以上所述可以断定，作为"天马子"后代的汗血宝马，不是完全意义上的"天马"。应劭和张华也不称汗血宝马为"天马"，而是仅称其为"天马种"②。显而易见，从正史所载材料中，人们是无法找到大宛人称汗血宝马为"天马"的证据的，但是，若将"其先天马子也"的民间传说认定为西汉人把汗血宝马称"天马"的渊源，显然是不会有什么问题的。

就西汉方面来说，大宛国汗血宝马被称作"天马"，是同汉武帝崇儒分不开的。据《史记·大宛列传》载："初，天子发书《易》，云'神马当从西北来'。得乌孙马好，名曰'天马'。及得大宛汗血马，益壮，更名乌孙马曰'西极'，名大宛马曰'天马'云。"这是说，汉武帝依据儒家经典《易》中"神马当从西北来"的符咒，先前曾把得自西北方的乌孙马叫作"天马"，而后来当获得西北方比乌孙马更好的大宛国汗血宝马时，又把大宛国汗血宝马称誉为"天马"，乌孙马则又改称为"西极"马。至太初四年（前101年），武帝又作《天马之歌》以纪之，歌中曰："天马来兮从西极，经万里兮归有德。"③从此，"天马"的神秘称号就加在大宛国汗血宝马身上了，并一直流传了下来。到了西汉以后，冠有"天马"神秘称号的大宛国汗血宝马，在一些人的心目中变得更加神秘了。④从上述可以看出，大宛国人"其先天马子也"的民间传说，分明是汗血宝马称誉为"天马"之源，而汉武帝《天马之歌》中"天马来兮从西极"的歌词，无疑是汗血宝马被称"天马"之流了。

---

① 《资治通鉴》卷19，元狩元年五月条注。《太平御览》卷894《兽部六·马二》注文大致同于《资治通鉴》注文。
② 见《汉书》卷6《武帝纪》注和张华《博物志》。
③ 《史记》卷24《乐书》。
④ 《晋书》卷113《苻坚载记》太元三年条。

四、"汗血千里马"与"天马千里驹"名称的来历

（一）"汗血千里马"

"汗血千里马"名称，出自《后汉书·段颎传》。这一名称，古代使用仅见此一例。《段颎传》载道：建宁三年（170年）春，段颎被"征还京师，将秦胡步骑五万余人，及汗血千里马，生口万余人"。此处的"汗血千里马"，本指汗血宝马。汉代称汗血宝马为"千里马"，这是有缘由的。

"千里马"名称的最初产生与秦穆公之臣伯乐有关。据载："昔有骐骥，一日千里，伯乐见之，昭然不惑。"[①]"伯乐教其憎者相千里马，教其爱者相驽马"[②]。到了两汉时期，"千里马"一名便与汗血宝马联系起来了。《史记·乐书》载道：武帝曾得神马渥洼水中，"后伐大宛得千里马"。应劭《集解》云："大宛旧有天马种，蹋石汗血，汗从前肩膊出，如血，号一日千里。"[③]自此之后，"汗血千里马"一名终被尘封了，而"千里马"则成了汗血宝马的又一响亮名称。

（二）"天马千里驹"

"天马千里驹"名称，始出《晋书·苻坚载记上》，此后，除《太平御览·兽部七·马三》有转载外，其余古代文献尚无载者。《晋书·苻坚载记上》载道：苻坚时，西域"朝献者十有余国，大宛献天马千里驹，皆汗血"。此"天马千里驹"名称，是由"天马"和"千里驹"两名共同构成，形成这种情况也是有一定原因的。

"天马"名称的产生，始于张骞大宛"多善马，马汗血，其先天马子也"[④]之说。而后，汉武帝得乌孙马，以为乌孙马好，故名曰"天马"，及得宛汗血马，益壮，更名乌孙马曰"西极"马、宛马为"天马"[⑤]的记载，成了"天马"名称形成的关键性条件。如果仔细揣摩以上记载，

①《后汉书》卷24《马援传》。
②《太平御览》卷896《兽部八·马四》。
③《史记》卷24《乐书》注。
④《史记》卷123《大宛列传》。
⑤《汉书》卷61《张骞李广利传》。

张骞称汗血宝马为"天马子"、汉武帝称汗血宝马为"天马"之说都带有"神马"之意。

"千里驹"名称，是由"千里"和"驹"两层含意叠合而成。"千里马"名称肇始于伯乐相"千里马"，而最终形成则在《史记·乐书》"伐大宛得千里马"之说。至于前秦苻坚时，不将汗血宝马称"千里马"，而却称之为"千里驹"，这与汉代和汉代以后人们特别重视马，并为十岁以下每一年龄段的马分别命名有关。许慎《说文》"马"字条释文曰："马，马一岁也，从马一，绊其足，读若弦，一曰若环"；"驹"字条释文曰："驹，马二岁曰驹；三岁曰䮘"。从这一说法可知，从汉代时起，人们始称二岁之马为"驹"。既然这样，那有可能是说前秦时，大宛国向苻坚所贡献为二岁或年幼汗血宝马。

五、"蒲梢""龙文""鱼目"与"捧月乌骓"的出典

在历史上，汗血宝马的名称存在总称和专名之别。总称是所有汗血宝马共同的名称，专名只是某一个体汗血宝马的专有名称，"蒲梢""龙文""鱼目"就是文献中保存下来的三个使用较为普遍的专名。[①]

"蒲梢""龙文""鱼目"等汗血宝马专名，始载《汉书·西域传下·赞》，如说：西汉"养民五世"之后，"蒲梢、龙文、鱼目、汗血之马充于黄门"。后来，孟康对这一记载疏解道："蒲梢、龙文、鱼目、汗血之马"为"四骏马名也"[②]。"四骏马名"就是四匹骏马的专名。不过，孟康把"汗血之马"疏解为"四骏马名"之一，这与《史记·乐书》"后伐大宛，得千里马，马名蒲梢"之说存在着一定矛盾。从前面论述已知，大宛"千里马"就是汗血宝马，因此，此处的"蒲梢"自然属于汗血宝马了。至于"龙文""鱼目"两匹马，虽无史家作出解释，但属于汗血宝马那也是没有问题的。从上述分析不难看出，孟康把"汗血之马"这一

---

① 古代中原人，为汗血宝马命名专名有一定传统，但保存下来的并不多。秦再思《纪异录》云：唐玄宗天宝中，"大宛进汗血马六匹，一曰红叱拨、二曰紫叱拨、三曰青叱拨、四曰黄叱拨、五曰丁香叱拨、六曰桃花叱拨"，继而玄宗又将以上马名分别改为"红玉犀""紫玉犀""平山辇""凌云辇""飞香辇"和"百花辇"。这些汗血宝马的原名和改名，无疑都是专名。另外，唐玄宗所御乘汗血宝马，一匹名为"玉花骢"，一匹名为"照夜白"，此二名也是专名。

② 《汉书》卷96《西域传下·赞》注。

总称与"蒲梢"龙文"鱼目"这些专名混在了一起是显而易见的。

历代史家均未对"蒲梢""龙文""鱼目"三个专名的语种进行探讨，在此作者仅据个别资料试作推理性说明。《史记·乐书》云：汉"后伐大宛，得千里马，马名蒲梢"。东汉张衡《东京赋》云："駙承华之蒲梢，飞流苏之骚杀。"唐元稹《长庆集·江边》诗云："高门受车辙，华厩称蒲稍。"从以上"梢""稍"二字混用、尚无定字情况看，"蒲梢"名似有将外语马名译为汉语马名的特点。另在汗血宝马东入中原后，西域水果"蒲陶"也传入了中原。此"蒲陶"与"蒲梢"有所近似。据这两点情况，作者似觉"蒲梢"这一专名是大宛语的汉译名，但其涵义不得而知。同时，由于"蒲梢"为汗血宝马的专有名称，所以被古代诗人吸纳入诗，加以吟咏。如李商隐《茂陵》诗云："汉家天马出蒲梢，苜蓿榴花遍近郊。"[①]至于"龙文""鱼目"二专名，从其词义分析，似乎都是汉语专名。其中颜延之《三月三日曲水诗序》有"龙文饰辔，青翰侍御"诗句。以上三专名，除"蒲梢""龙文"在诗、赋中有所提及外，"鱼目"之名未能流行起来。

"捧月乌骓"是明季沐国公送给云南抚军的汗血宝马的专名。据载，这匹汗血宝马"其色黑，胸有白毛如月，名'捧月乌骓'，来自西番，龙种也"[②]。这也是史书记载中较为晚近的一匹汗血宝马，"捧月乌骓"是其专有名称。

六、"骏马""名马""良马"与"马"名称的使用时代

从西汉起，大宛国的部分汗血宝马和后来在大宛国境内所建国家贡献的各种马匹先后东入中原，并在我国历代文献中留下了名称。除前已考述者外，还有"骏马""名马""良马"和"马"等。这些马匹名称，都是总称而非专名。

"骏马"名称，始见《汉书·陈汤传》，如说："贰师将军李广利捐五万之师，靡亿万之费，经四年之劳，而廑（颜师古注曰：廑与仅同。

---

① 《御定全唐诗录》卷77，《文渊阁四库全书》，第1473册，第385页。

② 徐岳《见闻录》"汗血马"条，引自王立《汗血马的跨文化信仰与中西交流——〈汗血马小考〉文献补正》，《文史杂志》2002年第5期。

仅，少也。）获骏马三十匹。"从这一记载可确知，此处所"获骏马三十匹"，实指李广利第二次伐宛战争所获大宛国三十匹最好的汗血宝马。据此可以断定，"骏马"就是汗血宝马。在古代文献中，与大宛马有关的"骏马"只此一见。至于班固在《汉书》中将李广利所获大宛马既称"汗血马"，又称"骏马"之原因，至今仍不知其故。

"名马"名称，始见《汉书·冯奉世传》。其中载道：宣帝时，冯奉世"西至大宛。大宛闻其斩莎车王，敬之异于它使。得其名马象龙而还。上甚说"。这次冯奉世所得大宛马可能也是汗血宝马。"名马"名称，史书多有记载，如《后汉书·梁统传》有"远致汗血名马"；《三国志·魏书·三少帝纪》云："康居、大宛献名马，归于相国府，以显怀万国致远之勋"；《魏书·高湖传》云：延昌中，"破洛侯、乌孙并因之以献名马"；《旧唐书·高祖纪》云：武德七年七月，康国"献名马"；明永乐十六年八月，哈烈沙哈鲁、撒马尔罕兀鲁伯遣使来朝"贡名马"等。这些名马中，除东汉时所贡者能"汗血"外，其余"名马"似乎都不"汗血"。

"良马"名称，始见《旧唐书·西戎传·大食国》，其中载道：武则天"长安中，（大食国）遣使献良马"；《通典·边防九·石国》条载："石国，其国城一名赭支，一名大宛……出好犬、良马。""良马"虽然与大宛国有一定关系，但是否"汗血"，尚未见诸记载。

"马"作为大宛国马名称，最早见于《晋书·苻坚载记上》，其中载道："今所献马，其悉返之"。这里的"马"，本指"天马千里驹"。后至北魏孝文帝太和三年（479年），大宛国又"遣使献马"。至唐武德中，康国献大宛种马四千匹[①]；开元二十九年正月，拔汗那（即汉时大宛国）王"遣使献马"[②]。元、明时期，撒马尔罕（古大宛国之地）等国"献马"多达60多次，仅洪武二十年贡马15匹、二十一年贡马300匹、二十二年贡马205匹、二十三年贡马670匹。"马"这一名称，在元、明时期使用极为普遍。"马"名称使用如此普遍者，除所贡献马次数、匹数众多外，可能还有这一时期所贡献马不"汗血"之故。

---

① 《唐会要》卷72《诸蕃马印》。

② 《册府元龟》卷971，《外臣部·朝贡四》，《文渊阁四库全书》第919册，第274页。

第三节　汗血宝马的产地及其变化

从我国古代文献记载看，汗血宝马的产地似乎是明确的，不存在异议。但如果我们进行一些分析，就会觉得仍有一些具体问题需要进行探讨，如汗血宝马仅产于大宛国，还是别国也有出产？产于大宛国的汗血宝马是遍产大宛国各地，还是仅产于大宛国境内某一个特定的地区？又如，汗血宝马产地在历史上是否发生过变化？若发生过，其情况又是怎样的？

一、大宛贰师城"宝马"的原产地

在我们对大宛国汗血宝马的产地问题尚未进行探讨之时，难免有汗血宝马遍产大宛国全国各地的想法，其实，这种想法与史实相去甚远。我国历史文献对大宛国汗血宝马原产地问题，尚无具体而又直接的记载。不过，一些间接性资料却为我们提供了探讨这一问题的依据。

据《汉书·张骞李广利传》记载，汉武帝时，曾到过大宛国的汉使说："大宛有善马，在贰师城，匿不肯示汉使。"这句话似乎可以理解为：大宛国为防止汗血宝马东入西汉，故将遍产全国各地的汗血宝马统统集中起来，特地藏匿于贰师城（西汉时的贰师城，位于安集延之东南、费尔干纳之东，即今吉尔吉斯斯坦境内奥什城）中，不愿让汉使看见。再若联系"大宛国别邑七十余城，多善马，汗血"[①]的记载，更使人感到以上理解全然能够成立。然而，令人费解的是：大宛国人为何在汉使前往其国探询汗血宝马时，不是把全国各地的汗血宝马就近、分别藏"匿"于本国那七十余座城邑中，而却要统统集中，仅仅藏"匿"于贰师城这座孤城中呢？史书又载，在李广利第二次伐宛时，从贰师城得到善马三十匹、中马以下三千多匹，据此可以想见，这次未被李广利等所选中的汗血宝马也会不在少数。试问，如此众多的马匹，长时间藏匿

[①]《太平御览》卷894《兽部六·马二》。

于贰师城这座孤城中，诸如饲养、放牧等问题如何解决？又使人费解的是：大宛国人为何还要把汗血宝马称之为"贰师马"？

以上令人所费解的问题，无不涉及汗血宝马的原产地问题。其实，当初汗血宝马既不遍产大宛国全国各地，至西汉前期也未分布于大宛国全国各地。根据汉武帝所遣壮士车令等持千金及金马以请宛王"贰师城善马"和大宛国人所谓"贰师马，宛宝马也"①的说法，笔者以为，大宛国汗血宝马原本产于大宛国贰师城周围地区。这是因为，大宛国是由七十多个类似于西汉时西域"居国"的城郭构成的国家，贰师城是其中的城郭之一。这样的城郭，是以城为中心，包括城周围农田和广大牧场的地区。据此分析，汗血宝马"在贰师城，匿不肯示汉使"的记载，显然是说汗血宝马在贰师城所在的地区，只是不肯让汉使到那里去看就是了。因此，如果认为大宛国人为防止汗血宝马东入西汉，故将遍产全国各地的汗血宝马统统集中起来，特地藏匿于贰师城这座孤城中，那显然是误解。

汗血宝马不是遍产于大宛国全国各地，而是仅产于其境内贰师城周围地区，这一地区或许与当地某一座高山有关。现将始产汗血宝马的这一座高山的大致地理方位进行一些分析推断。

原产大宛国汗血宝马的高山便是《汉书音义》所说"大宛国有高山，其上有马"之山。汉时大宛国这座高山的方位，中国史书尚无具体记载。不过，根据《汉书》中《张骞李广利传》和《西域传·大宛国》有关汗血宝马在"贰师城"和"贰师马，宛宝马也"等记载，大宛国始产汗血宝马的那座高山，不会距贰师城（今奥什城）太远，或许就在其附近地方。

二、"月窟"及其地理方位

宋代人龚开《黑马图》诗，描述了画中一匹黑色骏马，其中有两句诗云："八尺龙媒出墨池，崑崙月窟等闲驰。"②此诗中"八尺"一词

---

① 《汉书》卷61《张骞李广利传》。
② 《全宋诗》卷3465，第66册，第41277页。

所描述的是黑色骏马的身高，而"龙媒"一词则是古代中原人对汗血宝马的一种习称。据此可以断定，龚开所描述的黑色骏马当是一匹汗血宝马。那么，在龚开的内心里，汗血宝马产自何地呢？据诗中"崑崙月窟"说分析，在龚开的内心里，汗血宝马产自崑崙地区的"月窟"。

那么，"崑崙月窟"是何意，在何方？若从西汉人宛国汗血宝马来自西域地区情况分析，此"崑崙"当在古代中原之西，或许这个"崑崙"就是"西域"地区的另一种称谓。如果这一分析可以成立，那么"月窟"位于西域地区也是毫无疑问的。

至于"月窟"之意，笔者以为，这里的"月"，并非指月亮，而"窟"则实指洞窟。我们知道，在中国古代各种文献记载中，大宛国汗血宝马从未与月亮发生过关联之事，所以，此处的"月"绝无可能与月亮有何瓜葛。

那么，"月"究竟指什么？众所周知，自《史记》以来的中国古代文献记载表明：西汉初，在甘肃河西走廊上，曾生活着一种名为"月氏"的民族，当北方草原的匈奴族强大后就南下打败了月氏，并迫使月氏西迁西域。当时西迁西域的月氏，主要分为两支，其中一支迁至妫水流域，史称大月氏。后来，大月氏又南下占据了大夏（今阿富汗）和当时印度的西北部地区。另一支被称为"康居"（原居今甘肃临泽县昭武城），它曾西迁至今中亚五国地区。以上西迁的两支月氏人所定居地区，与西汉及其之后产汗血宝马和众多良马的地区基本上是一致的。《史记》正义引三国吴人康泰《外国传》云："外国称天下有三众：中国人众，（大）秦宝众，月氏为马众也。"[1]康泰此处"月氏为马众也"之说，在一定程度上印证了"月"即为"月氏"之意，而宋何麟瑞《后天马歌》"有马出在月氏窟"诗句进一步证实了"月"为"月氏"之意。

其实，在中国古代文献中，还真的保存着若干与汗血宝马有关的"月窟"资料。《通典》载道：吐火罗"城北有颇黎山，南崖穴中有神马，国人每牧马于其侧，时产名驹皆汗血焉。其北则汉时大宛之地"[2]。

---

① 参见《史记》卷123《大宛列传》注。
② 《通典》卷193《边防九·吐火罗》。

《太平御览》云："吐火罗国有颇黎山，南崖穴中有神马。"①《太平广记》云："吐火罗国波讪山阳，石壁上有孔，恒有马尿流出。"②《图记》引《洽闻记》云："吐火萝国北，有屋数颇梨山……南崖穴中神马粪流出，商胡曹波比亲见焉。"③《册府元龟》云："吐火罗国在葱岭西……颇梨山南崖穴中有神马。"④以上所摘引"南崖穴""石壁上有孔"等资料，都与月氏地区汗血宝马的产地有关。据此我们可以断言："月窟"即月氏地区之洞窟，亦曾是月氏地区汗血宝马的藏身山洞，这一山洞极有可能位于今阿富汗北部山区。同时，唐代在其前期向中亚地区扩张领土之时，曾在今阿富汗北部地区设置过"月氏都督府"，治所在今阿富汗北部城市昆都士。这一资料再一次证实了"月窟"即月氏地区洞窟及其在今阿富汗北部的史实。不过，"月窟"地区所产汗血宝马，东入中原地区情况仅见于唐代高宗时期，而大批东入中原的汗血宝马则不是来自"月窟"地区。

三、汗血宝马产地的扩大

大宛国汗血宝马，原产于贰师城周围地区，但后来的繁育并没有永远固定在这一地区。伴随着历史的发展和大宛国与周围各国交往关系的日益频繁，名贵的汗血宝马被作为礼品先后贡献给了外国。大宛国的这种国际交往活动，促进了汗血宝马产地逐渐越出其国界，扩大到了国外。如果考察历史上汗血宝马产地扩大的详情，即可发现扩大地区主要在其西北方、西南方和东方三个方向上。

（一）西北方

西汉时大宛国的西北方，在不同历史时期存在着不同国名的国家。这些国家曾经获得了大宛国汗血宝马，并进行了繁育。据《魏书·世祖纪上》记载：者舌国"遣使朝献，奉汗血马"。"者舌国"是南北朝时期的一个西域国家，曾从汉时大宛国获得了汗血宝马，并向北魏王朝进

---

① 《太平御览》卷895《兽部五·马三》。
② 《太平广记》卷435《畜兽二·马》。
③ 参见《太平广记》卷435《畜兽二·马》。
④ 《册府元龟》卷961《外臣部·吐火罗国》。

行了贡献。《魏书·西域传》注说："者舌国，故康居国，在破洛那（即汉时大宛国）西北。"到了隋炀帝大业四年（608年）三月，曾遣崔君肃（又称崔君毅、崔毅）出使西突厥，西突厥处罗可汗向隋贡汗血宝马。西突厥疆域位于汉大宛国的北部和西北部。从这些贡献汗血宝马的资料可以得知，者舌国和西突厥已经有了汗血宝马。这就表明，汗血宝马的产地已经扩大到了汉时大宛国的北部和西北部地区。

（二）西南方

在汉大宛国的西南方，隋唐时曾建吐火罗国，当时该国也有了汗血宝马。《通典·边防九·吐火罗》记载说：吐火罗时产名驹，皆汗血，"其北界"是汉时大宛国之地。唐高宗永隆元年（680年）、开耀元年（681年），吐火罗曾向唐朝贡献汗血宝马。这自然说明吐火罗国也成了汗血宝马的产地之一。

（三）东方

在大宛国的东方，是古代狭义的西域地区（今中国新疆）、河西走廊，再往东就是陇右和中原。大宛国同东方的民族、国家的交往是很频繁的，关系也是友好的，从而使其名贵的汗血宝马的产地也扩大到了这些地区。在李广利第二次伐大宛时，将大宛国善马三十匹、中马以下三千多匹带到了中原，使中原第一次有了直接得自大宛国的纯种汗血宝马。此后，在东汉明帝、魏晋、十六国、北魏，以及隋唐时，都有大量汗血宝马东入中原。北宋时编纂的《太平御览》和《太平广记》也都载有汗血宝马。在东入中原地区如此众多的汗血宝马中，既有公马也有母马，这是毫无疑问的。这也证实了中原地区的长安、洛阳等地成了名副其实的汗血宝马产地。

第四节　汗血宝马"汗血"奥秘诸说辨析

大宛国汗血宝马"汗血"的奥秘，是史学界极为关注、广大读者极感兴趣的一个问题。自西汉以来，尤其自近代以来，不少人都曾试图揭开其奥秘，也曾提出了众多新奇的见解。但直至今日，仍是歧见丛生，尚未达成共识。笔者拟对诸说进行客观辨析，以便确立一个使大多数人所公认的见解来。

经过广泛收集资料和条分缕析的梳理，笔者将所见到、且在国内所流传汗血宝马汗血原因诸观点概括为以下六种，即"喝神秘河水流血"说、"毛细血管发达"与"体温升高"说、"蚊蠓吮噬"说、"毛色鲜艳"说、"皮毛红斑"说和"寄生虫致病"说。下面就诸说逐一进行辨析。

一、"喝神秘河水流血"说

《中国还有汗血宝马吗?》一文说：据"传说，土库曼斯坦有一条神秘的河，凡是喝过这里河水的马在疾速奔跑之后都会流汗如血，如今这条河却无从寻找。"[①]《神话中走来的汗血马》一文则说："我国清代流传有这样的传说：北疆有条神奇的河流，凡在此饮过水的马都会神勇异常，且会汗出如血。"[②]那么，这两种说法是否具有说服力呢？这就需要我们进行一些分析。

首先，第一种说法本身就是"传说"，而且该"传说"中所说"神秘的河"又"无从寻找"，因此，它是一种虚幻不实的说法，难以作为史学论证的依据。其次，假设以上"传说"有一定的客观真实性，那就是说土库曼斯坦境内那条"神秘的河"中之水是有毒的，大宛国马喝了此河水流血，自然是中毒的反映。另外，从前面论述中我们已经知道汗血马是大宛国的"宝马"，试想，大宛国人怎能把中毒之马当作"宝马"呢？再者，从李广利第二次伐宛所获汗血宝马来看，其中最好的数十匹（一说三十匹）马"汗血"，而中等以下的三千匹马是不"汗血"的。这显然是说"喝神秘河水流血"说中所谓汗血马与文献记载中汗血宝马不是同一回事。第二种说法，除了它是虚幻不实的"传说"外，还有此说所说"神奇的河流"没有流经古代大宛国，而是位于中国新疆的"北疆"。这就明白无误地告诉我们，此说中"神奇的河流"与大宛国宝马"汗血"也无关系。有鉴于以上情况，可以断定"喝神秘河水流血"说根本不具说服力。

---

① 转引自《北京青年报》2001年6月13日。
② 《我们爱科学》2002年第21期。

二、"毛细血管发达"与"体温升高"说

有专家说：大宛"马在高速奔跑时体内血液温度可以达到45摄氏度到46摄氏度，但它头部温度却恒定在与半时一样40摄氏度左右。据此，有关动物专家猜测：汗血马毛细而密，这表明它的毛细血管非常发达，在高速奔跑之后，（其体温）随着血液增加5摄氏度左右，少量红色血浆从细小的毛孔中渗出也是极有可能的。"[①]以上汗血宝马高速奔跑时体温变化及汗血宝马毛细血管非常发达等说是有一定可信度的，但据此推理出汗血宝马在高速奔跑之后"少量红色血浆从细小的毛孔中渗出也是极有可能的"说法，与汗血宝马"汗血"之间关系则是需要商讨的。

史籍对汗血宝马的"汗血"情况，早有明确而具体的记载：《后汉书》与《全后汉文》引《东观汉纪》记载说：光武帝中元二年（57年），汉明帝赐给东平宪王苍与阴太后"宛马一匹，血从前髆上小孔中出。尝闻武帝歌，天马霑赤汗，今亲见其然也"。这就是说，东汉明帝曾亲睹汗血宝马之"赤汗"是从马前髆上的"小孔中出"。我们知道，东汉时的人还不能如同近代人一样从生理方面对汗血宝马的"汗血"问题进行研究，更不会有"毛孔"这样的概念和词语，所以，他们的"小孔"与今人的"毛孔"肯定是两个概念。尤其当时没有发明放大镜，更不可能用肉眼看清楚"毛孔"。东汉人既然说汗血宝马的"赤汗"是从"小孔"中出，那"小孔"他们用肉眼肯定是会看得清楚的，否则就不会用"小孔"之说。据此说来，汗血宝马的"汗血"与其毛细血管的非常发达是没有直接关系的。

三、"蚊蠓吮噬"说

清祁韵士《西陲总统事略·渥洼马辩》说："今哈密、吐鲁番一带，夏热甚，蚊蠓极大，往往马被其吮噬，血随汗出，此人人所共见，当即所谓汗血者也。"[②]此说以为，汗血宝马被极大的蚊蠓吮噬而流血就是

---

① 文景：《追寻汗血马》，《深圳周刊》，http://www.wsjk.com.cn。

② （清）祁韵士：《西陲总统事略》卷12《渥洼马辩》，《中国西北文献丛书》，第102册，兰州古籍书店，1990年影印，第558页。

汗血宝马的"汗血"。笔者以为，夏季的西北各地山野，蚊蠓多，且有极大者，因此，马匹被其吮噬而流血是可信的。不过，若把汗血宝马的"汗血"同"夏热甚"时的蚊蠓吮噬联系起来显然有失偏颇。尤其是在有关汗血宝马由来的记载中，"汗血"现象是与汗血宝马与生俱来的。如《太平御览》说：吐火罗国有颇梨山，南崖穴中有神马，"国人每牧牝马于其侧，时产名驹，皆汗血马"。若对这条资料进行分析，"汗血"现象是从初生的马驹开始的，这就是说汗血宝马与其"汗血"现象是与生俱来的，不是只在极大蚊蠓横行时才有。但如果从蚊蠓是一种起传播疾病作用的"宿主"[①]的角度来认识，或许"蚊蠓吮噬"说还是有一定的道理。

四、"毛色鲜艳"说

"毛色鲜艳"说（或"文学上的形容"说）实际上是一种猜测。这虽然是一种猜测，但它具有一定代表性，有必要加以讨论。

有位专家曾提出这样一种猜测：汗血宝马"流汗如血仅仅是一种文学上的形容。马出汗时往往先潮后湿，对于枣红色或栗色毛的马，出汗后局部颜色会显得更加鲜艳，给人感觉是在流血，而马肩膀和脖子是汗腺发达的地方，这就不难解释为什么汗血宝马在疾速奔跑后肩膀和脖子流出像血一样鲜红的汗"[②]。以上猜测中马的生理现象部分，如"马出汗时往往先潮后湿，对于枣红色或栗色毛的马，出汗后局部颜色会显得更加鲜艳"，"马肩膀和脖子是汗腺发达的地方"等可能是符合实际情况的。但推理部分，即"这就不难理解为什么汗血宝马在疾速奔跑后肩膀和脖子流出像血一样鲜红的汗"和结论部分，即"流汗如血仅仅是一种文学上的形容"与"给人感觉是在流血"则是需要商榷的。

首先，对大宛国汗血宝马"汗血"的问题，历史上虽曾有相当多的诗、赋等文学作品进行"形容"的例证，但却不能忽视其中一些"纪实"性的描述。如汉武帝《天马之歌》中有天马（亦即汗血宝马）"霑

---

① 《辞海》缩印本，1980年8月版"宿主"条称：宿主，"亦称寄主。指病毒、支原体、立克次体、细菌、螺旋体、真菌、原虫、蠕虫、昆虫及蜱螨等寄生物所寄生的植物、动物或人。寄生物寄居在宿主的体内或体表，从而获得营养，往往损害宿主引起疾病，甚至死亡"。

② 文景《追寻汗血马》，《深圳周刊》，http://www.wsjk.com.cn。

赤汗，沫流赭"之句。"霑"，应劭以为"沾濡"。"沾濡"即浸湿之意。"沫流赭"，即血如沫状，呈红色。尤其是东汉明帝曾自称是亲眼看见过大宛马"汗血"现象的人。他曾说：吾"尝闻武帝歌，天马霑赤汗，今亲见其然也"[1]。这就证明，大宛国汗血宝马不仅确确实实曾"汗血"，而且所"汗"之"血"还伴有泡沫状。这些客观情况，显然是不能仅用"形容"和"感觉"等词语能说明的。

其次，将汗血宝马的毛色仅仅局限为枣红色和栗色两种是欠当的。因为汗血宝马从毛色分不只是这两种，而事实上有多种。隋《西域图记》记载说：西域国家向隋朝贡献的汗血宝马中有"骝马"（赤身黑鬃毛马）、"乌马"和"黄马"。唐玄宗时，西域国家所贡献六匹汗血宝马的名字分别叫"红叱拨""紫叱拨""青叱拨""黄叱拨""丁香叱拨"和"桃花叱拨"[2]。据此可以认为，这六匹马的名字分别是用红色、紫色、青色、黄色、丁香花色和桃花色命名的。以上资料表明，历史上的汗血宝马其毛色多种多样，并不仅是枣红色和栗色两种。因此，仅仅根据枣红色和栗色两种马出汗时其躯体局部毛的颜色"更加鲜艳"情况，来代替其余各种毛色马出汗时的情况，那就不能不失中肯了。[3]

五、"皮毛红斑"说

"皮毛红斑"说，是伊朗出生的一位学者的推测。此说认为，历史上"第一批到达的这种牲畜，在中国获得了一个'汗血马'的别名。这一奇怪的名称可能是指其皮毛上红斑，使用一个波斯文术语就叫作'玫瑰花瓣'状。当马的毛皮颜色很深时，其斑点就很鲜明，或反之，长'玫瑰花瓣'状皮毛的马最受好评。如波斯历史上最著名的一匹坐骑的情况就是如此。该坐骑……即为这种颜色，也就是血和火的颜色"[4]。对以上推测，若从其本意上来分析，其意是说，汗血宝马本来是不"汗

---

① 《后汉书》卷72《光武十王传·东平王苍传》。

② 秦再思：《纪异录》，《说郛》卷3。

③ 另有一位专家认为，"汗血马的马毛呈红色，皮肤较薄，出汗之后，很容易使人产生红色的感觉，所以被命名为汗血马"。此说与"毛色鲜艳"说有点类似，故不再予以辨析。

④ 转引自王立《汗血马的跨文化信仰与中西交流——〈汗血马小考〉文献补正》，《文史杂志》2002年第5期。

血"的，只是汗血宝马进入中国后，中国人把马的皮毛上鲜明的红色斑点说成是"汗血"了。笔者以为，这个推测未免有点过于随便。因为，距今两千多年前，汉武帝亲自见过的汗血宝马所"汗血"是"霑赤汗，沫流赭"的状况；距今一千九百多年前的东汉明帝所亲自见过的"汗血"是"血从前髆上小孔中出"。文献的这些记载表明，汗血宝马"汗血"是客观存在过的事实，古代中国人曾目睹过，怎么能说中国人将马身上毛的红色斑点与所"汗"之"血"都分不清楚呢？

六、"寄生虫致病"说

"寄生虫致病"说，是由法国人布尔努瓦《丝绸之路》一书在世界上传播开来的①，笔者据耿昇译本，在拙文《"汗血马"诸问题考述》②中就"寄生虫致病"说作了肯定和评介。在十多年后的2003年，笔者从互联网上下载资料中始知"寄生虫致病"说的首倡者原来是美国汉学家德效骞。据《北京青年报》2002年6月21日载文称，德效骞在《班固所修前汉书》一书中解释："说穿了，（汗血宝马'汗血'）这只不过是马病所致，即一种钻入马皮内的寄生虫，这种寄生虫尤其喜欢寄生于马的臀部和背部，马皮在两个小时之内就会出现往外渗血的小包。"布尔努瓦《丝绸之路》有关汗血宝马"汗血"的说法，几乎与德效骞上述所说完全相同。③

另外，布尔努瓦在其书中还曾讲："在19至20世纪，许多旅行家们都在伊犁河流域和中国新疆目睹染有这种'汗血'病的马匹，这种疾病

① 布尔努瓦，法国人，生于1931年，其《丝绸之路》一书1963年在法国出版，后陆续译为德、西班牙、英、波兰、匈牙利和日等多种文字。1982年4月，耿昇所译中文版由新疆人民出版社首次在国内出版发行。山东画报出版社于2001年10月将之收入《西方发现中国丛书》，重新出版。

② 《西北民族研究》1988年第2期。

③ [法]布尔努瓦《丝绸之路》说："至于'汗血'一词，其意是指这些马匹的特点，在很长的时间内，这一直是西方人一种百思不解之谜。近代才有人对此作出了令人心悦诚服的解释：说穿了，这只不过是简单地指一种马病，即一种钻入皮内的寄生虫。这种寄生虫尤其喜欢寄生于马的臀部和背部，在两小时之内就会出现往外渗血的小包，'汗血马'一词即由此而来。"据此，我们可以肯定地说，布尔努瓦的说法是来自美国人德效骞的《班固所修前汉书》一书。

蔓延到这一地区的各种马匹。"①这段话提供了以下四点信息：（1）汗血宝马的"汗血"现象，一直流传至19至20世纪；（2）"汗血"现象的存在地区为"伊犁河流域和中国新疆"；（3）许多旅行家们都曾目睹了染有"汗血"病的马；（4）寄生虫引起的这种"汗血"病，曾蔓延到伊犁河流域和中国新疆的各种马匹。持"寄生虫致病"说者的说法多有说服力，如黄时鉴主编《解说插图中西关系史年表》说："有学者考证，现在的中亚土库曼马，有一种寄生虫寄生于马的前肩膊与项背皮下组织里，寄生处皮肤隆起，马奔跑时，血管张大，寄生处创口张开，血即流出。据此推论，古代的大宛汗血马可能正由此而得名。"②日本清水隼人宣称，他在中国新疆天山西部意外地发现了汗血宝马的踪迹，并拍下此马"汗出如鲜血"的照片。他说，那匹马在高速疾跑后，肩膀位置慢慢鼓起，并流出像鲜血的汗水。③据上述说法，"寄生虫致病"说的客观性显然是无可挑剔的了（有关汗血宝马"寄生虫致病"说的新资料，将在第六章中引征）。

第五节　汗血宝马"汗血"部位及是否普遍汗血诸说辨析

汗血宝马躯体存在"汗血"现象，这已成为不争的事实。然而，汗血宝马的"汗血"部位问题，至今仍是众说纷纭。那么，汗血宝马究竟是"周身流血"，还是局部"汗血"？如果存在局部"汗血"现象，那它的汗血部位在何处？对此，作者拟通过对古代与近代文献记载以及今人歧说进行梳理，以便对这些问题有一个较为全面的了解和较为客观的认识。

---

① ［法］布尔努瓦著，耿昇译：《丝绸之路》，第12页。
② 黄时鉴主编：《解说插图中西关系史年表》"天马"条，杭州：浙江人民出版社，1994年，第49页。
③ 参见《汗血宝马惊现天山，印证中国史书传奇》，人民网，2001年4月17日。

一、"周身流血"说

清朝人徐岳《见闻录》"汗血马"条记载说：明朝末年，沐国公派人送给云南抚军一匹马。此马来自西番，为"龙种"，黑色，胸有白毛，其形状如月，故名"捧月乌骓"。云南抚军不知这是一匹珍贵之马，于是让属下养之于普通马群中，结果该马逐渐消瘦，不吃草料。有一天，云南抚军处来了一个人，那人说：骏马应经常奔跑、出汗，这样就不易生各种疾病，这就好像有才干之人受重用就能发挥其才干一样。抚军听后就让那人骑着沐国公送来之马试一试。那人遂骑上马，马"跃之纵之，两耳但闻风声，而目不辨所见，约一时往回，越百数十里。视之，周身流血"（有关这匹马的详细情况，已见本书第二章第五节）。这是作者所见汗血宝马"周身流血"说的唯一例证。

然而，此说存在一个很大疑点，即徐岳在记载此马文字中所说来到云南抚军处那人"遂攘袂向前，去十余步，踊身腾上，一手撮耳，一手抠目，马战不敢动"等语，与隋文帝时裴仁基制驭汗血宝马的有关记载完全相同。这是否表明徐岳有关云南抚军"捧月乌骓"的故事，是在隋朝裴仁基制驭汗血宝马的基础上杜撰的？若真是徐岳所杜撰，那就是说汗血宝马"周身流血"说于史无据。

二、局部"汗血"说

据文献记载和当今人们所亲见，汗血宝马多为躯体局部汗血，而且汗血部位各不相同，这自然是大出人们意料之外的。就有关资料来看，汗血宝马的汗血部位，主要是"前肩髆""臀部和背部""前肩及脊""颈部、肩部、鬓甲部及体躯两侧"等。现就以上各部位汗血的出典及其情况予以简介：

（一）"前肩髆"汗血说

"前肩髆"汗血说，始见东汉明帝时。据《后汉书》记载："明帝赐东平宪王苍、阴太后器服及遗宛马一匹，血从前肩髆上小孔中出。尝

闻武帝歌，天马霑赤汗，今亲见其然也。"①继而，东汉应劭说："大
宛旧有天马种，蹋石汗血。汗从前肩髆出，如血。"②日本人清水隼人
于2000年8月，在新疆天山西部发现了一匹汗血宝马，那匹马在高速疾
驰后，肩膀位置就会慢慢鼓起，并流出像鲜血似的汗水。③汗血宝马从
前肩膀处汗血的现象，在历史上较为多见，人们知之者也较多。

（二）"前肩及脊"汗血说

"前肩及脊"汗血说，出自清徐珂《清稗类钞·布鲁特贡马》条，其
中载道："布鲁特例至伊犁进马……马之善走者，前肩及脊，或有小
痂，破则出血。""布鲁特"是清朝对柯尔克孜族的称呼。布鲁特距原大
宛国较远，故其所贡汗血马可能是东传的原大宛国土种马。它的汗血部
位与两汉时汗血宝马的汗血部位较为接近。

（三）"臀部与背部"汗血说

布尔努瓦《丝绸之路》中说：在19至20世纪，许多到过伊犁河谷和
中国新疆的西方人，曾目睹当地马在"臀部和背部"有"往外渗血的小
包"，这是由寄生虫钻入马的皮肤内引起的。此说仅此一例。

（四）"颈部、肩部、鬐甲部及体躯两侧"汗血说

据文景《追寻汗血马》一文说：马匹研究专家崔忠道于1962年在新
疆伊犁地区做马匹检疫时，曾亲自检验出"马副丝虫病"，即汗血病。
为此他指出："病马在晴天中午前后，颈部、肩部、鬐甲部及体躯两侧
皮肤上出现豆大结节，迅速破裂，很像淌出汗珠。"④另在2001年11月
全国九运会期间，上海马术队有一匹名叫"辉玉"（又称"煌宝"）的
赛马，它的奇特之处主要是："每天下午训练完后，'辉玉'的脖子、
肩胛骨附近就会向外流血。"中新社记者郑小红还发现"辉玉"的肩部
位置皮下有多个硬结，大的如荔枝，小的如黄豆。上海队骑手巴图·巴
依尔说："天热的时候，'辉玉'一训练，身上就会出血，有时流得非
常多，有时将马毛粘连在一起，很难洗干净，索性用剪刀将粘在一起的
毛剪掉。记者仔细观看，在巴图·巴依尔手指的地方的马毛，的确有好

---

① 《后汉书》卷72《光武十王传·东平宪王苍传》。
② 《汉书》卷6《武帝纪》注。
③ 《汗血宝马惊现天山》，《兰州晨报》2001年4月18日。
④ 文景：《追寻汗血马》，《深圳周刊》，http://www.wsjk.com.cn。

几块明显被剪刀剪过的痕迹。而较长的一团马毛上，显然还留有已干的血迹。"①

综上所述，在历史上汗血宝马的汗血部位多有不同，体躯局部汗血者较多，其具体部位多在肩胛、颈部，而背部、臀部汗血者亦少见。至于"周身流血"现象，则可能不曾存在。

三、个体"汗血"说

在历史上，汗血宝马"汗血"似乎并不少见，那么，汗血宝马是普遍汗血还是个体汗血呢？对此，近年来部分专家在研究汗血宝马问题时曾有所涉及。其中有的专家断言汗血宝马"汗血"是"个体现象"，这无疑是这项研究工作逐渐深化的一种反映。不过，若就有关记载分析，并就汗血宝马的发展历史而言，"汗血"情况实际上较为复杂。

从孟康所说大宛国高山上不可得之马与民间母马所"生驹，皆汗血"，以及《隋书·西域传》所载吐火罗国"神马"与放牧于南崖穴所的民马所产驹"皆汗血"的记载，我们确信最初的汗血宝马（即野生公马与民间母马直接所产之驹）是普遍"汗血"的。但到后来，当汗血宝马的血缘越来越远离野生公马时，"汗血"之马自然就越来越少了。至张骞第一次出使西域，亲见汗血宝马之时，"汗血"者已在众多汗血宝马中就变成了"个体现象"，首批东入中原的汗血宝马中，"善马数十匹（汗血者），中马以下牡牝三千余匹（不汗血者）"，就是这方面有说服力的例证。

西汉时，中原人有一种观念认为，大宛汗血宝马"汗血"者是"善马"，而不"汗血"者则是"中马以下"之马。当今土库曼斯坦也有类似说法。如曾去土库曼斯坦迎接阿赫达什（土库曼斯坦领导人于2000年赠送我国的一匹阿哈尔捷金马，即汗血宝马）的刘忠原（中国种畜进出口公司廊坊养马场场长）说：我曾向土库曼斯坦同行请教过汗血宝马"汗血"问题。土库曼斯坦人认为，"这正是汗血宝马力量的体现"②。

---

① 郑小红：《九运传真：九运会赛马中找寻汗血宝马》，中新社广州2001年11月17日电。

② 参见新华网，2002年6月20日。

其意是说，"汗血"者是好马。既然这样，那就是说李广利第二次伐大宛时，"取善马数十匹、中马以下牝牡三千余匹"之说表明，"汗血"的"善马"是少数，而大多"中马"是不"汗血"的，这自然在一定程度上反映出"汗血"是大宛国汗血宝马中存在的"个体现象"。然而，"汗血"的"个体现象"，到了近代又发生了一定变化。正如布尔努瓦所说："在19至20世纪，许多旅行家们都在伊犁河流域和中国新疆目睹染有这种'汗血'病的马匹，这种疾病蔓延到这一地区的各种马匹。"这又说明，在近代"汗血"的马匹明显多起来了。总之，我们认为，最初的汗血宝马"汗血"是普遍现象，而汉代以后的汗血宝马"汗血"者基本上呈"个体现象"，不过，有时稍多些，有时稍少些。

第六节　汗血宝马生理特征考述

在汗血宝马本身诸问题中，其生理特征颇具神奇色彩。汗血宝马最为重要的生理特征是"汗血"，而其体形、毛色、跑速及其灵性等，也都是独具特征者。

在我国历史上，由于人们缺乏科学知识，所以长期以来，对汗血宝马生理诸特征，既缺乏研究，又疏于记载，即使部分文献有所涉及，但多零散和残缺，更无系统可言。以下对有关资料予以归纳、梳理，以利于对汗血宝马生理诸特征有一个较为全面的了解。

一、"汗血"独具

对汗血宝马的汗血现象，张骞早在第一次出使西域时就知道了。张骞归国后，其情况就在汉朝上下传播开来。元狩三年（前120年）秋，武帝得渥洼[①]马，作《太一之歌》。歌曰："太一况，天马下，霑赤汗，沫流赭。"[②]此处的"太一"，即泰一，亦即天帝或天神；"况"，即贶，

---

① "渥洼"，古称渥洼池，今称月牙泉，位于今敦煌市南部。
② 《汉书》卷22《礼乐志》。

意即赐予；"霑"，即沾濡，亦即浸湿、津润；"沫"与沫通，意即泡沫；"赭"，红色。显然，这两句歌的大意是：天帝下赐天马，天马流着浸湿与沫状的鲜血，呈红色。可是，在武帝作《太一之歌》时，汗血宝马还未入汉，那他是从何得知大宛国马汗血的具体情况？据记载，这时已是张骞第一次出使西域之后，因此可以断言，汉武帝所知大宛国马汗血现象，可能得自张骞第一次出使西域归汉后的报告，即《出关记》①；也有可能所得"渥洼马"是一匹野生汗血马，汉武帝从这匹马身上见到了"汗血"现象。

到了近代，德效骞在《班固所修前汉书》中说：当寄生虫钻入马的臀部和背部皮内，就出现"往外渗血的小包"②。清徐珂说：善走的布鲁特马，"前肩及脊，或有小痂，破则出血"③。

近年来，不少人又亲睹了汗血宝马的汗血现象，不过，所见并不完全相同：有的说马的"皮肤上出现豆大结节，迅速破裂，很像淌出汗珠"④；有的说马的肩部"皮下有多个硬结，大的如荔枝，小的如黄豆"⑤；日本清水隼人说："马在高速疾驰后，肩膀位置就会慢慢鼓起，并流出像鲜血似的汗水"⑥。

从以上看来，汗血宝马在历史上的具体汗血情况，是存在一定差别的。这种差别可能与纯种汗血宝马或杂种汗血马有某种关系。

二、体形出众

在古代历史文献中，尚无大宛国汗血宝马体形问题的专门记载。若考之史籍，仅有少量对大宛国汗血宝马体躯的笼统记述。如《史记·大宛列传》说：当初，武帝得大宛马，比乌孙马"益壮"，故称之为"天马"。此处之"益壮"，是说汗血宝马比乌孙马之身体更为健壮。《汉

---

① 《出关记》见《隋书》卷33《经籍志》。

② 参见《中国还有汗血宝马吗?》，《北京青年报》2001年6月13日。

③ 徐珂《清稗类钞》，第1册《朝贡类·布鲁特贡马》条，中华书局，1984年版，第412页。

④ 参见文景：《追寻汗血马》，《深圳周刊》，http://www.wsjk.com.cn.。

⑤ 郑小红：《九运传真：九运会骞中找寻汗血宝马》，中新社广州2001年11月17日电《找寻汗血宝马》。

⑥ 参见文景：《追寻汗血马》，《深圳周刊》，http://www.wsjk.com.cn.。

书·冯奉世传》说：冯奉世西至大宛，"得其名马象龙而还"；《唐会要》卷72说，康国献"大宛种马，形容极大"。这些记载，由于过于笼统，故无法得知大宛国汗血宝马体形的具体情况。

近年来，人们对现存纯种和土种汗血宝马多有亲睹，因此，有关汗血宝马体形具体情况的报导多见诸网络和报刊。新华网说：土库曼斯坦赠送中国的阿赫达什，正值壮年，身高1.75米。[①]新华网又说：汗血宝马体高1.75米，体型饱满，头细颈高，四肢修长，皮薄毛细，轻快灵活，特有的优雅步伐、轻快优美的体形，再衬以弯曲高昂的颈部，勾画出这种马完美的身形曲线。王铁权先生1958年见到的阿哈尔捷金马体形优美，全身密生长毛，弯曲的颈部，特有的伸长高举步法，显得高贵出众。[②]土库曼斯坦马尔加莉达老人说，阿哈尔捷金马头窄颈高，四肢修长，体态优美，高大英俊。行走时，四蹄伸长高举，风度翩翩，步伐独特。[③]

三、毛色多样

汗血宝马的毛色，多与普通马同，但部分马匹也有奇异之处。前秦苻坚所见汗血宝马的毛色是"朱鬣（红鬃毛）、五色、凤膺（胸部突出，呈鸡胸状）、麟身（毛色呈斑点状，且有亮光）"。若按其特点细分，足可分成五百多个奇异种类。[④]隋《西域图记》说："其马，骊马（赤身黑鬃马）、乌马多赤耳；黄马、赤马多黑耳；唯耳色别，自余毛色与常马不异。"[⑤]清徐岳《见闻录》"汗血马"条说：明季，沐国公送给云南抚军的汗血马，其色黑，胸有白毛如月，名"捧月乌骓"。土库曼斯坦赠给我国的汗血宝马阿赫达什，体毛油黑，三蹄"踏雪"（即前两蹄、后右蹄长白毛），其嘴唇、鼻梁为白色，前额正中有一块菱形白毛。[⑥]上海马术队赛马"煌宝"（又称"辉玉"），有人称其为汗血宝马，其深褐

① 《专家揭秘"汗血"宝马：寄生虫作怪》，新华网，2002年6月21日。
② 《中国还有汗血宝马吗?》，《北京青年报》2001年6月13日。
③ 参见《阿哈尔捷金马》，《环球时报》2001年7月9日。
④ 《晋书》卷113《苻坚载记上》。
⑤ 《通典》卷192《边防八·大宛》。
⑥ 参见桂龙新闻网2002年8月3日照片。

色的毛发卷曲着，在阳光下闪闪发亮。①

四、跑速超常

大宛国汗血宝马，曾称千里马，亦称"天马千里驹"②。汉东方朔《神异经》也说：大宛马日行千里，"乘者当以絮缠头，以避风病，其国人不缠也"③。仅此二例，足见古代汗血宝马奔跑速度之快了。

近年来，人们所见现存汗血宝马奔跑速度也很快，亦可印证古代"一日千里"之说。

当代汗血宝马的奔跑速度，多见于报刊、网站。刘忠原（中国种畜进出口公司廊坊马场场长）说：汗血宝马"虽然不能日行千里，但却保持着千米1分零7秒的速度纪录"④。2001年4月25日，土库曼斯坦在其首都阿什哈巴德举行了一场马拉松赛马。赛马场负责人告诉记者："这种被称为土库曼快马的马种，1000米的最快奔跑速度为70秒。"⑤据王铁权先生介绍，土库曼斯坦的"汗血马创造了84天跑完4300公里的记录"⑥。阿哈尔捷金马（即今土库曼斯坦的纯种汗血宝马）在1998年的一场赛程为3200公里、赛期60天的比赛中，54匹参赛汗血宝马都坚持到了终点⑦。土库曼斯坦赠送中国的阿赫达什，于1996年两岁时，"在平地上1000米的奔跑纪录就达到了1分12秒4"⑧。

五、灵性奇异

大宛国汗血宝马，是各种马中最具灵性之马，这一生理特征早在古代就被中原人发现了。张澍辑《凉州异物志》说：三国魏曹植《献文帝

---

① 参见《速度赛马现奇观　"汗血马"现身九运赛场》，《人民日报》2001年11月19日。
② 《晋书》卷113《苻坚载记上》。
③ 转引自《太平御览》卷897《兽部九·马五》。
④ 《"汗血宝马"重返中国，父辈身价一千万美元》，《中国日报》2002年6月17日。
⑤ 《"汗血宝马"至少仍有两千匹》，大洋网，2001年4月26日。
⑥ 《土库曼总统汗血宝马赠中国领导人》，大洋网，2001年6月18日。
⑦ 《中国有纯种汗血宝马吗？》，新华社，乌鲁木齐，2002年8月2日电。
⑧ 王海涓：《汗血宝马首次亮相：祖先曾获奥运冠军》，《北京晚报》2002年6月19日。

马表》云："臣于先武皇帝世，得大宛紫骍马一匹，形法应图，善持头尾，教令习拜，今辄已能行与鼓节相应。"曹植是说，他所得的大宛国紫骍马，善于摇头摆尾，经训练，其动作还能与敲鼓的节拍相一致。《凉州记》也说：吕光麟嘉五年（393年），疏勒王曾献"善舞马"[①]；南朝宋孝武帝大明三年（459年）十一月，"西域献舞马"[②]，五年（461年），吐谷浑王拾寅"遣使献善舞马"[③]；宋膺《异物志》还载道："大宛马有肉角数寸，或有解人语及知音舞与鼓节相应者"[④]。以上记载，都从"善舞"的角度，把大宛国汗血宝马的灵性作了充分的反映。从这些记载中可以得知，历史上的中原人既已充分了解和认识了汗血宝马生理特征的奇异和不凡。

当代现存汗血宝马的灵性，人们屡有所见。新疆农业大学动物医学系教授孙运孝说，汗血宝马运步具有如下特点："其慢步有弹性，快步自由，跑步轻快而步幅大，运步优美，跳跃轻松，乐感很强，是最好的体育用马。"[⑤]

土库曼斯坦赠送我国的阿赫达什，具有显赫的家族史。其爷爷的爷爷曾获得了20世纪60年代奥运会马术比赛"盛装舞步"的冠军[⑥]。它的父辈曾在1995年国际马匹速度赛中夺魁[⑦]。阿赫达什于2002年6月18日下午2时40分在天津廊坊马场首次亮相时，"只见它四蹄轻扬，兴致所至时还来了几个马术比赛中盛装舞步的动作"[⑧]。

汗血宝马善解人意，对人忠诚。土库曼斯坦马尔加莉达老人养了一辈子阿哈尔捷金马。她对这种马的评判是："阿哈尔捷金马的超群之处是其高贵的品性和它的忠心耿耿。老人说：'孩子们站有站相，走有走样，温文尔雅，不卑不亢。不但聪明灵敏，而且富有个性。每匹马粗看起来相差无几，仔细观察，其脾气秉性却各不相同。'最令老人难忘的

① 《太平御览》卷896《兽部八·马四》，第3980页。

② 《宋书》卷6《孝武帝纪》大明三年十一月条。

③ 《宋书》卷96《鲜卑吐谷浑传》。

④ 引自《通典》卷192《边防八·大宛》。

⑤ 李晓玲、陈国安：《专家解析"汗血马"在中国失传原因》，新华网陕西频道，2002年8月3日。

⑥ 《汗血宝马首次在我国亮相：祖先曾获得奥运会冠军》，新华网，2002年6月20日。

⑦ 《"汗血宝马"重返中国，父辈身价一千万美元》，《中国日报》2002年6月19日。

⑧ 王海涓：《汗血宝马首次亮相，祖先曾获奥运会冠军》，《北京晚报》2002年6月19日。

是马的忠诚。曾有一匹马，从小到大由她喂养，在离开她后的八年里，不准任何人靠近。但一听到她的声音，就竖起了耳朵，直奔八年前的主人。每次离开马场出差，老人都要躲开马群的视线，否则'孩子们'会跟着大客车奔跑，直到客车停住。"①

---

① 《阿哈尔捷金马》，《环球时报》2001年7月9日。

第四章　与汗血宝马相关诸问题辨析

大宛国汗血宝马东入中原、载入中国史册业已有两千多年历史了。近几十年来，国内外学者对汗血宝马问题已进行了一定研究，并有成果面世，但仍有一些与汗血宝马相关的问题尚未在研究中涉及。如大宛国王毋寡被杀问题、汗血宝马藏在贰师城而李广利却攻打大宛国贵山城问题，以及自唐代起西域诸国所进贡良马、名马是否是汗血宝马问题等。对这些问题，应有一个客观而合理的解释，如果回避不谈，似有缺憾之处。

第一节　大宛国王毋寡被杀问题

大宛国王毋寡，是汗血宝马问题产生初期大宛国一方的最重要当事人。然而不幸的是，在李广利第二次伐宛之际，他却被人杀害了。同时，中国史书上又留下了有关他具体死因的歧异说法。据此来说，对这一问题进行一定的考辨，自然是十分必要的。

一、大宛国王毋寡被谁所杀

大宛国王毋寡的被杀问题，《汉书·张骞李广利传》是这样记载的：李广利率军第二次伐宛时，围困大宛城四十余日，"宛贵人谋曰：'王毋寡匿善马，杀汉使。今杀王而出善马，汉兵宜解；即不，乃力战而死，未晚也。'宛贵人皆以为然，共杀王。"这一记载明确是说：在李广利率汉军围困大宛城的严峻形势下，是大宛国贵人集体商议后"共杀王"毋寡的。

《汉书·西域传上·大宛国》条，对大宛国王毋寡的被杀则有着明显不同的记载，如说李广利率军伐宛，连四年，"宛人斩其王毋寡首"；又说"贰师既斩宛王"，更立宛贵人素与汉友善者名昧蔡为宛王。很显然，《汉书·西域传上》既说"宛人斩其王毋寡首"，又说"贰师既斩宛王"，这一记载既与《汉书·张骞李广利传》说法有矛盾，又与自身说法相抵触。从以上记载来看，关于杀宛王毋寡者明显存在宛贵人共杀宛王、宛人斩宛王和李广利斩宛王三说。但如果对以上三说进行仔细分析比较，还可将三说并为大宛国人杀宛王和李广利斩宛王二说。那么，究竟是谁杀了宛王毋寡呢？

为了便于说明问题，我们先来辨析"贰师既斩宛王"说。经查阅《汉书·张骞李广利传》《后汉书·西域传》《通典·边防八·大宛》和《资治通鉴》等文献，可以认定"贰师既斩宛王"说仅是《汉书·西域传上·大宛国》条的一家之言。同时，在《汉书·张骞李广利传》中还载有与上述一家之言相左的重要证据。如说李广利第二次伐宛时，围困大宛都城四十余日，"其外城坏……宛大恐，走入中城"。若对这一记载予以分析，即可看出两层涵义：一是大宛国都城是由外城、中城和内城三重构成的，而大宛王必然居于内城中；二是仅"坏"外城的贰师将军李广利根本未能捉到大宛王，这说明他无法做到斩宛王。《汉书·张骞李广利传》又载道：在第二次伐宛战争即将结束时，大宛贵人遣使"持其（宛王）头"，去贰师将军处议和。若分析此说的潜在之意，无疑在于：如果是贰师将军斩了宛王，那宛王之"头"必定在贰师将军之手，可是这一记载却说宛王之"头"是宛贵人派使者送给贰师将军的。看来，以上《汉书·张骞李广利传》颇有说服力的记载证实，贰师将军斩宛王说是根本不能成立的。

至于《汉书·西域传上》"宛人斩其王毋寡首"说，由于其中"宛人"二字过于笼统，因此需要将其区分为两个层面：其一为大宛国普通老百姓；其二为大宛国贵人。我们先来分析大宛国普通老百姓是否"斩其王毋寡首"问题。从上述已知，《汉书·张骞李广利传》是唯一较为详细记载大宛国王毋寡被杀问题的历史文献，可是其中并无普通老百姓杀国王毋寡的记载。同时，大宛普通老百姓要能杀宛王毋寡，大宛国当时必须发生内乱或其他意外事件，但《汉书·张骞李广利传》并未记载有这类事件。所以，大宛国普通老百姓"斩其王毋寡首"也是不可能的。

既然李广利和大宛国普通老百姓都未杀宛王毋寡，这样一来，大宛国贵人杀宛王毋寡说就成了我们特别关注的问题。

本来，大宛国王毋寡被杀问题，《汉书·张骞李广利传》有着明确记载，只是由于《汉书·西域传上》记载存在歧说，这才使得问题复杂化了。上面，我们通过辨析已经排除了李广利和大宛国普通老百姓杀宛王的可能性，所以，问题的焦点又集中到大宛国贵人身上了。

那么，大宛国王毋寡是否是大宛贵人们所杀的呢？有关这个问题，在《汉书·张骞李广利传》中载有极具说服力的两个重要情节。情节一说：在李广利率军围困大宛国都城之际，有一大宛贵人设想了一个"杀王而出善马"的计谋，其他宛贵人听后"皆以为然"，接着宛贵人"共杀王"。情节二说：大宛贵人们曾经在李广利尚未解除对大宛城的围困之时，他们又共同策划了一个送宛王之"头"于李广利以退汉军的计谋。当李广利收到宛王之"头"后，便解除了对大宛城的围困。《资治通鉴》汉武帝太初三年条也采用了《汉书·张骞李广利传》有关大宛贵人们共谋杀害宛王毋寡的说法。分析至此，人们不得不相信大宛贵人们共同杀害国王毋寡之说了。

二、大宛国王毋寡被杀原因

大宛国贵人共谋杀害国王毋寡，是汉、宛两国围绕汗血宝马交恶中所发生的重大事件之一。大宛国贵人早不谋杀国王、晚不谋杀国王，而偏偏在李广利率汉军围困宛城四十余日，而且宛外城已"坏"，康居国军队采取观望态度不出兵的关键时刻被谋杀，这说明宛贵人们谋杀国王的原因是复杂的，而且还是由内、外两方面原因所导致的。

（一）宛王被杀内因

大宛国王毋寡被杀的最初原因，若从大宛国内部因素来探讨，它与国王毋寡自身的所作所为有着很大关系。而到后来，却又与大宛国贵人在严峻形势下所产生的想法等直接相关。

在张骞第一次出使西域到达大宛国之前，大宛国王曾闻汉"饶财，欲通不得"，故见到张骞时便"喜"，并主动问张骞想前往何地。张骞回答说：欲前往大月氏，又提出请大宛国王派人相送，宛王欣然同意。[①]

————————

① 《史记》卷123《大宛列传》。

在这里，欲得"汉物"的大宛国王毋寡，对汉朝表现出十分友善的态度。

此后，汉使一批批前往大宛国，带去了大量"汉物"；同一时期，汉武帝为了向来到汉朝的大宛等国客人显示汉朝之"富厚"，便向各国客人"散财帛赏赐，厚具饶给之"，从而使"宛国饶汉物"。[①]起初，大宛国王毋寡急欲得到"汉物"时对汉友善，可是，当他所得"汉物"已经很多时，他对汉朝的友善能够一仍其旧吗？据《汉书·张骞李广利传》记载：当汉使前后到达大宛国的增多以后，大宛国王毋寡为了不让汉使看见汗血宝马，因此，他下令将汗血宝马藏匿到了贰师城，尤其当汉武帝派汉使车令等"持千金及金马以请宛王贰师城善马"之时，竟然决定不仅不将汗血宝马"予汉使"，并迫使汉使离宛城而去，还下令"其东边郁成王遮攻，杀汉使，取其财物"。[②]不难看出，宛王先前对张骞表示友善，只不过是他贪图"汉物"心理的真实表现，而杀汉使、劫汉物则进一步暴露了他贪图"汉物"，不愿与汉友善的真实面目。大宛国王毋寡这种阴恶阳善的行为，最终成了他被杀的起因。

大宛国王毋寡与大宛贵人，对自己杀汉使、劫"汉物"行为的后果，缺乏客观判断。他们认为："汉去我远，而（汉军）盐水中数有败，出其北有胡寇，出其南乏水草，又且往往而绝邑，乏食者多。汉使数百人为辈来，常乏食，死者过半，是安能致大军乎？"[③]其意是说：大宛国距离西汉路途遥远。西汉在向西域拓展中，曾在盐水（今罗布泊沙碛地区）地方数次打了败仗；西汉通往大宛道路之北是西汉劲敌匈奴，其南又是缺乏水草之地，不便行军，而且在很长的地段内没有城邑，不产五谷之地不少。以前，西汉使者常常是数百人为一批前来大宛，结果因缺乏食物而饿死大半。有鉴于此，西汉怎会派大军前来攻打大宛国呢？我们还知道，西汉是一个大国，大宛国相对而言是一个小国；西汉又是一个强国，而大宛国则是一个弱国；汉武帝当初为得到汗血宝马，曾采取派遣使者"请"宛王汗血宝马的友好态度，而大宛王则采取杀汉使、劫"汉物"等结仇于汉的作法。尤其是汉武帝这时正在大力开拓、巩固其在西域所建立"威德"，因此，在一定程度上讲，李广利率军伐宛是大宛王毋

---

① 《汉书》卷61《张骞李广利传》。
② 《汉书》卷61《张骞李广利传》。
③ 《汉书》卷61《张骞李广利传》。

寰的不当作法导致的。我们从以上种种情况分析，大宛国王毋寡和大宛贵人对杀汉使、劫"汉物"后果的判断无疑是完全错了。

大宛国贵人们临危发动政变，加速了宛王毋寡的被杀。大宛国贵人是大宛国的重要社会成员，个个位高权重，堪称宛王的左膀右臂，甚至他们对宛王的立废也拥有很大权力。按常理，大宛国贵人要支持国王毋寡抵抗汉军，但当汉军围困大宛城四十余日后，大宛国"固已忧困"，都城危在旦夕。在此危急形势下，大宛国贵人们为了缓解汉军围困，保全都城，从而共同谋划以牺牲国王毋寡性命以及向汉军"出善马"①的办法，竟然发动政变，杀害了国王毋寡。

（二）宛王被杀外因

宛王被杀的外因，主要在于西汉方面，同时也与康居国有一定关系。

汉武帝是一位喜好良马，尤其迷恋神马的帝王。当出使大宛国众多使者一再报告大宛国汗血宝马的消息后，他便对汗血宝马产生了强烈的占有欲。"请"宛王汗血宝马使者车令等的派遣、两次伐宛大军的出征等，都与他希图获得汗血宝马的欲望有直接关系。

汉武帝为得到汗血宝马，真是煞费苦心。当初，他确定了一个重要原则，即"请宛王贰师城善马"，意即采用友好协商的办法，不用武力抢夺措施。为此，他特地派遣车令等为使者，持"千金"和特制的"金马"出使大宛国。汉武帝虽然采取了友好态度，但宛王却杀了汉使车令等，并劫夺了汉使所带财物，这自然激起了他的恼怒。此后，汉武帝为了打败大宛国，又采取了一项意味深长的措施，即为李广利赐了一个"贰师将军"的称号，令其率军前往讨伐大宛国，获得汗血宝马。在李广利第一次伐宛失败，率领残存将士回到玉门关下，请求入关补充兵员、粮食，以利第二次伐宛，但武帝却下令遮于玉门关外，并下了"军有敢入者辄斩之"的命令。这也表明了李广利的第二次伐宛务必要取得胜利，获得汗血宝马，否则将受到严厉惩罚。据此来看，汉武帝希图打败大宛国，获得汗血宝马的强烈欲望和决心，是李广利对大宛国施加强大压力的根源。

车令等是汉朝"壮士"，曾被赋予重任，持"千金"与"金马"等

---

① 《汉书》卷61《张骞李广利传》。

贵重礼品，不远万里前往大宛国，"请"宛王汗血宝马。当车令等到达大宛国后，大宛人以"贰师马，宛宝马也"之故，不肯将汗血宝马给予汉朝。这时，带来贵重礼品的汉使车令等，以大国使者自居，对大宛国人傲慢无礼，并"妄言，椎金马而去"。其意是说，车令等因无法得到汗血宝马，便辱骂大宛人，并砸坏了所带"金马"，随后便扬长而去。对车令等的傲慢言行，大宛贵人极为不满，并说："汉使至轻我！"于是大宛国贵人便逼迫车令等离开大宛国都城回汉朝，又令大宛国东部的郁成王在途中拦截"杀汉使，取其财物"。① 据此来看，车令等在大宛国的傲慢言行，在加剧汉、宛两国矛盾，最终导致汉朝伐宛战争，以至在大宛国贵人发动政变，杀害宛王中起了一定诱发作用。

李广利两次伐宛，对宛王毋寡的被杀还起到了逼迫作用。李广利是受汉武帝宠幸的李夫人之兄，武帝早有封其为侯之意，但由于汉高祖"非刘氏不王，非有功不侯"遗言的限制而无法遂其心愿。正在这时，出使大宛国"请"宛王汗血宝马的车令等使者被杀，所带礼品被劫，而汗血宝马也未能"请"来，这便促使武帝决定以武力伐宛。为了让李广利索得汗血宝马，建立战功，以利封侯，武帝于是派李广利率军出征，并赐"贰师将军"称号。可是，李广利第一次伐宛，虽然经历了千辛万苦，但在未能到达大宛城的情况下被迫返回，结果被武帝下令阻拦于玉门关外，并以处斩相威胁，使其受到很大压力。此后，李广利奉命第二次伐宛。这次伐宛，李广利一行克服重重阻力和困难，终于到达大宛城下。当时，大宛国人进行了顽强抵抗，使李广利等无法轻易获得汗血宝马。在十分困难的条件下，为得到汗血宝马，李广利主要采取了三方面措施：一是采取长时间围困之策，先后围困大宛城四十余日；二是掘断流入大宛城的河流，不让河水流入大宛城，用断水之法逼迫大宛人交出汗血宝马；三是采用强攻战法，毁坏大宛城外城，逼迫大宛人投降。② 这三项威逼措施，使大宛国人受到极大压力，且面临城破国亡的严峻形势。在这种情况下，大宛国贵人迫不得已共谋杀害了国王毋寡。

康居国背弃诺言，不予出兵救援，采取观望态度，使得大宛国人感

① 《汉书》卷61《张骞李广利传》。
② 《汉书》卷61《张骞李广利传》。

到孤立无助，丧失了战胜汉军的信心，陷入绝望境地。康居国位于大宛国之北，居民约60万，兵12万，为游牧国家，"东羁事匈奴"①，即是一个臣服于匈奴的西域国家，对西汉向西域的发展不满。在李广利率军伐宛之初，康居与大宛国结盟，并承诺援助大宛国击汉军。如在汉军攻克大宛国城外城时，大宛国贵人曾商议说：汉军若不接受我国"尽出善马，恣所取，而给汉军食"的条件，我国将尽杀善马，届时"康居之救又且至。至，我居内，康居居外，与汉军战"。可是，"是时，康居候视（意即侦察）汉兵尚盛，不敢进"②。很显然，康居国背弃原先救援大宛国的承诺，采取观望态度，使大宛国贵人在战胜汉军方面绝望了，因此，杀宛王、降汉军是很自然的事。

第二节　汗血宝马藏匿"贰师城"与李广利专力攻打"宛城"问题

在有关汗血宝马的历史文献中，对一些问题的记载颇令人费解，汗血宝马藏匿于"贰师城"，而李广利率军第二次伐宛时则放弃"贰师城"专力攻打"宛城"就是这类问题之一。那么，这里的"贰师城"与"宛城"，是有不同名的同一座城还是各有一名的两座城？若是两座城，那李广利伐宛时为何不去攻打"贰师城"直接夺取汗血宝马？据此来说，若要能够正确回答"贰师城"与"宛城"的问题，还得费一些辨析的工夫。

一、"贰师城"与"宛城"辨析

"贰师城"与"宛城"两城名，《汉书·张骞李广利传》在记载汗血宝马问题时多有运用，而《资治通鉴》在述及汗血宝马问题时也曾重提以上两城名。不过，若仔细分析有关记载，即可发现文献对"贰师城"与"宛城"的记载却存在着明显不同。

---

① 《汉书》卷96《西域传上·康居国》。
② 《汉书》卷61《张骞李广利传》。

"贰师城"之名见诸史载，大多与大宛国藏匿汗血宝马有关。如出使大宛国的汉使曾说：大宛国善马"在贰师城，匿不肯示汉使"；汉使车令等持千金及金马以请宛王"贰师城善马"；大宛国王与诸贵人商议说："'贰师马，宛宝马也。'遂不肯予汉使"①。《资治通鉴》也说：汉使入西域者言："宛有善马，在贰师城，匿不肯与汉使。"②胡三省注《资治通鉴》"贰师"引张晏曰："贰师，大宛城名。"③以上记载虽不很多，但所说都很明确，因此我们完全可以据此断言："贰师城"是大宛国的一座城，当时这座城大宛国人特地用来藏匿汗血宝马。

"宛城"亦称"宛"，它在史籍中的出现，与"贰师城"之名见诸史载存在着较大区别。如《汉书》记载李广利第二次伐宛前情况时写道："宛城中无井，汲城外流水，于是遣水工徙其城下水空以穴其城"；李广利第二次伐宛途经轮台向西，"平行至宛城"，"乃先至宛，决其水源，移之，则宛固已忧困。围其城，攻之四十余日"；李广利"闻宛城中新得汉人知穿井"术，又担心康居兵前来攻打故罢兵。④以上记载中，出现了两个"宛"和三个"宛城"，但如果仔细辨析文意，就会发现"乃先至宛"中之"宛"和"宛固已忧困"中之"宛"，都是指宛城。至于三个"宛城"，其情况有点特殊，其中"平行至宛城"说中之"宛城"二字，是城的全称；"宛城中无井"和"闻宛城中新得汉人知穿井"二说中，"宛"似是"宛城"的简称，而二"城"字则与其后面几个字分别组成了"城中无井"和"城中新得汉人知穿井"两个词组。我们作这样的辨析后，就可以清楚地看出，这里的"宛"和"宛城"不是大宛国藏匿汗血宝马的大宛国"贰师城"。《资治通鉴》记载李广利伐宛问题时也曾沿用了《汉书》以上说法。这无疑进一步证明了"宛城"既不是"贰师城"，也未藏匿有汗血宝马。

然而，就史籍记载而言，"宛城"或"宛"虽然不是"贰师城"，也未藏匿有汗血宝马，但它在大宛国却是一座颇不寻常之城。在李广利第二次伐宛时，汉军曾攻"坏"了宛城之"外城"，大宛国人便逃入了

---

① 《汉书》卷61《张骞李广利传》。
② 《资治通鉴》卷21，武帝太初元年秋八月条。
③ 参见《资治通鉴》卷21武帝太初元年秋八月条注。
④ 《汉书》卷61《张骞李广利传》。

"中城"。据此推断，宛城是有外、中、内三重城墙之城。又在此时，大宛国贵人（贵族或大臣）在宛城发动了政变，杀了国王毋寡，并派人将毋寡之头送到城外汉军兵营，交给了李广利。这说明，"宛城"是大宛国王毋寡和诸贵人的治国之所。毫无疑问，这里的"宛城"或"宛"具有大宛国都城的性质和特点。

那么，这"宛城"或"宛"，是否真的是大宛国的都城？对此，《汉书》有一条很值得重视的记载：李广利在第一次伐宛到达大宛国东部的"郁成"城时，遭遇宛军的顽强抵抗，使汉军损失惨重。这一仗导致出征时的"数万人"汉军仅剩"数千"人了。鉴于这种情况，李广利便与同行的诸将领商议道："至郁成尚不能举，况至其王都乎！"[①]其意是说：我们汉军连大宛国的郁成城都未攻下，怎么能去攻打大宛国都城呢？从这里我们还可看出，李广利伐宛的根本目标就在于攻打大宛国的都城，即"宛城"或"宛"。同时，李广利在第二次伐宛途中，当汉军抵达郁成城附近地方时，李广利为避免重蹈第一次伐宛之覆辙，于是只留下少量军队攻打郁成城，而军队主力则径直奔向"宛城"或"宛"，继而展开了长时间艰苦的攻坚战。至此，我们完全可以肯定，"宛城"或"宛"就是西汉时大宛国的都城。

可是，《汉书·西域传上·大宛国》条却明确载道："大宛国，王治贵山城"。这里的"贵山城"无疑也是西汉时大宛国都城。这样，我们前面的结论是否与此说发生了严重抵牾？对此将作何解释？

综观以上所述，笔者认为，《汉书·张骞李广利传》关于大宛国都城为"宛城"或"宛"之说与《汉书·西域传上·大宛国》条关于大宛国都城为"贵山城"之说都是正确的，它们是同一座城，尚不存在抵牾之处。这其中原因说来比较简单，笔者认为，"宛城"或"宛"与"贵山城"是大宛国异名同城的历史地名，因此从地名渊源与地名命名规律角度对其加以说明，那抵牾之处自然就被轻而易举排除了。

为便于行文起见，先来讨论"贵山城"问题。"贵山城"是由"贵山"与"城"两词构成。"贵山"疑为大宛国民族语的汉译名（其意不详）；"城"是《汉书》作者根据汉代城镇命名习惯附加上去的一个汉

---

① 《汉书》卷61《张骞李广利传》。

语词。在唐代时，"贵山"城更名后汉译为"渴塞"，是拔汗那国都城；清朝时，属霍罕国，译名为"那木干"；现属乌兹别克斯坦，译名为"纳曼干"。

"宛城"之名与"贵山城"之名，具有类似情况，也有歧异之处。"宛城"是由大宛国民族语的汉译名"宛"与《汉书》作者附加的"城"字共同构成。但问题是，"宛城"之"宛"本为大宛国国名[①]，而《汉书》作者则按先秦秦汉时期中原地区人们的习惯称其国都名为"宛城"或"宛"[②]。这就是说，大宛国人称其都城为"贵山"城，而《汉书》作者则以其国名为其都城名，所以，李广利攻打"宛城"，实际上就是攻打"贵山"城。

二、李广利专力攻打"宛城"之原因

汉武帝在急欲获得汗血宝马欲望的驱使下，派壮士车令等为使者持千金及金马前往大宛国"请宛王"汗血宝马，但其结果却是车令等被杀，所带礼品被劫，试图获得汗血宝马的目的未能达到。在此情况下，按常理分析，李广利奉命率军"伐宛"的任务，应该是去专力攻打大宛国藏匿汗血宝马的贰师城，直接以武力夺取汗血宝马。可是事实上，李广利在第二次伐宛时，则放弃贰师城，专力去攻打大宛国都城"宛城"了，这其中原因到底何在？若从《汉书》有关记载分析，李广利伐宛中，专力攻打"宛城"原因，主要有以下三个方面：

---

① 西汉时，西域存在两个"宛"国，一在今新疆东南部，因其国小，故汉朝人称之为"小宛国"；一在中亚费尔干纳盆地及其周围地区，因其国大，故汉朝人称之为"大宛国"。大宛国国名本来称"宛"者，《汉书·张骞李广利传》中不乏其例证：如"及得宛汗血马""宛马""宛国饶汉物""伐宛""宛兵弱……即破宛矣""天子业出兵诛宛"等词语中之"宛"，都是指大宛国之国名。

② 在中国古代历史上，部分割据政权的国与都同名是较为普遍的现象，如春秋时期东周的国与都，均称"周"；吴国的国与都，亦称"吴"。战国后期，越灭吴国，迁都于今苏州，改"吴"为"越"，又形成国与都同名现象；楚国向东发展后，先后以今淮阳和寿县为都，并分别将这二城改名为"楚"，同样形成了国、都同名现象。据此来说，西汉与东汉人曾沿袭先秦以来传统，用大宛国国名称其都城了。

（一）为"诛首恶者毋寡"

贰师将军李广利奉汉武帝命令两次率军"伐宛"时，所肩负的首要任务是什么？有学者认为是夺取大宛国的汗血宝马。如果真的是这样的话，那李广利两次率军进入大宛国后，应该径直奔向藏匿汗血宝马的贰师城作战，可事实并非如此。从史籍记载得知，李广利两次"伐宛"所定作战地点都是其都城"宛城"。这显然说明，李广利两次"伐宛"的首要任务并不在夺取汗血宝马。

从史籍记载还得知，汉武帝有着获得汗血宝马、占有汗血宝马的强烈欲望，但他所确定李广利率军"伐宛"的首要任务之一则是"诛首恶者毋寡"。据《汉书·张骞李广利传》记载，在第二次"伐宛"中，当大宛国贵人杀了国王毋寡，并将毋寡之头送交李广利后，李广利曾暴露心声道：伐宛"计以为来诛首恶者毋寡"。这一记载清楚不过地说明，李广利两次率军"伐宛"的首要任务，确实不是夺取汗血宝马，而是在于"诛首恶者毋寡"。

李广利奉命"伐宛"，把"诛首恶者毋寡"确定为首要任务，这主要是由宛王毋寡不恰当、不友好的行为造成的。在此之前，当出使大宛国的汉使希望看到汗血宝马时，宛王毋寡便将汗血宝马藏匿到了贰师城；此后，汉武帝派出使者车令等，持千金及金马等贵重礼品前去"请"宛王汗血宝马，而宛王竟杀汉使、劫汉物，其举动十分不友好。汗血宝马是大宛国"宝马"，为保护它既可以藏匿起来，也可以不送给汉朝，但杀汉使、劫汉物的举动，无论怎样看待也谈不上友好。因此，引起汉武帝大怒，并派兵"诛"居于国都"宛城"的宛王毋寡无疑是很自然的。

（二）为巩固汉武帝在西域的"威德"

汉武帝是一位胸怀宏图大志的帝王，在反击匈奴战争逐渐取得胜利，尤其继张骞第一次出使西域后，一批批汉使从西域带回诸国奇异信息，这便激发了他开拓西域，在西域建立"威德"①的浓厚兴趣。《汉书·西域传上》说："汉兴至于孝武，事征四夷，广威德，而张骞始开西域之迹"。张骞在第二次出使西域之前，曾向武帝出谋献计说："大月氏、康居之属，兵强，可以赂遗设利朝也。诚得而以义属之，则地广

---

①即在西域诸国，确立西汉威势和广施西汉的恩德，实即开拓疆域。

万里，重九译，致殊俗，威德遍于四海"。武帝听后，"欣欣以骞言为然"①。在第二次伐宛战争胜利后，西汉又"发使十余辈至宛西诸外国，求奇物，因风览以伐宛之威德"②。这充分说明，汉武帝开拓西域，其根本目的在于建立"威德遍于四海"的文治武功。

然而，汉武帝开拓西域，以及在西域建立"威德"的努力，并不很顺利，如楼兰与姑师常常"攻劫汉使"；车令等"请宛王"汗血马时，又遭大宛国杀汉使、劫财物的结局。在这种形势下，汉武帝如果放任"攻劫汉使"的现象长期存在，以至恶性发展，他在西域建立"威德"的努力必将遭到更加强烈的抵制和蔑视，甚至会使已有"威德"丧失殆尽。所以，在李广利第一次伐宛战争失利后，汉朝公卿们都担心："宛小国不能下，则大夏之属渐轻汉，而宛善马绝不来，乌孙、轮台易苦汉使，为外国笑"，故又于太初三年（前102年）不惜引起"天下骚动"，竟又再次出兵伐宛，以利进而巩固西汉在西域的"威德"。

我们还知道，汉武帝是伐宛战争的主要决策人，他的言论在说明伐宛战争的主要原因方面，必然具有特殊的说服力。汉武帝《天马之歌》曰："天马来兮从西极，经万里兮归有德。承灵威兮降外国，涉流沙兮四夷服。"③《天马歌》曰："天马徕，从西极。涉流沙，九夷服。"④这两首歌中的"天马"，均指汗血宝马。汗血宝马不远万里，从西极东来，是因汉朝之威德，其显示四夷、九夷对汉朝的臣服。这两首歌同样说明，为巩固四夷臣服的"威德"是伐宛的根本目的。从以上可以清楚地看到，李广利攻打宛城是为了巩固西汉在西域所建立的"威德"。

（三）为防止"诛"宛城兵力的消耗

在李广利奉命伐宛之前，汉武帝已经为其确定了攻打"宛城"和"诛首恶者毋寡"的重要任务，同时也明确了巩固汉在西域"威德"的根本目的。李广利要能在伐宛中完成如此艰巨的任务和达到如此重要的目的，征集和保持充足兵力是十分重要的。

然而，李广利伐宛征途漫长，约达一万二千多里，其间还分布有若

---

① 《汉书》卷61《张骞李广利传》。
② 《史记》卷123《大宛列传》。
③ 《史记》卷24《乐书》。
④ 《汉书》卷22《礼乐志》。

干大面积沙漠、戈壁等难以跋涉和缺水之地，而且途中居民稀少，粮食极难得到补给。因此，仅行军途中就难免发生消耗兵员之事。大宛国王毋寡等曾商议道："汉去我远，而盐水中（今罗布泊地区）数有败，出其北有胡寇，出其南乏水草，又且往往而绝邑，乏食者多。汉使数百人为辈来，常乏食，死者过半，是安能致大军乎？"①看来，汉朝征宛吏卒，要能全额到达作战地区并非易事。

再说，既然宛王把汗血宝马藏匿于贰师城，不让汉使看见，那宛王肯定会派兵保护贰师城的。显然，在这种情况下，汉兵若直接去攻打贰师城，造成兵员的一定损失自然是难以避免的。这说明，李广利先行攻打贰师城不仅会消耗兵员，对完成"诛"宛王和巩固汉在西域"威德"不利，甚至还会造成相反的后果。

第三节　安史之乱后西域各国所贡马中有没有"汗血宝马"

从汉武帝太初四年（前101年）到明神宗万历四十六年（1618年）的1700多年间，大宛等西域国家向中原各王朝贡献的马匹，其名称存在阶段性差异。就史籍记载而言，基本上以唐玄宗天宝十四年（755年）为界，此前所贡马名称主要为"汗血马""名马""良马"与"天马"等，而此后所贡马名称主要有"马""西马"和"西域马"等。这种西域各国所贡马名称的阶段性差异，引起笔者对安史之乱后所贡马中有没有纯种"汗血宝马"问题的关注。

一、安史之乱后西域各国贡马概况

在安史之乱后，西域各国向中原王朝贡献马匹，主要集中在元、明时期。在这一时期所贡献马匹，其次数之多、数量之大是前所未有的。

在元朝时，西域所贡献马匹，史籍多不记匹数。元武宗至大元年

---

① 《汉书》卷61《张骞李广利传》。

（1308年）九月，泉州大商人马合马丹进贡"西域马"①；仁宗皇庆元年（1312年）二月，察合台汗也先不花遣使贡"马驼"②；皇庆二年（1313年）二月，察合台汗也先不花再次"进马"③；泰定帝泰定三年（1326年）正月，不赛因遣使献"西马"④，七月献"驼马"，十一月献"马"⑤；泰定四年（1327年）三月，诸王槊思班、不赛亦等遣使献"西马"⑥；文宗至顺二年（1331年）十二月，秃列帖木儿遣使献"西马"⑦；至顺三年（1332年）二月，答儿马失里、哈儿蛮各遣使献"西马"⑧。

在明朝时，西域各国贡献马匹的次数更多，同时史籍又将洪武时所贡马匹的数量作了记载。如洪武二十年（1387年）四月，撒马尔罕驸马帖木儿遣使"贡马十五"⑨匹；二十一年（1388年）九月，撒马尔罕驸马帖木儿贡"马"300匹；二十二年（1389年）九月，撒马尔罕贡"马"205匹；二十三年（1390年），撒马尔罕回回舍怯儿阿里义等以"马"670匹抵凉州互市；二十四年（1391年）八月，撒马尔罕驸马帖木儿贡"驼马"；二十五年（1392年）三月，撒马尔罕附马帖木儿贡"马"84匹；二十七年（1394年）八月，撒马尔罕驸马帖木儿"贡马二百"⑩匹；二十八年（1395年）七月，撒马尔罕贡"马"212匹；二十九年（1396年）正月，撒马尔罕贡"马"240余匹，四月贡"马"1095匹。

从永乐年间开始，史籍仅载西域各国贡马次数，而不再详载马的匹数了。以下仅列举部分资料来说明永乐及其后贡马概况。如永乐十一年（1413年）六月，哈烈、撒马尔罕、失喇思、俺的干、俺都准、哈实哈儿等贡"西马"；十六年（1412年）八月，哈烈沙哈鲁、撒马尔罕兀鲁伯等遣使贡"名马"，十一月贡"马"。仁宗洪熙元年（1425年）八月，撒马尔罕回回失里撒答、乞儿蛮回回马黑木等来贡"马"。宣宗宣德年

---

① 《元史》卷22《武宗纪一》。
② 《元史》卷24《仁宗纪一》。
③ 《元史》卷24《仁宗纪一》。
④ 《元史》卷30《泰定帝纪二》。
⑤ 《元史》卷30《泰定帝纪二》。
⑥ 《元史》卷30《泰定帝纪二》。
⑦ 《元史》卷35《文宗纪四》。
⑧ 《元史》卷36《文宗纪五》。
⑨ 《明史》卷332《西域传四·撒马尔罕》。
⑩ 《明史》卷332《西域传四·撒马尔罕》。

间（1426—1435年），撒马尔罕、哈烈等贡马10多次。英宗正统年间
（1436—1449年），撒马尔罕等贡"马"4次之多。孝宗弘治年间
（1488—1505年），撒马尔罕、天方国等先后贡"马"2次。武宗正德年
间（1506—1521年），撒马尔罕、他失干等先后贡"马"6次。世宗嘉靖
年间（1522—1566年），撒马尔罕、天方、鲁迷等也先后贡"马"多次。
神宗万历年间（1573—1620年），天方国、撒马尔罕、鲁迷等先后贡
"马"多次。

元、明时期，陆上丝绸之路基本畅通，中原与西域各国间交往频
繁。西域诸国尤其以撒马尔罕（即汉大宛国辖地）为主的各国，数十次
遣使前来贡马，形成了古代西域各国贡马的一个高峰时期。

二、安史之乱后西域各国所贡马中有没有"汗血宝马"

在安史之乱前，西域各国向中原王朝所贡马中有以"汗血马"为称
者，而此后所贡马史籍多称"马""西马"与"西域马"，绝大多数不称
"汗血马"。史籍的这种记载究竟意味着什么？这个问题，只有进行一番
分析之后才能作出较为合理的回答。

根据史籍记载和笔者的研究，安史之乱后西域各国所贡马不以"汗
血马"为称者，主要基于以下三方面原因：

首先，安史之乱后西域纯种"汗血宝马"或许不再"汗血"或很少
"汗血"了。"汗血宝马"是马的一种品种，其品种名为"阿哈尔捷金
马"。这种马的最初祖先每一匹都"汗血"，但到张骞在大宛国发现这种
马时，"汗血"已成了其"个体现象"。同时，部分专家经研究还认为，
"阿哈尔捷金马"的"汗血"还与气温的高低有密切关系。正如马匹研
究专家崔忠道指出：汗血病"常在每年四月份开始发病，七八月份达高
潮，以后逐渐减少，来年又复发"[1]。崔先生这一科学见解表明，在气
温低时，"汗血"现象不易发生，但当气温逐渐升高时，"汗血"现象
也就逐渐发生，每当气温升到最高时，"汗血"现象也就"达高潮"。
从以上规律性现象我们还可以进一步得知：在气温高的历史时期（或阶

---

[1] 文景：《追寻汗血马》，《深圳周刊》，http://www.wsjk.com.cn.。

段），阿哈尔捷金马的"汗血"现象势必频发，而在气温较低的历史时期（或气候的寒冷期），阿哈尔捷金马的"汗血"现象自然就低发和不发了。著名气象学家、地理学家竺可桢先生，根据物候和方志资料研究认为，从北宋中期至1900年，我国气候处于一个新的寒冷期，并提出结论性看法说：在我国气候的冷热循环中，"任何最冷的时期，似乎都是从东亚太平洋海岸开始，寒冷波动向西传布到欧洲和非洲的大西洋海岸"①。我国元、明二王朝正好处于竺先生所论寒冷期内，而"汗血宝马"的故乡中亚地区恰好也在竺先生所论寒冷地域之内，这就是说，这一时期阿哈尔捷金马不"汗血"或少"汗血"是有一定可能的。那么，客观情况是否真的是这样呢？这方面有没有可供印证的资料？我们知道，在蒙元和明朝时期，部分中原人曾游历过"汗血宝马"的故乡，还有一些人曾以国使身份出使过"汗血宝马"的故乡，尤其是他们还留存下来了具有重要史料价值的游记和著作，其中有耶律楚材的《西游录》、李志常的《长春真人西游记》、陈诚与李暹的《西域行程记》和《西域番国志》等。然而，这些大篇幅涉及"汗血宝马"故乡风土人情问题的著作却均未提及当地马匹"汗血"问题。这种情况不是正好印证了当时当地的马匹不再"汗血"或很少"汗血"的客观情况吗？

其次，安史之乱后西域各国所贡马或许多为杂交马。在从汉武帝到安史之乱的这一时期，西域大宛等国在向中原王朝贡献"汗血"之马的同时，也曾贡献了部分不"汗血"之马。如三国时，"康居、大宛献名马"②；唐高祖武德中，康国（汉时属大宛国）"献马四千匹"③；玄宗开元二十一年（733年），可汗那（亦称拔汗那，即汉时大宛国）王米施遣使"献马"④；开元二十九年（741年），拔汗那王又遣使"献马"⑤；天宝五年（746年）三月，石国（汉时属大宛国）王遣使"献马十五

---

① 竺可桢《中国近五千年来气候变迁的初步研究》，《竺可桢文集》，北京：科学出版社，1979年，第495页。

② 《三国志》卷4《魏书·三少帝纪》。

③ 《唐会要》卷72《诸蕃马印》。

④ 《册府元龟》卷971《外臣部·朝贡四》，《文渊阁四库全书》第919册，台湾商务印书馆影印，第272页。

⑤ 《册府元龟》卷971《外臣部·朝贡四》，《文渊阁四库全书》，第919册，台湾商务印书馆影印，274页。

匹", 六年又 "献马"① 等。以上不以 "汗血马" 为称之马, 极有可能
就是不 "汗血" 之马。然而, 这些不 "汗血" 之马进入中原之后, 同样
受到了重视, 尤其是三国曹魏还把这种马 "归于相府, 以显怀万国致远
之勋"②。以上情况说明, 这些马除了不 "汗血" 之外, 其余生理特征
可能与 "汗血宝马" 极为相似。这种生理特征的极为相似, 势必从 "汗
血宝马" 与当地其他马种杂交而来。因此, 元、明时期, 西域各国所贡
马匹中有纯种汗血宝马是极有可能的, 但大多数也有可能是杂交马。

第三, 安史之乱后西域各国所贡马中或许有一部分不是阿哈尔捷金
马。大宛国汗血宝马是阿哈尔捷金种马, 这就是说, 非阿哈尔捷金种马
者都不是汗血宝马, 因此也谈不上 "汗血" 了。在安史之乱前的唐高祖
武德年间, 康国曾经一次 "献马四千匹"。汗血宝马是特别优良之马,
试想, 康国一次就能献如此之多的纯种汗血宝马吗? 如果康国所贡确属
汗血宝马, 那史家为何不以 "汗血马" 相称? 我国古代史家, 向来遵循
据史直书的优良传统, 如像汗血宝马这一在国内不带任何政治色彩, 根
本没有必要运用曲笔记载, 更不需要为任何人隐讳什么问题, 史家肯定
会据史直书的。据此说来, 安史之乱后所贡马中必然会有一部分马匹是
阿哈尔捷金种马之外别的马种之马, 有鉴于此, 史家不称 "汗血宝马"
是在情理之中的。

综上所述, 安史之乱后在原两汉大宛国境内所建国家, 先后向元、
明等王朝所贡献马匹中, 有少量应是汗血宝马 (只是这一时期已不再
"汗血" 了), 但也有相当数量应是汗血宝马与其他土种马的杂交马, 可
能还有一些当地其他土种马。从这里可以清楚地看出, 元、明时期西域
各国所贡马不以 "汗血马" 相称的真正原因了。

第四节　古代汗血宝马参与作战说考述

汗血宝马东入中原后参与作战说自古有之, 而以近年诸说更显具体

---

① 《册府元龟》卷971《外臣部·朝贡四》,《文渊阁四库全书》第919册, 台湾商务印书馆影
印, 第275、276页。
② 《三国志》卷4《魏书·三少帝纪》。

和新奇。汗血宝马个高、蹄坚、跑速快，古代时将其投入作战似乎在情理之中。但客观事实究竟如何，这自然需要进行一定考辨。

一、西汉时汗血宝马参与对匈奴作战说

近年来的汗血宝马参与作战说，无一例外说的都是西汉时对匈奴的作战。有关说法把汗血宝马对匈奴的作战情况描述得颇为具体与生动，其情景犹如有关学者亲睹过一样。这方面具有代表性的说法，主要有以下一些：

在中央电视台2002年8月11日的《新闻夜话》座谈节目中，王铁权研究员说：汗血宝马"擅长舞步，擅长跳舞，在汉代把这马引进以后，跟匈奴打仗的时候，这马就上前线了。它上前线以后（大家）都看着它，对面是匈奴的军队，这面是汉朝的军队，很多人都看着它。它以为是要看它表演呢，就在战争第一线跳舞"。节目主持人问道："它在前线跳舞，两边战士看？"王铁权答道："因为它习惯于表演，它也不知道这里是战场。当时匈奴非常闭塞，没见过这么好的马，这么高的马它会跳舞，看到这些以后，他们就跑了，仗就不打了。"①

《神话中走来的汗血马》一文说："当补充了汗血马的汉朝军队与匈奴在战场上又一次面对面时，比匈奴马整整高出20厘米的汗血马，引起了匈奴人的好奇。因为汗血马平素最喜欢表演，两军阵前，却被它们当成了表演场，居然踏起了舞步。说也奇怪，匈奴人看到这一幕，竟不战而退，从而结束了多年之战。"②

《"汗血宝马"的秘密》一文报道说："引进了'汗血马'的汉朝骑兵，果然战斗力大增。甚至还发生了这样的故事：汉军与外军作战中，一只（支）部队全部由汗血马上阵，敌方人数众多，刮目相看。久经训养的汗血马，认为这是表演的舞台，作起舞步表演。对方用的是矮小的蒙古马，见汗血马高大、清细、勃发，以为是一种奇特的动物，不战自退。"

以上我国学者有关西汉时汗血宝马参与对匈奴作战诸说，虽然文字

---

① 南方网：《金庸等谈土库曼斯坦赠送的汗血宝马》，中央电视台《新闻夜话》2002年8月11日。

② 《神话中走来的汗血马》，《我们爱科学》，2002年，第21期。

表述各异，但其大意则基本相同。为了判定以上诸说法可信与否，笔者曾先后查阅了《史记·大宛列传》《史记·匈奴列传》《史记·孝武本纪》，继而又查阅了《汉书·匈奴传》《汉书·武帝本纪》以及首批汗血宝马入汉后率军出征匈奴诸将领，如李广利、公孙敖、韩说、路博德、商丘成等传，同时还查阅了《汉武故事》等稀见文献，均未查阅到汗血宝马参与对匈奴作战的记载。至于是否还有其他文献有这方面的记载，需待今后再查阅。

其实，以上汗血宝马参与对匈奴作战诸说法的出典，本不需要查阅历史文献，只要看一下中央电视台2002年8月11日《新闻夜话》节目中香港作家金庸先生的话就清楚了。金庸先生通过"热线电话"说："我听到这个（指土库曼斯坦领导人向我国赠送汗血宝马——阿赫达什）消息很开心，也更印证了我的小说中提到的这个事情。（这是）很让人高兴的一件事……不过我写的郭靖的这匹马，它跑了之后出的汗是红色的，好像血一样的。他当时吓了一跳，后来他师傅才告诉他这匹马是汗血宝马。……从汉朝以来一直有诗人写（有关汗血马的）诗。"[1]原来，金庸先生所说汗血宝马参与作战的根据来自他的书，即《射雕英雄传》，而《射雕英雄传》中所说与"汉朝以来一直有人写诗"的启发有一定关系。如果这一分析不错的话，那就是说金庸先生书中汗血宝马参与作战本无历史文献根据。因而，受金庸先生的小说《射雕英雄传》和同名电视连续剧影响提出和渲染汗血宝马参与作战及在战场上跳舞的可信性就可想而知了。显然，西汉时汗血宝马对匈奴作战说只能是推测、想象而已。

二、东汉及之后汗血宝马参与作战说

在东汉及东汉以后的文献中，对汗血宝马参与作战的问题有着个别记载和少量描述。有关记载和描述，究竟是客观记述还是借助汗血宝马之名所作的渲染和发挥，这些自然需要作一定的辨析。

---

[1] 南方网：《金庸等谈土库曼斯坦赠送的汗血宝马》，中央电视台《新闻夜话》2002年8月11日。

（一）对文献记载中汗血宝马参与作战问题的辨析

在古代文献中，有关东汉及其之后汗血宝马参与作战问题的记载很少。现在所查阅到的是以下几条：

《后汉书·段颎传》记载：灵帝建宁"三年（170年）春，（段颎）征还京师，将秦胡、步骑五万余人，及汗血千里马、生口万余人"[①]。问题是，这一记载中的"汗血千里马"，是否东汉的军马？如果是军马，那就表明汗血宝马参与了作战，否则就另当别论了。经查阅《后汉书·段颎传》和《西羌传》，均无"汗血千里马"是东汉军马和参与对西羌作战的记载。如果我们对上述记载进行仔细分析，即可发现《后汉书·段颎传》是将"汗血千里马"与东汉军队所俘获的羌人"生口万余人"相并列的，据此可以断定，上述"汗血千里马"不是东汉军马，亦无参与对羌人作战的可能。显然，我们将"汗血千里马"认定为羌人之马是不会有何不妥的。那么，羌人是否骑着"汗血千里马"对东汉军队作过战呢？有关这一点也无任何可供研究的文证。

据《全唐文·命吕休璟等北伐制》说：唐右领军卫将军兼检校北庭都护、碎叶镇守使吕休璟等讨伐西突厥时，"贾勇于饮醴之夫，以一当万；扬威于汗血之骑，左萦右拂"[②]。这是涉及"汗血之骑"问题的又一条记载。那么，这里的"扬威于汗血之骑"说，是否指的是真正的汗血宝马和汗血宝马参与作战的客观情况呢？据笔者所知，在古代文献中，每当称颂将领战功时，多称"汗马"或"汗马功劳"，而此处则称"汗血之骑"。这显然是说，"汗血之骑"就是汗血宝马。再若联系吕休璟等将领率军作战之地在西域，其敌方是居于原大宛国附近地区的西突厥，据此可以断定，吕休璟等得到当地汗血宝马或与汗血宝马有一定血缘关系之马是极有可能的。如果这一分析能够成立，这说明汗血宝马在唐代曾参与过作战。

（二）古诗对汗血宝马参与作战情况的描述

我国古代诗人，通过诗篇对汗血宝马参与作战情况作了少量描述。笔者所查阅到的全是唐、宋、明各代诗篇中，其中有的描述简略，有的

---

① 《后汉书》卷65《段颎传》。
② 苏颋：《命吕休璟等北伐制》，《全唐文》卷253。

描述较详。从这些诗篇中，我们大致可以了解到汗血宝马参与作战情况描述的特点。

唐代诗人高适《送浑将军出塞》诗云："将军族贵兵且强，汉家已是浑邪王。子孙相承在朝野，至今部曲燕支下。控弦尽用阴山儿，登阵长骑大宛马。"①此诗中的"将军"疑是唐将浑瑊的曾祖浑元庆或祖父浑大寿（此二人都曾任皋兰都督，负责防御吐蕃），但具体为谁，尚难断定。"浑邪王"系指西汉时率部归汉的匈奴浑邪王。浑瑊家族是汉浑邪王部的后裔。此处的"大宛马"应是指来自大宛国的良马或大宛马进入唐朝后繁育的后代。如果这一分析能够成立的话，那就是说未以"汗血马"为称的浑将军所骑"大宛马"，极有可能是大宛马种之马，并非是纯种汗血宝马。岑参《武威送刘单判官赴安西行营便呈高开府》诗云："西望云似蛇，戎夷知丧亡。浑驱大宛马，系取楼兰王。"②在这首诗中，"大宛马"亦不以"汗血马"为称，这表明这里的"大宛马"也不是纯种汗血宝马，但其参与作战是可以肯定的。

宋、明时期的诗人，也在诗中描述过汗血宝马参与作战的一些情况。宋人吴泳《安西马》诗云："月协霜飞镜夹瞳，龙媒扫尽朔庭空。"③此处的"龙媒"，是汗血宝马的又一名称，据此可知，吴泳在诗中所描述的是汗血宝马参与对北方民族扰边活动作战的简要情况。明代人陶安《五花马》诗，对名为"五花马"的汗血宝马的来历及参与作战情况，作了较为详细的描述。如陶安诗云："五花马，雪踠骄春赤云胯。前年来从冀北野，蹄不惊尘汗流赭。将军见马筋骨奇，不惜千金买得之。持鞚使马或徐疾，马不能言意自知。骑向边城频出战，背长鞍花肩着箭。敌兵四合突重围，救出将军走如电。将军归，向马拜，谢汝龙驹脱吾害。"④这首诗告诉我们，这匹汗血宝马来自"冀北野"，奔跑起来"汗流赭"，它曾被一位将军骑着去"边城频出战"，并曾在作战中"肩着箭"，结果被"敌兵四合"围，但这匹汗血宝马仍然"救出将军走如电"。据此看来，这是一匹英雄之马，一匹近乎超凡脱俗之马。毫无疑问，这首诗所

①《御定全唐诗录》卷15，《文渊阁四库全书》第1472册，第254页。
②《御定全唐诗录》卷14，《文渊阁四库全书》第1472册，第229页。
③《全宋诗》卷2943，第56册，北京：北京大学出版社，1998年，第35078页。
④《全明诗》卷71《陶安10》，第3册，上海：上海古籍出版社，1994年，第213页。

描述的完全是一匹真正的汗血宝马参与作战的客观情况。至于这匹汗血宝马究竟是由中亚国家贡献而来，还是由"冀北野"地区繁育而来，目前尚无据以论定的任何史料。

综上所述，在东汉及之后文献中所记载、古诗中所描述汗血宝马参与作战的情况，有的显然是信史，而有的则明显缺乏可信性。既使成为信史的资料，也不可能成为一些专家有关西汉时汗血宝马一入汉就上战场作战说法的依据。

第五节　2000年之前国内外对汗血宝马问题研究的主要成果及其局限

从汉武帝时汗血宝马进入中国直至今日，国内外学者关注汗血宝马问题的倾向性情况，明显表现为各具特点的三个阶段，即从汉武帝时至明末，为记述汗血宝马问题阶段；清初至1999年底，为初步研究汗血宝马问题阶段；2000年至今，为汗血宝马重现与进一步探索阶段。在从清初至1999年底的初步研究汗血宝马问题阶段，国内外学者曾有部分成果相继面世，但数量很少，局限性较大，未能全面揭示汗血宝马诸问题的本质。

一、国内学者的主要成果

自西汉以来，中国人总是对汗血宝马存在着好奇心，总是关心着它的东来及其在中国的生活情况。从司马迁开始，很多中国人都曾对汗血宝马进行过记述、吟咏和描绘、刻石，而且还就汗血宝马"汗血"原因等问题进行探讨。

中国古代学者对汗血宝马诸问题尤其"汗血"原因问题的探讨，究竟始于何时，目前尚无法下断语。不过，据作者所见，为时较早者当属清祁韵士《西陲总统事略·渥洼马辩》了。此后，虽然仍有研究成果面世，但数量很少。这里仅就清代至1999年间主要成果予以简介。

（一）清祁韵士《渥洼马辩》

《渥洼马辩》是清祁韵士《西陲总统事略》中的一篇专门记述汗血宝马问题的文章。文章对宝马"汗血"原因作了如下解释："今哈密、吐鲁番一带，夏热甚，蚊蠓极大，往往马被其吮噬，血随汗出，此人人所共见，当即所谓汗血者也。"[1]

若对上述说法进行分析，即可看出祁氏对汉代以来有关大宛宝马"汗血"的原因亦即"血从前髆上小孔中出"的说法持怀疑态度。他在辨正宝马"汗血"原因时，根据当时哈密、吐鲁番地区夏季很热的时候，蚊蠓吮噬马匹后，马匹皮肤流血情况，认为"汗血"是由于蚊蠓吮噬所致，并非其他原因。不过，此说在当时和以后，并未能得到人们的认同。

（二）清徐珂《布鲁特贡马》

《布鲁特贡马》是清徐珂所编撰《清稗类钞》中一段有关布鲁特[2]马汗血情况的记述，其全文如下："布鲁特例至伊犁进马，每年夏秋，将军赴察哈尔、厄鲁特游牧，查孳生牲畜。其马群扣限取孳，照三年一均齐之例办理。马之善走者，前肩及脊，或有小痴，破则出血，土人谓之伤气，凡有此者多健马。故古以为良马之征，非汗如血也。"[3]

以上记述，主要讲了三层意思：一是简要记述了布鲁特人向清朝贡马的制度及有关情况；二是记述了布鲁特人所贡汗血宝马"汗血"的特点；三是指出了布鲁特马所"汗"之"血"是真正的"血"，而不是"汗"。从以上三层意思看，《布鲁特贡马》对汗血宝马的"汗血"特点作了新的探索和解释。

（三）于景让"副丝虫"致病说

据郑小红《找寻汗血宝马》一文报道：20世纪70年代，台湾微生物学家于景让"认为汗血马是因为一种叫副丝虫的寄生虫寄生于马的皮

---

[1]（清）祁韵士《西陲总统事略》卷12《渥洼马辩》，《中国西北文献丛书》，兰州：兰州古籍书店，第102册，1990年，第558页。

[2]《辞海》缩印本"布鲁特"条说，布鲁特，是清代对柯尔克孜族的称谓。布鲁特清代时分东、西两部，东部主要分布于西部天山北麓，西部主要分布于喀什噶尔（今喀什市）西北，乾隆时内属。

[3]（清）徐珂：《清稗类钞》第一册，《朝贡类·布鲁特贡马》，北京：中华书局，1984年，第412页。

下，形成硬结，马匹活动时，体温升高，虫子钻出，形成出血"①。

于景让在汗血宝马"汗血"原因研究中取得了新的进展，其中主要是将引起宝马"汗血"的寄生虫论断为"副丝虫"。这显然是对德效骞"寄生虫致病"说的一种发展，因此在汗血宝马"汗血"原因研究中同样具有积极意义。

（四）侯丕勋《"汗血马"诸问题考述》和《汗血马与丝绸之路》

本书作者1988年发表的《"汗血马"诸问题考述》和1995年发表的《汗血马与丝绸之路》，是国内最早较为系统研究汗血宝马诸问题的两篇论文。

《"汗血马"诸问题考述》一文，主要探讨了以下四个问题：一是"汗血马'汗血'之谜"。根据布尔努瓦《丝绸之路》一书中寄生虫钻入马的皮内引起"往外渗血的小包"之说，作者认为"汗血"现象"实质上是马患的一种流着浸湿与沫状血的皮肤病"。二是"汗血马称'天马'的由来"。经过对有关资料的辨析，作者认为："大宛人'其先天马子也'的民间传说，分明是汗血马被称'天马'之源，而汉武帝《天马之歌》中'天马来兮从西极'的歌词，无疑是汗血马被称'天马'之流了"。三是"汗血马产地的变化"。根据有关记载认为，汗血宝马始产于大宛国贰师城及其附近地区，到了西汉之后，产地便逐渐扩大到原大宛国西北、西南和东部地区，当汗血宝马东入中原后，古代长安、洛阳等地也都成了汗血宝马的繁育之地。四是"汉武帝以武力索取汗血马的主要原因"。众多资料表明，汉武帝以武力索取汗血马，在"实质上是为了巩固四夷臣服和汉王朝强大的文治武功"②。在本著作中，作者已修正了"汉武帝以武力索取汗血马"的提法。至于汉武帝派李广利率军两次伐宛的根本原因，拙著在第二章第二节中重新论断为"为巩固四夷臣服和西汉'威德'"。

《汗血马与丝绸之路》一文，首先探讨了汗血马的来源，认为最初的汗血马是由野生的优良公马与民间母马共同繁殖而来；其次，探讨了汗血马的生理特征，认为汗血马的生理特征是毛色多样，有的生长着肉

---

① 郑小红：《找寻汗血宝马》，中新社，广州2001年11月17日电。
② 侯丕勋：《"汗血马"诸问题考述》，《西北民族研究》1988年第2期，第237—242页。

角，能够听懂人的话，颇有灵性，并能按音乐节拍和鼓点跳舞，个大、体壮，蹄坚利，且能"日行千里"。①

（五）楼毅生《天马》

楼毅生《天马》一文，主要依据汉代有关资料，概述了当时的汗血宝马问题，但文中一些提法仍有一定参考价值。如在述及李广利伐宛战争时指出：这次以夺取马为直接目的战争的胜利，"扩大了汉在西域各国中的声威"，良马的输入，"大体说来，对于内地马种改良和养马事业是有好处的"。又指出：据"有学者考证，现在的中亚土库曼马，有一种寄生虫寄生于马的前肩膊与项背皮下组织里，寄生处皮肤隆起，马奔跑时，血管张大，寄生处创口张开，血即流出"。同时，还根据1981年陕西省兴平县汉武帝茂陵东侧出土的一尊鎏金铜马情况指出："与现代良马相比，茂陵鎏金铜马与中亚土库曼的阿哈尔捷金马最为近似，所以天马与阿哈尔捷金马可能属于同一基本血统来源。"②

二、国外学者的主要成果

汗血宝马的主要故乡是古代大宛国，而使其声名远播者则是中国古代史籍的记载。汗血宝马的神奇怪异现象，不仅吸引古今中国人持续不断的探索，而且使不少国外学者也产生了探索的浓厚兴趣。美国德效骞、法国吕斯·布尔努瓦和日本清水隼人等是在我国有一定影响的研究汗血宝马问题的学者。有一伊朗学者，也对汗血宝马问题进行过一定研究，现将国外学者2000年之前的主要成果予以简介。

（一）德效骞《班固所修前汉书》

德效骞③的《班固所修前汉书》，是一部专门研究班固所修《汉书》的著作，其中涉及了《汉书》所记载汗血宝马及其"汗血"原因等问题。据现在所知，德效骞是"寄生虫致病"说的首倡者。对此，《北京青年报》作了如下报道："德效骞在《班固所修前汉书》一书中解释：说穿了，（汗血宝马"汗血"）这只不过是马病所致，即一种钻入马皮

---

① 侯丕勋：《汗血马与丝绸之路，》《丝绸之路》995年第3期，第53—54页。
② 黄时鉴主编：《解说插图中西关系史年表》，杭州：浙江人民出版社，1994年，第48—49页。
③ 德效骞，美国汉学家，他两次来华，曾翻译班固《汉书》，后任教于英国牛津大学。

内的寄生虫，这种寄生虫尤其喜欢寄生于马的臀部和背部，马皮在两个小时之内就会出现往外渗血的小包。"[1]

德效骞以上所说，首先明确指出了汗血宝马"汗血"是由"马病所致"；其次又进一步指出："马病"是由"钻入马皮内的寄生虫"所引起，即第一个提出了"寄生虫致病"说；第三，指出了"寄生虫致病"速度很快，即在"两个小时之内"马就染上了寄生虫病。

"寄生虫致病"说，在汗血宝马"汗血"原因研究中具有重要创新意义。这就是说，德效骞是以近代自然科学知识中马匹的病理学知识研究汗血宝马"汗血"原因的，从而取得了重要突破，因此是前无古人的。后来，法国人布尔努瓦通过《丝绸之路》一书，将德效骞的"寄生虫致病"说传播到了世界许多国家。

（二）吕斯·布尔努瓦笔下的汗血宝马

吕斯·布尔努瓦夫人，生于1931年，是法国国立科研中心的丝路问题研究专家。她毕业于巴黎东方语言文化学院（巴黎国立东方现代语言学院的前身），1972年在巴黎大学通过了博士论文《1950年后中国与尼泊尔的社会经济关系》的答辩。此后，她进入国立科研中心的喜马拉雅地区环境、社会和文化研究中心工作。她是法国少有的几位研究中亚和南亚经济贸易史的专家之一。她于1963年出版了一本综合论著《丝绸之路》。书中既使用了丰富的古希腊、古罗马、古印度、波斯及古代中国资料，又使用了近现代各国学者的论著，特别是对丝绸之路沿途各民族之间的关系做了深入探讨，重点研究的是丝路的历史概况和丝绸贸易史。这是法国出版的第一本真正科学的具有严格限定意义的丝路专著。此书在问世后的三十多年间，其法文本先后修订三次重版，又陆续被译成德文、西班牙文、英文、波兰文、匈牙利文、日文等文本出版。[2]该书所论及汗血宝马问题主要有以下几方面：

第一，指出了张骞在第一次出使西域时曾目睹了汗血宝马。她说：张骞一行，西走数十日，到达了大宛。这些汉族军官在大宛国时尤其被骠勇骏马所吸引。又说：张骞当时可能听说过这些马匹，也可能在匈奴

---

① 《中国还有汗血宝马吗？》，《北京青年报》2002年6月13日。

② 参见耿昇：《丝绸之路与法国学者的研究》，［法］布尔努瓦著，耿昇译：《丝绸之路》中译本序言，第6—7页。

人相毗邻的月氏人中发现过这类骏马。布尔努瓦的话表明，张骞要么在匈奴中或月氏中，要么在大宛国中见过汗血宝马。总之，张骞是汉朝在西域第一个发现汗血宝马的人。

第二，重申了有关汗血宝马"汗血"奥秘的见解。她说："至于'汗血'一词，其意是指这些马匹的特点，在很长的时间内，这一直是西方人一种百思不解之谜。近代才有人对此作出了令人心悦诚服的解释：说穿了，这不过是简单地指一种马病，即一种钻入皮内的寄生虫。这种寄生虫尤其喜欢寄生于马的臀部和背部，在两小时之内就会出现往外渗血的小包，'汗血马'一词即由此而来。"有关汗血宝马"汗血"奥秘的说法是很有道理的。不过，此说来自美国德效骞的《班固所修前汉书》一书[1]。可以肯定地说：正是布尔努瓦的《丝绸之路》一书，在世界范围内把德效骞的见解传播开了。

第三，简要介绍了西方人探究汗血宝马"汗血"原因的情况。《丝绸之路》说：关于汗血宝马的"汗血"问题，对西方人来说是一种百思不解之谜，所以在19至20世纪，许多旅行家们都在伊犁河流域和中国新疆目睹染有这种"汗血"病的马匹，这种疾病蔓延到这一地区的各种马匹。布尔努瓦之说，主要说明了四点：一是说西方"许多旅行家们"都曾在19至20世纪考察汗血宝马的"汗血"问题；二是说考察的地区主要是伊犁河流域和中国新疆；三是说西方旅行家们当时曾在伊犁河流域和中国新疆都目睹了马匹的"汗血"情况；四是说"汗血"病当时曾蔓延到了伊犁河流域和中国新疆的各种马匹。据此，我们可以说，19至20世纪初，曾是伊犁河流域和中国新疆各种马匹"汗血"病的高发期。这也表明，马匹的"汗血"问题，已被人们的实地考察活动所证实了。

第四，指出当时汉朝正处于对马匹的高需求时期。在张骞出使西域的时期，汉朝正处于上升和发展时期，同时也是由于各种需要而经常征战，每年都要消耗大量马匹。在汉朝与其宿敌匈奴人的征战中，马匹起着主要作用。她还指出："'天子好宛马'。无论如何，汉朝政府也特别急需马匹以补充军马。因为在公元前121年至前119年对匈奴的战争，使它损失了2万多匹战马。"在这里，布尔努瓦主要是说，汉朝派遣李广利

---

[1] 参见《北京青年报》2002年6月21日。

对大宛发动战争的根本原因，即夺取宛马、补充军马，这是不正确的。

第五，简述了汉朝伐宛战争的概况。布尔努瓦说，在大宛国拒绝汉使车令等持千金及金马以请宛马的请求之后，汉朝对宛进行了"经过两三年的毫无成效的征战"（即第一次对宛战争）。此后，汉武帝又向宛派遣了6万大军，大兴问罪之师，还带了10万头牛、3万匹马和1万匹驮畜，又带了大量生活给养品、辎重（特别是弓弩）。汉朝全国处于战争动员中，实行了战争体制，一直到普通老百姓，他们也为远征军提供了不易变质的食物。当到达大宛时，汉军只有3万多人了。接着，汉军对大宛城进行了长达40天的围困，改变了流向大宛城的河道，切断了水源，摧毁了外围城郭，进入了城堡区，屠杀了军事首领，继而大宛人四门紧闭，孤守待援。此时，大宛国政府向汉军提出了议和条件，要求答应，否则将浴血奋战，与城池共存亡。汉军经反复考虑之后，接受了大宛的议和条件，并派饲马专家们，在马圈里精心挑选了几十匹价值千金的良马，以及3000匹公马和母马驮马，继而推翻了大宛国王，以一位亲汉的傀儡取而代之。汉人同新国王缔结了盟约，并且举行了歃誓仪式，战祸暂告结束，汉军班师。这是一次全面的胜利，但其后果也是毁灭性的：因为只有1万名汉军、1000多匹战马归国。[①]

（三）伊朗学者对汗血宝马问题的研究

古代西域的安息国，后来的大食国与波斯国，都与当今的伊朗有着十分密切的源渊关系。这些异其名而同其国的国家，本是古代名马——波斯马的故乡。古代安息国与古代大宛国疆域相互连接，这一情况表明，波斯马极有可能与大宛国汗血宝马是同源异流的马种。

伊朗有一位学者，他曾对波斯马进行了一定研究，在此基础上进而又在推测中提出了几点与中国古代史籍记载完全相左的说法。现在我们虽然无法看到他的全部研究成果，但可以从有关学者文章引文中了解到一些重要情况。他曾推测说："从丝绸之路凿空之日开始，也就是公元前2世纪末前后，中国人就非常仰慕由贵霜王朝或安息王朝的人送给他们的第一批波斯马。第一批到达的这种牲畜在中国获得了一个'汗血马'的别名。这一奇怪的名称可能是指其皮毛上的红斑，使用一个波斯

---

① 以上所述五点，均见〔法〕布尔努瓦著，耿昇译：《丝绸之路》，第11—12页、22—24页。

文术语就叫作'玫瑰花瓣'状。当马的毛皮颜色很深时，其斑点就很鲜明，或反之，长'玫瑰花瓣'状皮毛的马最受好评。如波斯历史上最著名的一匹坐骑的情况就是如此。该坐骑是达斯坦（78—110年）的孙子——著名英雄鲁达斯塔赫姆（120—155年）的骏马。……传说中最著名的坐骑即为这种颜色，也就是血和火的颜色。传说中认为，马匹毛皮与其性格是相一致的。'古人'认为，这样的马匹也具有火一般的性格，即以骠悍和疾速而出名。"①伊朗学者的上述推测，主要是以下几点：（1）在公元前2世纪末前后，由贵霜王朝或安息王朝送给中国的第一批波斯马，中国人将其称为"汗血马"；（2）"汗血马"这一奇怪名称，可能是指波斯马皮毛上红斑，波斯文术语叫作"玫瑰花瓣"；（3）波斯著名英雄鲁达斯塔赫姆（120—155年）的坐骑就长着"玫瑰花瓣"状皮毛；（4）传说认为，马匹毛皮与其性格相一致。"古人"认为这样的马匹也具有火一般的性格，即以骠悍和疾速而出名。

以上推测未必都十分客观，也无法令我们尽信。但它对于开拓我们的思路，使我们多方面了解国外对汗血宝马的研究情况，肯定是有一定帮助的。

（四）吕斯·布尔努瓦研究汗血宝马的新成果

法国著名丝路学研究专家吕斯·布尔努瓦，于1997年发表了《天马和龙涎——12世纪之前丝路上的物质文化传播》一文。这篇文章在与汗血宝马相关的苜蓿、大宛国都城与疆域等问题上，提出了和以往史籍记载不同的见解。

首先，对苜蓿的始产地提出了具有开拓意义的新见解。在古代的中国史书中，均称苜蓿由中国使者从西域带来，但从未提及具体始产地问题，而布尔努瓦在论文中则提出了使我国史学界为之耳目一新的见解。她说："苜蓿似乎原产于米底亚，这是伊朗一个地区的古名，恰恰位于里海西南，地处今伊朗的西北部，其都城为埃克巴坦那，即今之哈马丹。苜蓿在那里大量生长，被认为是现存的最佳马草。希腊人称之为'米底亚'草，该词已出现在公元前424年阿里斯托法纳的书中了。"并

---

① ［法］阿里·玛扎海里著，耿昇译：《丝绸之路：中国—波斯文化交流史》，北京：中华书局，1993年，第23—24页。转引自王立：《汗血马的跨文化信仰与中西交流——〈汗血马小考〉文献补正》，《文史杂志》2002年第5期。

说，据劳佛尔认为，苜蓿后来于公元前150年之前"很久就已经传入费尔干纳了"①。布尔努瓦所提出苜蓿始产里海西南、伊朗"米底亚"的新见解，可以说为中国史学界揭示了一个闻所未闻的学术之谜。

其次，对大宛国都城（贵山城）及贰师城提出了与《史记》和《汉书》记载不同的看法。布尔努瓦在文章中指出："在汉代，大宛的王治设于贰师（贵山城）。我们似乎可以把它比定为今之玛尔哈特村附近的遗址，地处今费尔干纳盆地东北的安集延州境内。"又说李广利率军第二次伐宛时，"于公元前102年包围了贰师城"②。布尔努瓦在此所提出"贵山城"和"贰师城"为同一座城问题，是中国学者在近些年中尚未关注过的问题，现在提出来，将促使中国学者对其进行探讨。

第三，对大宛国疆域提出了新的说法。布尔努瓦在文章中说："大宛国并非它地，正是费尔干纳的河谷地，或者更应该说是低洼地，位于今乌兹别克斯坦共和国境内的锡尔河上游。"③据《汉书·西域传上》记载：大宛国东接乌孙，西临乌弋山离，北连康居，南靠大月氏。这说明，西汉时大宛国疆域并不很小，因此，布尔努瓦把大宛国疆域基本限定在费尔干纳盆地的"河谷地""低洼地"与"锡尔河上游"，未免太狭小了。

三、汗血宝马问题研究的局限

在清初至1999年底初步研究汗血宝马问题阶段，国内外学者曾先后发表了若干有关汗血宝马问题的文章，有的还在国内外产生了较大影响。他们的研究成果把我国汗血宝马史的研究推进到了一个新的发展阶段，为今后汗血宝马问题的研究工作打下了一定基础。但如果对这一阶段的研究成果进行仔细分析，即可发现仍然存在着一些明显的局限，其中主要是以下几方面，现略作述评：

首先，文章很少，未有专门著作面世。在清初至1999年初步研究汗

①［法］吕斯·布尔努瓦著，耿昇译：《天马和龙涎——12世纪之前丝路上的物质文化传播》，《丝绸之路》1997年第3期，第12页。

②《丝绸之路》1997年第3期，第12页。

③《丝绸之路》1997年第3期，第12页。

血宝马问题阶段，所见国内学者文章不足十篇，其中有的仅只是大部头著作中的小片段。国外学者的成果，由于种种原因，我们所见仅有几个小片段。至于完整的著作则闻所未闻。

其次，所探讨问题大多限于汗血宝马"汗血"原因。据我国古代正史、博物志等文献记载和诗、赋等文学作品的描述，有关汗血宝马的问题很多，概括而言不下数十个，但显得突出、神奇者还是要数宝马的"汗血"问题了。这便成了古今中外很多学者关注这一问题的重要原因。尤其是汗血宝马的东来，充分反映了中原王朝与西域大宛等国的友好关系，汗血宝马进入中原，还形成了特色鲜明的汗血宝马文化。对于这样一些重要问题，中外学者都未能给予足够关注。

第三，对汗血宝马问题史料未能进行搜集整理。在这一阶段，虽有部分学者对汗血宝马问题进行了研究，涉及面虽然也有扩大，但未能广泛查阅资料，尤其未能收集整理有关史料，一般读者难以了解汗血宝马问题全貌，同时也使部分学者的研究成果局限性较大，所研究范围仅局限于"汗血"问题也就不足奇怪了。至于所提出一些观点需要重新考虑，那也成了很自然之事。

第五章　汗血宝马史事在中国的涟漪

在我国两千多年的历史上，一批批大宛等国汗血宝马相继东入中原，其以超凡脱俗的体质和令古代人们难以破解的诸多奥秘，受到了很多史家、诗人、赋家和画家的特别关注。

汗血宝马的东入中原，曾经产生了十分广泛而又极为深远的影响。若从根本上来说，汗血宝马东入中原，不仅直接推动了苜蓿等农作物品种的传入，而且还曾促使在古代中原及其周围地区形成了独特的汗血宝马文化。伴随着时间的推移，这种汗血宝马文化进而又变成了中国传统马文化的主体与核心。

从西汉起，史书对汗血宝马的记载、诗赋等对汗血宝马的吟咏与描述、绘画作品对汗血宝马的描绘、铜铸马与石刻马等对汗血宝马形象的表现等，使汗血宝马这一域外来客，最终完全融入了古代中国社会、中国人的生活与中国多类型文化之中。若予客观评论，在古代历史上，汗血宝马史事在中国的涟漪实属非同寻常。

第一节　伴随汗血宝马东来苜蓿等农作
物品种的传入及其影响

在众多汗血宝马先后东入中原的过程中，大宛国等西域国家的苜蓿[①]、葡萄、石榴、胡瓜等农作物品种也逐渐传入中原地区，其中苜蓿的东传与汗血宝马的东来直接相关。

[①] 据汉刘歆《西京杂记》记载："乐游苑自生玫瑰树下多苜蓿。苜蓿，一名怀风，时人或谓之光风。风在其间，常萧萧然。日照其花，有光采，故名苜蓿为怀风。茂陵人谓之连枝草。"（《文渊阁四库全书》，1035册，台北：台湾商务印书馆影印，第4页。）

一、苜蓿的传入

苜蓿是汗血宝马最喜欢吃的饲草，故史有大宛"马嗜苜蓿"[①] 之说。但由于中原地区本不产苜蓿，所以，当大宛汗血宝马不断东来之后，解决其饲草问题就逐渐凸显出来。那么，究竟是谁首先把苜蓿种子从西域带来中原的？据梁代任昉《述异记》说："苜蓿本胡中菜也，张骞始于西戎得之。"[②]《辞海》缩印本认为："汉武帝时张骞出使西域，从大宛国带回紫苜蓿种子。"[③] 其实，这些说法很值得商讨。

我们知道，《述异记》是南朝萧梁时期（502—557年）任昉的著作，这时上距汗血宝马首次入汉的太初四年（前101年）已有六百多年时间，而它又不是纪实性作品，其说法未必客观真实。《史记·大宛列传》是最早记载苜蓿东传的史学著作，但它只是说"汉使取其实来"，尚未提及张骞之名。此后的《汉书·张骞李广利传》《汉书·西域传》等也未将苜蓿种子的东传与张骞联系起来。因此，以上说法得不到最主要文献的支持。尤其是张骞于汉武帝元朔三年（前126年）第一次出使西域返汉，元鼎二年（前115年）第二次出使西域返汉，当时大宛国首批汗血宝马还未东入中原。据《史记·大宛列传》和《汉书·张骞李广利传》记载，大宛国首批汗血宝马东入中原是在汉武帝太初四年，即公元前101年。这就是说，在汗血宝马尚未东入中原的情况下，张骞带入苜蓿种子尚不存在实际需要。

《史记·大宛列传》还载道：大宛左右诸国，"俗嗜酒，马嗜苜蓿。汉使取其实来……及天马多，外国使来众，则离宫别观旁尽种蒲萄、苜蓿极望"。这一记载说是"汉使取其实来"，但尚未提及"取其实来"的汉使姓名。据此来说，带来西域苜蓿种子的汉使姓名，由于司马迁的略而不记，以致成为一桩历史悬案。

---

① 《史记》卷123《大宛列传》。
② （梁）任昉《述异记》卷下，《文渊阁四库全书》，1047册，第629页。
③ 《辞海》缩印本，上海：上海辞书出版社，1980年，"苜蓿"条。

二、苜蓿传入后的最初播种者与播种地区

汗血宝马是一种奇异之马，它东入中原初，大多饲养在汉宫廷内，供作礼仪用和王公贵族骑乘游玩。这一事实无疑对最初传入中原作为汗血宝马饲草苜蓿的种植有着决定性影响。

据文献记载，苜蓿种子由出使西域汉使带回后，首先被汉武帝所得，并由他在汉朝"始种"。如《史记·大宛列传》说："汉使取其实来，于是天子（即汉武帝）始种苜蓿。"《资治通鉴》亦说："汉使采其实以来，天子种之。"① 据此来说，汉武帝为西汉苜蓿的最初播种者是毋庸置疑的。

苜蓿种子带入后的最初播种地区，《史记·大宛列传》只是说"肥饶地"。笔者以为，此"肥饶地"当在汉都长安城内或城郊无疑。后来，大宛汗血宝马东来数量逐渐增多，饲养地区日广，对苜蓿这种饲草的需求量便大增，从而苜蓿的播种地区也扩大到了中原地区的诸多"离宫别观旁"。汉末，刘歆在《西京杂记》中说："乐游苑自生玫瑰，树下多苜蓿"，还说"茂陵人谓之（即苜蓿）连枝草"。这说明，苜蓿传入之初，汉都长安及其临近的茂陵等关中地区，成了苜蓿的种植之地。

三、苜蓿传入中原的影响

苜蓿是一种多年生豆科草本植物，它既可作为汗血宝马的饲草，亦可作为人们的一种蔬菜。因此，就有关记载和部分咏苜蓿的诗句而言，它的传入至少在中原及其周围广大地区产生了较大影响，其中主要是基本解决了汗血宝马的饲草问题。

在汉代以后，为解决汗血宝马的饲草问题，苜蓿的种植逐渐盛行。任昉《述异记》说："张骞苜蓿园，今在洛中。""洛中"，疑在今洛阳市地方。此后，唐诗多有咏及苜蓿者，如"苜蓿残花几处开"② "秋山苜

---

① 《资治通鉴》卷21，武帝元封六年条。
② 吕温（一说认为作者为唐代张仲素）：《天马词》，《御定全唐诗录》卷68，《文渊阁四库全书》，第1473册，第260页。

蓿多"① "宛马总肥春苜蓿"② "苜蓿榴花遍近郊"③等。

宋代的诗句，咏及苜蓿者也较多，但大多是与绘画中汗血宝马有关的诗句。如"离宫连苜蓿"④ "但令苜蓿遍离宫"⑤ "连天苜蓿青茫茫"⑥ "青荽苜蓿无颜色"⑦ "刁斗无声苜蓿秋"⑧等。

自唐代起，部分边塞诗和部分带有边塞诗特征的诗句，也多咏及苜蓿。王维《送刘司直赴安西》诗云："苜蓿随天马，蒲萄逐汉臣。"⑨ 岑参《北庭西郊候封大夫受降回军献上》诗云："胡地苜蓿美，轮台征马肥。"⑩ 岑参《苜蓿烽寄家人》诗云："苜蓿烽边逢立春，胡芦河上泪沾巾。"⑪ 陆游《梦从大驾亲征》诗云："苜蓿峰前尽停障，平安火在交河上。"⑫ 明代张恒《凉州词》云："垆头酒熟葡萄香，马足春深苜蓿长。"⑬

以上有关苜蓿问题的记载和大量诗句，不但客观说明了苜蓿的东传、种植和解决汗血宝马的饲草等问题，同时又使中国增加了一种农作物品种，而且还从一个侧面有力地反映了汗血宝马传入后对中国文化的影响。

第二节　古诗对各种名称汗血宝马的吟咏

在我国古诗中，大宛国汗血宝马有"大宛马""汗血马""天马"

---

① 杜甫：《寓目》，《御定全唐诗录》卷29，《文渊阁四库全书》，第1472册，第488页。
② 杜甫：《赠田九判官》，《御定全唐诗录》卷32，《文渊阁四库全书》，第1472册，第526页。
③ 李商隐：《茂陵》，《御定全唐诗录》卷77，《文渊阁四库全书》，第1473册，第385页。
④ 刘攽《王太傅河北阅马》，《全宋诗》卷608，第11册，第7230页。
⑤ 张嵲《题赵表之李伯时画画捉马图诗二首》，《全宋诗》卷1845，第32册，北京：北京大学出版社，1998年，第20549页。
⑥ 毛直方《独骏图》，《全宋诗》卷3639，第69册，北京：北京大学出版社，1998年，第43621页。
⑦ 许顗《紫骝马》，《全宋诗》卷1935，第34册，北京：北京大学出版社，1998年，第21597页。
⑧ 释居简《伯时二马》，《全宋诗》卷2797，第53册，北京：北京大学出版社，1998年，第33217页。
⑨ 转引自王秉钧等校注《历代咏陇诗选》，兰州：甘肃人民出版社，1981年，第46页。
⑩ 转引自吴蔼宸选辑《历代西域诗钞》，乌鲁木齐：新疆人民出版社，1982年，第13页。
⑪ 转引自王秉钧等校注《历代咏陇诗选》，兰州：甘肃人民出版社，1981年，第57页。
⑫ 转引自王秉钧等校注《历代咏陇诗选》，兰州：甘肃人民出版社，1981年，第127页。
⑬ 转引自王秉钧等校注《历代咏陇诗选》，兰州：甘肃人民出版社，1981年，第192页。

"千里驹""龙媒"等多种名称。古代诗人对这些名称的汗血宝马都作了大量吟咏与描述，使古诗的题材与内容更显丰富多彩。现评述如下：

一、对"大宛马"的吟咏

古代诗人笔下的"大宛马"，具有神奇、雄健的特点，受到当时天子、贵族的珍爱，往往被装束得华丽无比。杜甫《房兵曹胡马诗》吟咏道："胡马大宛名，锋棱瘦骨成。竹批双耳峻，风入四蹄轻。所向无空阔，真堪托死生。骁腾有如此，万里可横行。"[①]杜甫《骢马行》诗云："邓公马癖人共知，初得花骢大宛种。夙昔传闻思一见，牵来左右神皆竦。雄姿逸态何崷崒，顾影骄嘶自矜宠。隅目青荧夹镜悬，肉骏碨磊连钱动。朝来少试华轩下，未觉千金满高价。赤汗微生白雪毛，银鞍却覆香罗帕。卿家旧赐公取之，天厩真龙此其亚。昼洗须腾泾渭深，晨趋可刷幽并夜。吾闻良骥老始成，此马数年人更惊。岂有四蹄疾于鸟，不与八骏俱先鸣。时俗造次那得致，云雾晦冥方降精。近闻下诏喧都邑，肯使骐骥地上行。"[②]李白《江夏赠韦南陵冰》诗云："昔骑天子大宛马，今乘款段诸侯门。"[③]高适《送浑将军出塞》诗云："将军族贵兵且强，汉家已是浑邪王。子孙相承在朝野，至今部曲燕支下。控弦尽用阴山儿，登阵长骑大宛马。"[④]岑参《武威送刘单判官赴安西行营便呈高开府》诗云："西望云似蛇，戎夷知丧亡。浑驱大宛马，系取楼兰王。"[⑤]

二、对"汗血马"的吟咏

"汗血马"东来，以唐代为盛，京师贵胄多有骑乘者，其情景古代诗人多有联想和吟咏。杜甫《洗兵马》诗咏道："京师皆骑汗血马，回

---

① 《御定全唐诗录》卷29，《文渊阁四库全书》，第1472册，第481页。
② 《御定全唐诗录》卷27，《文渊阁四库全书》，第1472册，第459页。
③ 《御定全唐诗录》卷22，《文渊阁四库全书》，第1472册，第385页。
④ 《御定全唐诗录》卷15，《文渊阁四库全书》，第1472册，第254页。
⑤ 《御定全唐诗录》卷14，《文渊阁四库全书》，第1472册，第229页。

纥喂肉蒲萄宫。已喜皇威清海岱，常思仙仗过崆峒。"①杜甫《醉歌行》诗云："骅骝作驹已汗血，鸷鸟举翮连青云。"②杜甫《秋日夔府咏怀奉寄郑监审李宾客之芳一百韵》诗云："马来皆汗血，鹤唳必青田。"③释法显《仙马洞》诗云："汗血何时别大宛，一嘶洞府已千年。区区汉武求良药，却是闲中骏骨仙。"④陶安《马》诗云："一匹乌骓一紫骝，远冲风雨出西州。久谙驱策能无弃，不惜长途汗血流。"⑤高叔嗣《少年行》诗云："羞闻边吏诛，长驱随汗马。转斗出飞狐，蒲坌遂破灭。"⑥袁凯《咏马九首》诗云："生长月支国，何年入汉疆？犹怀水草意，懒逐左贤王。将军皆卫霍，不复见韩彭。驰骋沙场日，时时意不平。玉汗通身湿，牵来阵阵香。"⑦

三、对"天马"的吟咏

"天马"是古代诗人吟咏颇多的一个对象，诸诗对"天马"从"西极"的东来及其神奇、汗血与行走非凡等，都有生动描述。杜甫《醉歌行赠公安颜少府请顾八题壁》诗云："天马长鸣待驾驭，秋鹰整翮当云霄。"⑧任华《寄李白》诗云："新诗传在宫人口，佳句不离明主心。身骑天马多意气，目送飞鸿对豪贵。"⑨李峤《马》诗云："天马本东来，嘶惊御史骢。苍龙遥逐日，紫燕迥追风。明月来鞍上，浮云落盖中。"⑩宋人刘攽《天马行》诗云："汉家天马来宛西，天子爱之藏贰师。甘泉贵人宠第一，昆弟封侯真谓宜。军书插羽庙选将，一朝百万皆熊罴。"⑪司马光《天马歌》诗云："大宛汗血古共知，青海龙种骨更奇……银鞍

① 《御定全唐诗录》卷27，《文渊阁四库全书》，第1472册，第461页。
② 《御定全唐诗录》卷27，《文渊阁四库全书》，第1472册，第457页。
③ 《御定全唐诗录》卷31，《文渊阁四库全书》，第1472册，第522页。
④ 《全宋诗》卷3744，第72册，北京：北京大学出版社，1998年，第45163页。
⑤ 《全明诗》卷70，第3册，上海：上海古籍出版社，1994年，第202页。
⑥ 《苏门集》卷2，《文渊阁四库全书》，第1273册，第577页。
⑦ 《全明诗》卷42，第2册，上海：上海古籍出版社，1993年版，第189页。
⑧ 《御定全唐诗录》卷28，《文渊阁四库全书》，第1472册，第476页。
⑨ 《御定全唐诗录》卷19，《文渊阁四库全书》，第1472册，第334页。
⑩ 《御定全唐诗录》卷3，《文渊阁四库全书》，第1472册，第64页。
⑪ 《全宋诗》卷605，第11册，第7154页。

玉镫黄金辔，广路长鸣增意气。富平公子韩王孙，求买倾家不知贵……路人回首无所见，流风瞥过惊浮埃。"[1]唐庚《天马歌赠朱廷玉》诗云："贰师城中天马驹，眼光掣电汗流朱。将军出塞万里余，得此龙种来执徐。朝踏幽燕暮荆吴，历块一蹶傍人呼。向来价重千金壶，一朝不值半束刍，千马万马肥如猪。"[2]宋无《天马歌》诗云："天马天上龙，驹生天汉间。两目夹明月，蹄削崑崙山。元气饮沆瀣，跃步超人寰。"[3]张耒《天马歌》诗云："风霆冥冥日月蔽，帝遣真龙下人世。降精神马育天驹，足蹑奔风动千里。萧条寄产大宛城，我非尔乘徒尔生……天马出城天驷惊，塞沙飒飒边风生。执驱校尉再拜驭，护羌使者清途迎。骐骥殿下瞻天表，天质龙姿自相照。"[4]

四、对"千里驹""龙驹"和"神驹"的吟咏

在古诗中，诗人们还将汗血宝马称作"千里驹""龙驹"和"神驹"等，并予尽情吟咏。李昭玘《昂昂千里驹》诗云："昂昂千里驹，逸气吞九区。东驰越夕兔，西走穷朝乌。关山一息过，踯躅疑有无。快哉穆天子，远驾周四隅。嘶声想云海，弄影有天衢。"[5]刘石庵《龙驹谣贺徐景醇生子》诗云："白虹流光横太虚，蚌胎迸出明月珠。紫瞳照席秋掣电，渥洼突出苍龙驹。"[6]吴泳《天马引》诗云："陇西之野龙驹骧，追风协月坤为裳。矜云亭亭广颡直，夹镜炯炯双瞳光。饭以玉山禾，饮以瑶池浆。自成骨格异赭白，活出神采遗玄黄。"[7]释德洪《神驹行》诗云："沙丘牝黄马已死，俗马千年不能嗣。忽生此马世上行，神骏直是沙丘子。紫焰争光夹镜晔，转顾略前批竹耳。雪蹄卓立尾萧梢，天骨权奇生已似。绿丝络头沫流觜，绣帕搭鞍初结尾。决骤意态欲腾骧，奔逸长鸣抹千里。"[8]

---

① 《全宋诗》卷498，第9册，第6013页。
② 《全宋诗》卷1325，第23册，第15036页。
③ 《全宋诗》卷3723，第71册，第44743页。
④ 《全宋诗》卷1156，第20册，第13040页。
⑤ 《全宋诗》卷1289，第22册，第14629页。
⑥ 《全宋诗》卷3757，第72册，第45302页。
⑦ 《全宋诗》卷2941，第56册，第35047页。
⑧ 《全宋诗》卷1327，第23册，第15058页。

五、对"龙媒"的吟咏

"龙媒"一词，是"龙之媒"说的简称。据《汉书·礼乐志》记载：太初四年（前101年），汉武帝获得来自大宛国的汗血宝马，遂作《天马歌》，歌中曰："天马徕，龙之媒。"这是历史文献中"龙之媒"说的首见。东汉应劭释这句歌词曰："言天马者乃神龙之类，今天马已来，此龙必至之效也。"[①]从此之后，"龙媒"便成了吟咏汗血宝马的主要词语之一，在唐、宋、金、明各代的诗赋中多有使用。

唐代人胡直钧《获大宛马赋》说："昔孝武寤善马，驾英才，穷贰师于海外，获汗血之龙媒，于是宛卒大北，神驹尽来，駔骏奇状，超摅逸材，走追风于马邑，嘶逐日于云堆。"[②]杜甫《沙苑行》诗云："龙媒昔是渥洼生，汗血今称献于此。苑中騋牝三千匹，丰草青青寒不死。"[③]

乔知之《赢骏篇》诗云："喷玉长鸣西北来，自言当代是龙媒。"[④]吕温《天马词》诗云："天马初从渥洼来，郊歌曾唱得龙媒。"[⑤]

在宋、金时期，众多诗篇中也都用"龙媒"一词称誉汗血宝马。吴泳《安西马》诗云："月协霜飞镜夹瞳，龙媒扫尽朔庭空。"[⑥]林表民《题六马图二首》诗云："龙媒要是龙眠笔，意在能空冀北群。"[⑦]龚开《黑马图》诗云："八尺龙媒出墨池，崑崙月窟等闲驰。"[⑧]连文凤《题胭脂骢图》诗云："世上纷纷驽与骀，分明此种是龙媒。"[⑨]张嵲《题赵表之李伯时画捉马图诗二首》云："何必西来三万里，龙媒二骏是追风。"[⑩]李纲《右蕃马》诗云："龙媒来自大宛城，汗血生从

①《汉书》卷22《礼乐志》注。

②《文苑英华》卷132《赋·鸟兽二》，第607页。

③《御定全唐诗录》卷27，《文渊阁四库全书》，第1472册，第458页。

④《御定全唐诗录》卷2，《文渊阁四库全书》，第1473册，第55页。

⑤《御定全唐诗录》卷68，《文渊阁四库全书》，第1473册，第260页。

⑥《全宋诗》卷2943，第56册，第35078页。

⑦《全宋诗》卷3001，第57册，第35703页。

⑧《全宋诗》卷3465，第66册，第41277页。

⑨《全宋诗》卷3621，第69册，第43367页。

⑩《全宋诗》卷1845，第32册，第20549页。

渥洼水。"① 宋无《天马歌》诗云："天马来，云雾开。天厩骙骙鸣龙媒，龙媒不鸣鸣驽骀。"② 李庭《送孟待制驾之》诗云："渥洼龙媒天马子，堕地一日能千里。"③

《全明诗》所收录汗血宝马诗篇远没有《全宋诗》所收录汗血宝马诗篇多，但其中也有用到"龙媒"一词的。钱宰《题赵仲庸画马》诗云："飘飘骏骨真龙媒，笔势所至风云随。"④ 妙声《杂题画》诗云："何人画此好头赤？绝胜天厩玉连钱。龙媒散落在何处？首蓿秋风生莫烟。"⑤

第三节　唐宋诗对"舞马"的吟咏

在汗血宝马传入中原地区之后，中国封建统治者，先是观看其先天带有的轻快、优美、节奏感强的运步以取乐，但到了后来，尤其到了唐玄宗时期，唐朝统治者便令教坊负责训练汗血宝马为专门的"舞马"，并规定在玄宗生日的这一天进行表演，其景象颇为壮观。这些情况，在唐、宋诗词赋中均有所反映。

一、唐诗对"舞马"的吟咏

唐代张说《舞马千秋万岁乐府词》云："金天诞圣千秋节，玉礼还分万寿觞。试听紫骝歌乐府，何如骕骦舞华岗。"⑥ 这些诗句是说，在金秋玄宗诞辰时，玄宗一边欣赏伴唱的乐府，一边观看舞马的表演。杜甫《斗鸡》诗云："斗鸡初赐锦，舞马既登床。簾下宫人出，楼前御柳长。"⑦ 这些诗句咏诵唐玄宗刚刚看罢斗鸡，接着又看舞马登床跳舞，

---

① 《全宋诗》卷1547，第27册，北京大学出版社，1996年版，第17566页。
② 《全宋诗》卷3723，第71册，北京大学出版社，1998年版，第44743页。
③ 《全金诗》卷145，第4册，天津：南开大学出版社，1995年，第459页。
④ 《全明诗》卷17，第1册，上海古籍出版社，1990年版，第396页。
⑤ 《全明诗》卷32，第1册，上海古籍出版社，1990年版，第717页。
⑥ 《御定全唐诗录》卷8，《文渊阁四库全书》，第1472册，第143页。
⑦ 《御定全唐诗录》卷30，《文渊阁四库全书》，第1472册，第504页。

其时众多宫人也允准前往观看。杜甫《丹青引》诗还描述唐玄宗观看"舞马"表演情况时说："玉花却在御榻上，榻上庭前屹相向。至尊含笑催赐金，圉人太仆皆惆怅。"①

二、宋诗对"舞马"的吟咏

宋代咏诵"舞马"及其跳舞的诗篇也有不少，其中咏诵"舞马"典型的诗篇与诗句主要有以下一些：释居简《续舞马行》诗云："见说开元天宝间，登床百骏俱回旋。一曲倾杯万人看，一顾群空四十万。"②这些诗句是说，唐玄宗开元天宝年间，经常由百匹"舞马"同时登床表演旋转之舞，当时用以伴奏的乐曲是《倾杯乐》。在"舞马"表演时总有万人观看，而一圈圈旋转的"舞马"和骑在马背上的演员，所看到的观众似有四十万之众。唐庚《舞马行》诗云："天宝舞马四百蹄，綵床衬步不点泥。梨园一曲倾杯乐，驤首顿足音节齐。几年流落人间世，挽盐驾鼓不敢嘶……后生何尝识此舞，谓之不祥固其所。"③这些诗句是说，唐玄宗天宝年间，百匹舞马同时登上装饰华丽的床跳舞，其蹄一点也踩不着泥土。当《倾杯乐》乐曲奏起，舞马仰首顿足的动作节奏整齐。过了几年，这些舞马不幸流落民间，那些拥有舞马者，虽迫使舞马从事"挽盐驾鼓"的劳作，但舞马也不敢放声嘶叫。后来的人由于不知晓这些马本来会跳舞，所以当看见它们跳舞时就视之为不祥之兆。徐积《舞马诗》云："开元天子太平时，夜舞朝歌意转迷。绣榻尽容麒骥足，锦衣浑盖渥洼泥。才敲画鼓头先奋，不假金鞭势自齐。明日梨园翻旧曲，范阳戈甲满西来。"④这首诗的大意是说：唐玄宗时期，天下太平，玄宗昼夜沉迷于歌舞。舞马在装饰华丽的彩床上翩翩起舞，再也踩不到渥洼池边的泥土了。刚刚敲鼓，舞马便摇起头来，不借助鞭子的威慑，其动作整齐划一。不久，玄宗变换新的乐曲享乐，不料安禄山、史思明在范阳（即今北京市）发动叛乱，并率叛军直奔长安而来。

① 《御定全唐诗录》卷28，《文渊阁四库全书》，第1472册，第469页。
② 《全宋诗》卷2792，第53册，第33102页。
③ 《全宋诗》卷1323，第23册，第15020页。
④ 《全宋诗》卷654，第11册，第7691页。

从以上看来，将具有灵性的汗血宝马训练成为舞马，并将观看舞马表演作为一种娱乐活动，无疑都是唐朝人的创造。尤其将舞马及其表演作为古代诗赋吟诵的对象，这自然丰富和发展了中国传统的诗歌文化，同时又丰富和发展了中国传统的"马文化"。

第四节　古代汗血宝马画家与咏画诗中的汗血宝马

在我国古代，神奇的西域汗血宝马不断东入中原地区，这便引起了中原部分画家的关注，于是他们将一些汗血宝马的形像摹绘入画。因此，在唐代及其之后，涌现出了部分擅长画汗血宝马的画家，同时也诞生了不少画有汗血宝马之画。在汗血宝马画诞生之后，它就成了被人们所收藏的对象，于是后来一些诗人当见到传世的汗血宝马画时，便情不自禁地赋诗吟咏，结果又在古代历史上创作了大量吟咏画中汗血宝马之诗。这些现象，同样都反映了汗血宝马东入中原地区后的多彩涟漪。

一、汗血宝马画家

在我国古代历史上所涌现的汗血宝马画家中，最负盛名者当属唐代的曹霸、韩幹、韦偃和宋代的李伯时等。这些著名画家，他们不仅在中国美术史上享有极高的声誉，而且还成了中国诗歌中广受称赞的人物。

（一）曹霸

曹霸，唐代著名画家，谯郡（今安徽亳县）人，为三国魏曹髦后裔。唐代中期，他曾任左武卫将军，但却"视富贵如浮云"，后落魄流寓四川。曹霸擅长画马，于开元年间（713—741年）被玄宗召见并令其修补凌烟阁功臣画像，后于天宝年间曾画御马"玉花骢"。

曹霸的名画《玉花骢》，是根据当时宫廷马厩中名为"玉花骢"的汗血宝马摹绘的，是典型的汗血宝马画。杜甫在见到此画后作《丹青引赠曹将军霸》诗，其中以"丹青不知老将至，富贵于我如浮云"，"先帝天马玉花骢，画工如山貌不同"，"诏为将军拂绢素，意将惨淡经营中。斯须九重真龙出，一说万古凡马空"等句，高度赞扬了曹霸汗血宝马画的艺术成就。

宋代诗人也在他们的诗作中，对曹霸及其画作多有述及。周紫芝《题李彦恢家龙眠七马图》诗云："古来画马知几人，当时只数曹将军。"① 吴则礼《伯时三马图》诗云："从来画马称神妙，至今只说江都王。将军曹霸实仲季，沙苑丞辈犹诸郎。"② 刘攽《和王平甫韩幹画马行》诗亦云："韩幹画马出曹霸，得名不在陈栅下。"③

明代诗人妙声，在其《题画马》诗中，也对曹霸和曹霸的汗血宝马画作了描述，如说："真龙矫矫空大群，奚官牵来气若云。黄金骨法颇清峻，画者似是曹将军。驽骀高骧饱刍粟，白驹辕下伤局促。方今相者多举肥，莫画权奇须画肉。"④

当代学者对曹霸的汗血宝马画也作出了评价，如说：曹霸"擅画马，笔墨沉着，神彩生动"。曹霸不仅开创了唐宋时代的汗血宝马画风，而且还培养了韩幹等著名汗血宝马画家，是在我国美术史上具有重要贡献的人物。⑤

（二）韩幹

韩幹，唐代著名画家，长安（今西安市）人（也有说蓝田或开封人）。他少年时家贫，曾在一家酒肆当佣工，其间经常在空余时间练习作画。有一次，酒肆主人派他到当时著名诗人、画家王维家送酒，不料，王维不在家，于是他就利用等候的时间在地上作起画来。王维回家后，看见韩幹正在作的画，认为他很有艺术才华，又肯下苦功，因此决定每年资助两万枚铜钱让他学画。韩幹学画十余年，有了很大进步，擅长画菩萨、鬼神、人物、花竹，尤工画马。韩幹最初拜著名画家曹霸为师，重视写生，自成风格，成为曹霸诸弟子中成绩最优者。天宝年间（742—756年），韩幹画名渐著，玄宗遂召其入宫，并令他拜

---

① 《全宋诗》卷1511，第26册，第17211页。
② 《全宋诗》卷1267，第21册，第14291页。
③ 《全宋诗》卷604，第11册，第7146页。
④ 《全明诗》卷31，第1册，第692页。
⑤ 有关曹霸的部分资料，参见黄宗贤编著《中国美术史纲要》，重庆：西南师范大学出版社，1993年，第63页；徐改《中国古代绘画》，北京：商务印书馆，1995年，第67页；《辞海》缩印本"曹霸"条，上海：上海辞书出版社，1980年，第1397页。

图一　韩幹《牧马图》册页

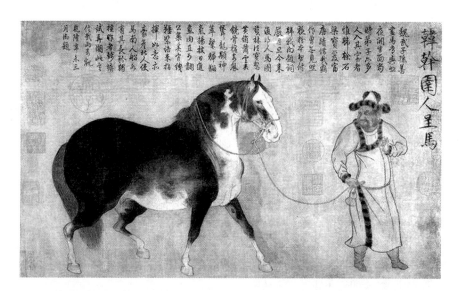

图二　韩幹《围人呈马》图

宫廷画家陈闳为师学画。后来，玄宗发现韩幹与陈闳所画马的风格不同，于是问其故，韩幹回答道："臣自有师，陛下内厩之马，皆臣之师也。"原来，韩幹学画并不单纯摹仿他人画法，而是把宫廷内厩的"玉花骢""照夜白"等汗血宝马作为写生摹画的对象，并细致观察马的各种生活习性、身体结构与动态，终于创立了自己独特的风格，画出了《牧马图》和《照夜白图》等传世名画，是对后代影响最大的汗血宝马画家之一。

对于韩幹所画汗血宝马之画，大诗人杜甫曾经给予了很高评价。他说："韩幹画马，毫端有神。骅骝老大，騕褭清新。鱼目瘦脑，龙文长身。雪垂白肉，风蹙兰筋。逸态萧疏，高骧纵姿。四蹄雷電，一日天地。御者开（集作闲）敏，去（集作云）何难易。愚夫乘骑，动必颠踬。瞻彼骏骨，实维能媒。汉歌燕市，已矣茫哉。但见驽骀，纷然往来。良工惆怅，落笔雄才。"[1]韩幹所画包括汗血宝马在内的鞍马画很多，仅"至北宋时宫廷中收藏有52幅"[2]。

韩幹的汗血宝马画流传到宋代，又受到了宋代诗人们的赞扬。周紫芝在看到韩幹的汗血宝马画后吟咏道："神驹堕地无渥洼，象龙不复来流沙。开元画手老韩幹，为作郭家师子花。当年故物不堪看，蹄铁四蹄俱脱腕。英姿逸态犹精神，仿佛风鬃血流汗。"[3]刘攽《次韵苏子瞻韩幹马赠伯时》诗云："韩幹画马名独垂，冰纨数幅横素丝……宛王毋寡今授首，汗血不敢藏贰师。"[4]王令《赋黄任道韩幹马》诗赞颂韩幹的汗血宝马画说："千秋殿下谁把笔，当时人无出幹右"[5]。

韩幹画中的汗血宝马，除了具有壮健雄骏、生动逼真、神采飞扬等特点外，还具有"苦肥""多肉"和"肉中藏骨"等特点。如宋代诗人张耒《读苏子瞻韩幹马图诗》云："我虽不见韩幹马，一读公诗如见

---

① 杜甫：《画马赞》，《文苑英华》卷784《赞》第4143页。
② 王朝闻总主编：《中国美术史·隋唐卷》，济南：齐鲁书社、明天出版社，2000年，第64页。
③ 周紫芝：《韩幹画郭家师子花此画本江南故家物自腕而下绢素烂脱李伯时得之马忠肃家补足之蔡天启貌本以传其甥王季页》，《全宋诗》卷1528，北京大学出版社，1996年版，第26册，第17364页。
④ 《全宋诗》卷604，第7146页。
⑤ 《全宋诗》卷697，第8116页。

者。韩生画马常苦肥，肉中藏骨以为奇。"①张耒《萧朝散惠石本韩幹马图马亡后足》诗又云："世人怪韩生，画马身苦肥。"②李纲诗云："始知韩幹画多肉，坐使冀北群皆空。"③苏辙《韩幹三马》诗则指出了韩幹将汗血宝马画成"多肉""苦肥"的用意，如说："画师韩幹岂知道，画马不独画马皮。画出三马腹中事，似欲讥世人莫知。（李）伯时一见笑不语，告我韩幹非画师。"④

从上述诗篇中我们得知，韩幹将画中的汗血宝马画得"苦肥""多肉"和"肉中藏骨"，这并非只是简单体现唐代画风，而是有着深刻寓意，正如苏辙诗句所说是"似欲讥世"。可是，韩幹以画马"讥世"的作法，为一般人难以看出，而宋代大画家李伯时一看便一目了然，而且还会意的一笑。事后，李伯时又亲自告诉苏辙说"韩幹非画师"，其意似乎是说：韩幹不是一个单纯的画家，而是一个关注社会现实问题、对不良社会现象以画意予以"讥"的人物。⑤

（三）李公麟

李公麟，北宋著名画家，字伯时。他擅长画马匹、佛像和人物等画。李公麟的画，在宋代和宋代以后均享有很高的声誉。

画汗血宝马画，既是李公麟的喜好，又是他的擅长。宋人葛立方《韩幹画马》诗在序文中称：唐代著名汗血宝马画家韩幹所画的一幅汗血宝马画，"旧藏李后主（五代时，南唐皇帝李煜）家，其后李伯时得之，则马（画中）四足已败烂。伯时因自作四足补之，遂为伯时家画谱中第一云"⑥。从这里可以看出，李公麟对韩幹汗血宝马画的喜好与珍爱。宋人李纲在《罗畴老所藏李伯时画马图二首》诗注文中还说：李"伯时留意画马，每欲画，必观群马以尽变态"⑦。其意是说，李公麟画马，非常重视写生，并力求画出马的动态感来。

---

① 《全宋诗》卷1164，第20册，第13131页。
② 《全宋诗》卷1165，第20册，第13145页。
③ 《全宋诗》卷1560，第27册，第17715页。
④ 《全宋诗》卷863，第15册，北京大学出版社，1993年版，第10031页。
⑤ 有关韩幹的部分资料，参见黄宗贤编著《中国美术史纲要》，重庆：西南师范大学出版社，1993年，第63页；徐改《中国古代绘画》，北京：商务印书馆，1995年，第67页。
⑥ 《全宋诗》卷1955注，第34册，第21831页。
⑦ 《全宋诗》卷1547，第27册，第17566页。

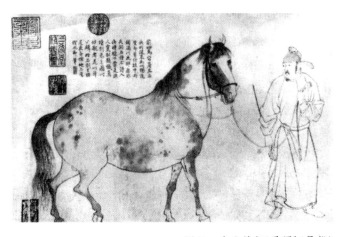

图三　李公麟《五马图》(局部)

宋代及其以后的诗人，对李公麟的汗血宝马画与画中的汗血宝马，曾给予了很高赞誉。宋人张侃《题李伯时马》诗云："近代李伯时，能画天厩马。画本出心匠，不在韩幹下。真骨独当御，汗血沫凝赭。为渠生光辉，神妙非力假。"①黄庭坚《和子瞻戏书伯时画好头赤》诗云："李（伯时）侯画骨不画肉，笔下马生如破竹。秦驹虽入天仗图，犹恐真龙在空谷。精神权奇汗沟赤，有头赤乌能逐日。"②苏轼《次韵子由书李伯时所藏韩幹马》诗赞李公麟所画天马道："忽见伯时画天马，朔风胡沙生落锥。天马西来从西极，势与落日争分驰。龙膺豹股头八尺，奋迅不受人间羁。元狩虎脊聊可友，开元玉花何足奇。伯时有道真吏隐，饮啄不羡山梁雌。丹青弄笔聊尔耳，意在万里谁知之。"③

二、咏画诗中的汗血宝马

在唐代和唐代以后，曾有部分汗血宝马画作为珍宝被一些人所收藏。其中有的是著名汗血宝马画家韩幹和李伯时的真迹，也有的是后世画家所精心临摹的作品，其中还有少量属因受损修补而成的画作。这些汗血宝马画，曾经成了古诗所描述和赞扬的对象。众多描述和赞扬画中汗血宝马之诗的问世，又对汗血宝马文化的形成起到了重要促进作用。

（一）咏画诗对汗血宝马的描述

古代珍贵的汗血宝马画，极具观赏价值和感染力，当时的部分诗人在见到这些绘画作品时，往往因受感染而赋诗。这样问世的诗篇具有明显的纪实性，其中有的诗对西域汗血宝马的东来及其简要历史作了生动描述。

唐代大诗人杜甫，对汗血宝马与汗血宝马画极感兴趣，所以，他有20首左右的诗篇曾描述了汗血宝马和汗血宝马画。杜甫《丹青引赠曹将军霸》诗吟咏道："先帝天马玉花骢，画工如山貌不同。是日牵来赤墀

① 《全宋诗》卷3109，第59册，第37109页。
② 《全宋诗》卷987，第17册，第11381页。
③ 《全宋诗》卷811，第14册，第9392页。

下，迥立阊阖生长风……幹惟画肉不画骨，忍使骅骝气凋丧。"① 张仲素《天马词》云："天马初从渥水来，郊歌曾唱得龙媒。不知玉塞沙中路，苜蓿残花几处开。"②

宋金时期的部分诗人，在吟咏汗血宝马画时，对画中的汗血宝马也多有描述。宋牟巘《有翅大马图》诗云："自古空言马生角，今乃见马生两翅。恐是渥洼种，往往感龙气。"③ 周紫芝《季共置酒酒间出龙眠数马以示坐客最后出起云妙甚为赋长句》诗云："君侯酌客黄金杯，六龙下食慈明催。醉开画苑出天马，远自大宛西极来。"④ 楼钥《题赵尊道渥洼图》诗云："良马六十有四蹄，腾骧进止纷不齐。权奇倜傥多不羁，亦有顾影成骄嘶。"⑤ 金人元好问《画马为邢将军赋》诗云："大宛城下战骨满，弩骀入汉龙种藏。将军此纸何处得，便觉房驷无光芒。人中马中两勍敌，天门雁门皆战场。"⑥ 麻革《杨将军垌马图》诗云："古人相马不相肉，画工画马亦画骨。淡淡生绢一片云，眼中群龙何突兀。飞菟汗血天骥种，笔墨之间见飞动。"⑦

在明代，也有不少诗人在咏画诗中描述了汗血宝马的众多情况。钱宰《赵仲穆天马图》诗云："汉马三万匹，西驰玉门关。归来得宛驹，不计汉马还。"⑧ 宋濂《题李广利伐宛图》诗云："贰师城头沙浩浩，贰师城下多白草。六千铁骑随将军，风劲马鸣高入云。师行千里不畏苦，战士难教食黄土。上书天子引兵还，使者持刀遮玉关。乌孙轮台善窥伺，宛若不降轻汉使。玺书昨夜下敦煌，太白高高正吐芒。戍甲重征十八万，居延少年最翘健。杀气漫漫日月昏，边尘冉冉旌旗乱。水工决水未绝流，旂竿已揭宛王头。执驱校尉青狐裘，牝牡三千聚若丘。惜哉五原白日晚，郅至水急游魂返。"⑨ 詹同《高遑献天马图歌》诗云："前年晓御慈仁殿，拂郎之国天马献。兰筋虎脊

① 《御定全唐诗录》卷28，《文渊阁四库全书》，第1472册，第469页。
② 《御定全唐诗录》卷68，《文渊阁四库全书》，第1473册，第260页。
③ 《全宋诗》卷3515，第67册，第41984页。
④ 《全宋诗》卷1528，第26册，第17364页。
⑤ 《全宋诗》卷2538，第47册，第29373页。
⑥ 《全金诗》卷115，第4册，第35页。
⑦ 《全金诗》卷131，第4册，第280页。
⑧ 《全明诗》卷16，第1册，第383页。
⑨ 《全明诗》卷47，第2册，第322页。

渥洼姿，长风西来起雷电。"①妙声《题画马》诗云："画师胸中有全马，三马斯须生笔下。中有一马玉花骢，似是西来大宛者。不群不食意气豪，羞与二马同凡槽。"②危素《题韩幹马图后》诗云："韩公画马得马趣，落笔宛有卢遵风。腯肥不见筋骨露，腾骧始知气力雄。朝逢圉人汲秋水，精神炯炯双方瞳。"③

以上咏汗血宝马画之诗，仅是笔者所见的一部分。这些诗对画中汗血宝马的描述具体生动，并与史籍记载相吻合。

（二）咏画诗对画中汗血宝马的赞扬

自中唐以来传世的汗血宝马画，都是当时美术作品中的精品，很受当时人们的珍爱，而后世尤其宋代不少的诗人，当看到这些画中汗血宝马后，都曾给予高度赞扬。众多赞扬画中汗血宝马之诗，无疑成了汗血宝马文化植根于古代中国文化人思想观念中的一种突出表现。

宋代诗人见到的汗血宝马画较多，因此当他们见到汗血宝马画时，便赋诗对画中汗血宝马极力赞扬。黄庭坚《咏伯时画太初所获大宛虎脊天马图》诗云："笔端那有此，千里在胸中。四蹄雷电去，一顾马群空。谁能乘千物，超俗驾长风。"④蔡肇《题申王画马图》诗云："天宝诸王爱名马，千金争致华轩下。当时不独玉花骢，飞电流云绝潇洒……肉骏汗血尽龙种，紫袍玉带真无人。"⑤吴则礼《伯时三马图》诗云："从来画马称神妙，至今只说江都王（"江都王"，唐代人，名李绪，擅长画马）……龙眠老人亦画马，独与三子遥相望。两马骈立真骕骦，一马脱去仍腾骧。"⑥李复《题画马图》诗云："龙种天驹产渥洼，五云毛色散成花。瑶池一去无消息，只许丹青纸上夸。"⑦蔡肇《题李伯时照夜白马图》诗云："天上房星不下来，连山刍粟饱驽骀。龙姿逸驾飞腾尽，赖尔毫端力挽回。"⑧李纲诗亦赞云："宣和天厩多清新，

① 《全明诗》卷24，第1册，第480页。
② 《全明诗》卷31，第1册，第692页。
③ 《全明诗》卷23，第1册，第460—461页。
④ 《全宋诗》卷987，第17册，第11381页。
⑤ 《全宋诗》卷1204，第20册，第13642—13643页。
⑥ 《全宋诗》卷1267，第21册，第14291页。
⑦ 《全宋诗》卷1101，第19册，第12495页。
⑧ 《全宋诗》卷1205，第20册，第13653页。

肉鬃汗血皆翔麟。圉人牵来赤墀下，宸笔落纸亲传神。非行非立非驰逐，独写腾身前举足。展沙奋迅欲嘶风，骧首骖骠初喷玉。流云飞电玉花骢，庭前桷上双直龙。"（宋李纲《赵叔运判见示宣和御画二轴其一马举足奋迅将起其一兔正面踞地啮草皆绝去笔墨畦径间意态如生精妙入神伏观叹息感慨因赋诗二篇以赞扬宸翰且叙小臣悽愤之情云》①）

读了上引诸诗，画中汗血宝马英武、雄健、腾骧飞奔的超凡形象，自然浮现在我们眼前。

第五节　与汗血宝马直接相关词语的广泛使用

汗血宝马是古代大宛等国的特有马种，在它东入中原后，因其汗血、善舞和日行千里等特点，极受中原人珍爱和崇尚，从而部分史籍予以记载，而部分诗人和画家又以诗、画作品进行了颂扬。在从西汉开始的很长时期里，关注汗血宝马成了古代中国中上层社会人们生活的一个组成部分。正是出于这一原因，所以当时的一些人创造了众多与汗血宝马直接相关的词语，并予广泛使用。这些词语最终成了中国汗血宝马文化的一种重要载体。现将其中部分词语的使用情况予以考述。

一、以汗血宝马名称为马厩与马监命名

在中国古代，传统的养马业较为发达，马政管理机构亦较完善。从大宛国汗血宝马东入中原地区开始，在崇尚汗血宝马风气的影响下，部分中原王朝曾以汗血宝马名称为圈养马匹的房舍"马厩"和马政管理机构"马监"命名。这也从一个方面反映了汗血宝马对中国传统马文化的深刻影响。

（一）用汗血宝马名称为马厩命名

"大宛马"和"天马"是汗血宝马众多名称中的两个，在古代，它们曾被用来为马厩命名。用以上两个汗血宝马名称所命名的马厩，简

---

① 《全宋诗》卷1560，第27册，第17714—17715页。

称为"大宛厩"和"天厩"，对此，部分文献和唐、宋、明各代古诗多有述及。

据《三辅黄图》记载，汉都长安城内外设有若干马厩，其中长安城外就设有"大宛厩"（即大宛马之厩）①。清吴宝芝《花木鸟兽集类》卷下《马》引《松窗夜话》云：唐"武德皇帝有天厩（天马之厩），马毛如虎纹，日行八百里"②。

在唐诗中，"天厩"之名亦有使用。杜甫《沙苑行》诗云："王有虎臣司苑门，入门天厩皆云屯。"③顾云《苏君厅观韩幹马障歌》诗云：韩幹所画之马，"屹然六幅古屏上，欻见胡人牵入天厩之神龙"④。

在宋诗中，"天厩"之名出现更多。王令《赋黄任道韩幹马》诗云："天宝天子盛天厩，吐蕃入马上天寿。"⑤张侃《题李伯时马》诗云："近代李伯时，能画天厩马。"⑥张耒《萧朝散惠石本韩幹马图马亡后足》诗云："韩生丹青写天厩，磊落万龙天一痕。"⑦晁补之《次韵苏翰林厩马好头赤》诗云："未须天厩惊好头，冀北未空聊一历。"⑧王庭珪《题李伯时画马》诗云："秃笔戏扫凡马空，人间始识天厩龙。"⑨许及之《韩幹四马诗戏赠世京》诗云："把玩不须嗟岁晚，会看天厩著金羁。"⑩宋无《天马歌》诗云："天厩骎裛鸣龙媒，龙媒不鸣鸣驽骀。"⑪李纲诗亦云："宣和天厩多清新，肉鬃汗血皆翔麟。"⑫

在明代的诗作中，对"天厩"之称的使用也较多。明初，刘基《宝林同讲师渴马图歌》诗中云："天厩马，神龙姿，目如明星耳如锥"，"天厩马，闲且骄，絷以青丝勒以镳"，"天厩马，壮且武，食主之食须报主"，"天厩马，尔不闻赵国廉将军，一饭斗米肉十斤"，"天厩马，饱尔

---

① 陈直：《三辅黄图校证》卷6《厩》，西安：陕西人民出版社，1980年，第136页。
② 《文渊阁四库全书》，第1034册，第102页。
③ 《御定全唐诗录》卷27，《文渊阁四库全书》，第1472册，第458页。
④ 《文苑英华》卷339《謌行》，第1757页。
⑤ 《全宋诗》卷697，第12册，第8116页。
⑥ 《全宋诗》卷3109，第59册，第37109页。
⑦ 《全宋诗》卷1165，第20册，第13145页。
⑧ 《全宋诗》卷1130，第19册，第12823页。
⑨ 《全宋诗》卷1456，第25册，第16752页。
⑩ 《全宋诗》卷2453，第46册，第28382页。
⑪ 《全宋诗》卷3723，第71册，第44743页。
⑫ 《全宋诗》卷1560，第27册，第17714页。

食，草间封狼道诛殛。"①张以宁《题郭诚之百马图》诗云："开元天
厩四十万，爽气雄姿那得似？"②张以宁《题画马》诗云："天厩飞龙
今百万，尽渠饱卧夕阳坡。"③詹同《题蔡参政唐马图》诗云："房星
飞度析木津，天厩产此何其神！"④妙声《杂题画》诗云："何人画此
好头赤？绝胜天厩玉连钱。"⑤

　　从上引看来，对"大宛厩"尤其是"天厩"之名，中国古代诗人不
仅熟知，而且还广泛使用，这自然是对汗血宝马文化的形成做出的贡献。

　　（二）用汗血宝马名称为马监命名

　　我国古代的马监，又称"牧马监"，是当时官方所设主管牧养官马
的机构，大多设置于北方适宜牧马之地。从文献记载看，每一牧马监都
曾有自己的专有名称，其中大多以牧马监所在地之名命名，而以汗血宝
马名称命名者虽不多见，但也不乏其例。

　　用汗血宝马名称为马监命名的现象，始于汗血宝马最初东入中原的
西汉。据王应麟《玉海》记载：西汉时，在北方设有众多马监，如"沙
苑、楼烦、天马监"⑥等。此处的"天马监"就是用汗血宝马名称为马
监命名的最早例证。到了唐代，在社会安定的条件下，统治阶级中滋生
了一种崇尚汗血宝马之风，因此也出现了用汗血宝马名称为马监命名的
现象。王应麟《玉海》又载道：唐朝在秦陇地方设有"龙媒"监⑦。这
些也是汗血宝马文化在中原形成的重要表现。

二、用汗血宝马赞誉有才干、有作为之人

　　在古代中原人心目中，汗血宝马具有神奇、雄健、灵性和奔跑飞快
等奇异特点，而中原固有的土种马是无法与之相比的。有鉴于此，古
代中原地区的部分诗人便用具有奇异特点的汗血宝马赞誉中原有才干、

---

① 《全明诗》卷55《刘基四》，第2册，第531页。
② 《全明诗》卷13《张以宁一》，第1册，第258页。
③ 《全明诗》卷14《张以宁二》，第1册，第355页。
④ 《全明诗》卷24《詹同一》，第1册，第472页。
⑤ 《全明诗》卷32《妙声三》，第1册，第717页。
⑥ 王应麟：《玉海》卷149《兵制·马政下》，《文渊阁四库全书》，第946册，第825页。
⑦ 王应麟：《玉海》卷149《兵制·马政下》，《文渊阁四库全书》，第946册，第825页。

有作为的人。这种现象的产生和延续，在历史上显然是颇为奇特的。

在历史上，用汗血宝马赞誉有才干、有作为之人的情况，主要见于宋诗。苏轼《次孔文仲见赠诗》云："君如汗血马，作驹已权奇。"[①]这两句诗，将有才干之人用汗血宝马相比喻。龚开《仆为虚谷先生作玉豹马先生有诗见酬极笔势之驰骋乃以此诗报谢》云："君侯昔如汗血驹，名场万马曾先驱。"[②]其意是说：君侯当年犹如汗血千里马，名声和业绩居于百官之首。

三、《太一之歌》部分词语的多方使用

汉武帝亲自所作《太一之歌》（又称《天马之歌》，是有史以来首篇赞颂汗血宝马的诗歌作品。在这一作品中，用以描述汗血宝马的"霑赤汗""沫流赭""权奇""倜傥""万里"和"龙为友"等词语，成了后世专门描述汗血宝马形象及其神奇特点的基本词语。这些词语的长期而又广泛使用，曾为汗血宝马文化在中国的形成起到了积极作用。现将其中具有代表性词语的使用情况略作考述：

（一）"霑赤汗"

"霑赤汗"是汉武帝最先在其《太一之歌》中所描述汗血宝马的主要特点之一。后来，东汉明帝又有"尝闻武帝歌，天马霑赤汗，今亲见其然也"之说。自此，汗血宝马"汗血"神秘性的可信度和影响力便大为增强，而且作为一种难解之谜，在中国历史上存在了约两千年之久。

"霑赤汗"说的涵义，在古代虽然很难作出科学解释，但试图对其作出解释者仍不乏其人。据《汉书·礼乐志》的注文，东汉应劭当是有据可考的最初阐释"霑赤汗"一词的古代史学家。应劭说："大宛马汗血霑濡也。"[③]那么，"霑濡"一词是何意呢？据《辞海》缩印本解释："霑，沾的异体字。"[④]沾，"浸湿，浸染"之意[⑤]；"濡"，古为水名，

---

① 《中文大辞典》，第18册，水部，汗血马条，台湾中国文化研究所印行，第450页。

② 《全宋诗》卷3465，第66册，第41278页。

③ 《汉书》卷22《礼乐志》注。

④ 《辞海》缩印本："霑"字条，第2001页。

⑤ 《辞海》缩印本"沾"字条，第913页。

其字义为"沾湿"，引伸为"沾染"①。综上所述，大宛马"霑赤汗"的特点，实际上是说马所流的汗在马体表之毛中呈"浸湿、浸染"或润湿之状，且为红色。

在两汉之后，部分诗赋中有用"霑赤汗"一词描述汗血宝马特点者，不过，有的用字有所变动。如梁简文帝《系马》诗云："青骊沉赭汗，绿地悬花蹄。"②梁元帝《赋登山马》诗云："汗赭疑沾动，衣香不逐风。"③唐杨巨源《观打毬有作》诗云："玉勒回时霑赤汗，花骢分处拂红缨。"④乔彝《渥洼马赋》云："蹑红云而喷玉，霑赤汗以攒花望兮。"⑤明陶安《五花马》诗云："前年来从冀北野，蹄不惊尘汗流赭。"⑥

（二）"权奇"

"权奇"一词，王先谦补注《汉书·礼乐志》云："权奇者，奇谲非常之意。"其意是说，汗血宝马具有奇特而卓异之处。正是由于这一点，所以，唐、宋、金、元、明等朝代的诗、词、赋，每当描述汗血宝马时，多用"权奇"一词。

唐代人杨师道《咏马诗》云："宝马权奇出未央，雕鞍照曜紫金装。"⑦乔知之《羸骏篇》诗云："小山桂树比权奇，上林桃花况颜色。"⑧薛曜《舞马篇》诗云："忽见知咀御拉铁，并权奇被服雕章。"⑨

宋代诗人咏汗血宝马时，"权奇"一词使用更多。毛直方《独骏图》云："肉骏汗血不可常，权奇倜傥晦若藏。"⑩项安世《送都大茶马入觐八绝句》云："何世真无千里马，如今始得九方皋。何如牝牡骊黄外，更相权奇磊落人。"⑪释德洪《神驹行》诗云："雪蹄卓立尾萧

① 《辞海》缩印本，第994页。

② 《文苑英华》卷330《诗》，第1718页。

③ 《文苑英华》卷330《诗》，第1718页。

④ 《御定全唐诗录》卷52，《文渊阁四库全书》，第1473册，第40页。

⑤ 《文苑英华》卷132《赋》，第606页。

⑥ 《全明诗》卷71，第213页。

⑦ 《文苑英华》卷330《诗》，1718页。

⑧ 《御定全唐诗录》卷2，《文渊阁四库全书》，第1472册，第55页。

⑨ 《文苑英华》卷344《謌行》，第1777—778页。

⑩ 《全宋诗》卷3639，第69册，第43621页。

⑪ 《全宋诗》卷2381，第44册，第27444页。

梢，天骨权奇生已似。"① 许及之《韩幹四马诗戏赠世京》云："吾闻北马来西极，骧首蹑云无定姿。俯视双瞳真皎镜，遥怜一骨独权奇。"② 张嵲《题赵表之李伯时画捉马图诗》云："徒观出塞十四万，讵觉权奇冀北宫。"③ 苏轼《次孔文仲见赠诗》云："君如汗血马，作驹已权奇。"④ 苏辙《韩幹三马》诗云："雄姿骏发最后马，回身奋鬣真权奇。"⑤ 黄庭坚《和子瞻戏书伯时画好头乌》诗云："精神权奇汗沟赤，有头赤乌能逐日。"⑥

陆游《龙眠画马》诗云："国家一从失西陲，年年买马西南夷。瘴乡所产非权奇，边头岁入几番皮。"⑦ 释祖可《观壮舆所藏伯时马》诗云："刘侯为出二马图，缅想权奇在坰牧。"⑧ 丁谓《马》诗云："蹀躞追风足，权奇汗血躯。"⑨ 韦骧《咏马》诗云："种格得房精，权奇岂易名。"⑩

明代诗人在诗中也用"权奇"一词。妙声《题画马》诗云："真龙矫矫空大群，奚官牵来气若云……方今相者多举肥，莫画权奇须画肉。"⑪

（三）"俶傥"

《汉书·礼乐志》所载《太一之歌》有"志俶傥"之句。此"俶傥"同倜傥，为"卓异、豪爽、洒脱不拘"⑫之意。汉武帝为神异汗血宝马，故在《太一之歌》中以"俶傥"一词称颂之。

在唐、宋时期，不少诗人在诗中也曾用"俶傥"一词赞颂汗血宝马，而更多的则将"俶傥"与"权奇"二词连用，从而使神奇的汗血宝马具有了人格化的突出特点。李白《古风》诗云："齐有倜傥生，鲁连特高妙。"⑬ 宋人周紫芝《题龙眠画四马图》诗云："三骢岂是拳毛騧，

---

① 《全宋诗》卷1327，第23册，第15058页。

② 《全宋诗》卷2453，第46册，第28382页。

③ 《全宋诗》卷1845，第32册，第20549页。

④ 台湾《中文大辞典》水部第450页。

⑤ 《全宋诗》卷863，第15册，第10031页。

⑥ 《全宋诗》卷987，第17册，第11381页。

⑦ 《全宋诗》卷2158，第39册，第24364页。

⑧ 《全宋诗》卷1288，第22册，第14612页。

⑨ 《全宋诗》卷102，第2册，第1165页。

⑩ 《全宋诗》卷731，第13册，第8550页。

⑪ 《全明诗》卷31，第1册，第692页。

⑫ 《辞海》缩印本《俶傥》条，第252页。

⑬ 《御定全唐诗录》卷20，《文渊阁四库全书》，第1742册，第343页。

俶傥权奇颇闲暇。"①吴则礼《题贾表之所藏九马图》诗云："权奇偶傥得殊相，笔墨真似沙中堆。"②李纲《罗畴老所藏李伯时画马图二首》诗云："顾视清高气深稳，志意俶傥精权奇。兰筋透骨连钱直，细毛萧捎丰颊臆。"③毛直方《独骏图》诗云："肉骏汗血不可常，权奇偶傥晦若藏。"④楼钥《题赵尊道渥洼图》诗云："良马六十有四蹄，腾骧进止纷不齐。权奇偶傥多不羁，亦有顾影成骄嘶。"⑤刘子翚《明皇九马图》诗云："吾闻取骥如择士，竞爱妥帖惊权奇。士怀偶傥众论斥，马有憔悴群驽奇。"⑥王应麟《玉海》云："踥云螭神偶傥兮，态权奇颂皇灵兮。"⑦王寂《跋张舍人所收杨仲明天厩铁骢图》诗云："黑花细丽云满躯，偶傥不与驽骀俱。"⑧至于《太一之歌》中的"迣万里""龙为友"等词语也有所运用。

总之，古代诗人运用汉武帝《太一之歌》中专门用以描述汗血宝马特征的词语，长期而广泛赞颂汗血宝马，这不仅为后世人们展现了神奇和极具人格特点的汗血宝马形象，而且对我国汗血宝马文化的形成和发展起到了很大促进作用。

第六节　汗血宝马对古代著名铜铸马、石刻马与绘画马的影响

汗血宝马东入中原后，以其"汗血""能解人语"、伴随鼓乐节拍跳舞，及其身躯细高、健美，奔跑飞快等非同寻常的特征，广泛受到当时人们特别是社会上层人士的喜爱。在中国古代马文化逐渐形成和发展的过程中，具有广泛社会影响并得到人们喜爱的汗血宝马，被众多美术家

①《全宋诗》卷1498，第26册，第17098页。
②《全宋诗》卷1267，第21册，第14291页。
③《全宋诗》卷1547，第27册，第17566页。
④《全宋诗》卷3639，第69册，第43621页。
⑤《全宋诗》卷2538，第47册，第29373页。
⑥《全宋诗》卷1913，第34册，第21353页。
⑦ 王应麟：《玉海》卷149《兵制·马政下》，《文渊阁四库全书》，第946册，第828页。
⑧《全金诗》卷30，第381页。

运用铜铸、石刻与绘画等多种艺术手法进行表现，就成为十分自然的事了。据我国史学界部分专家的研究，陕西兴平县出土的西汉鎏金铜马、甘肃武威出土的铜奔马，是仿照汗血宝马形象铸造的；"昭陵六骏"石刻马"白蹄乌"，是依据唐太宗坐骑汗血宝马"白蹄乌"所雕刻；唐代《照夜白图》，是依据唐玄宗坐骑汗血宝马"照夜白"形象画成的。这些具有汗血宝马形象的杰出艺术品的流传于世，显然反映了汗血宝马传入我国后对传统马文化所产生的深刻影响。

一、陕西兴平鎏金铜马与武威铜奔马

汉晋时期，用铜铸造马的风气颇为盛行。从出土文物看，在中原和西北地区所铸造铜马，似乎都是以大宛国汗血宝马为艺术原型的。在这方面最具代表性者，当数陕西兴平县出土的西汉鎏金铜马和甘肃武威出土的铜奔马。

（一）陕西兴平鎏金铜马

陕西兴平西汉鎏金铜马，1981年5月出土于陕西省兴平县茂陵一号无名冢的一号从葬坑内。据《文物》所刊发掘报告描述：西汉鎏金铜马（K1：001）呈"站立状，昂头，口微张，有牙齿六颗。两耳竖起，耳间有鬃毛，颈上也刻鬃毛。马的肌肉和筋骨的雕刻符合解剖比例。马体匀称合度，造型朴实稳重。马身中空。通高62厘米，长76厘米。出土时嘴边有铁锈痕迹"。"鎏金铜马的马尾与生殖器是另铸铆接或焊接的，肛门开一个小通气孔。由于表面曾经加工并鎏金，现已看不出它的浇口。"[1]

从《文物》发表的照片看，西汉鎏金铜马具有"头细颈高，四肢修长"，"体态优美，精神饱满"的形体特点，这与土库曼斯坦领导人赠送我国的当代汗血宝马阿赫达什是相同的。据此可以说，黄时鉴主编《解说插图中西关系史年表》图版文字说明所称"西汉鎏金铜马，为'天马'造型"[2]之说是正确的，将西汉鎏金铜马论定为大宛国汗血宝

---

[1] 《陕西茂陵一号无名冢一号从葬坑的发掘》，《文物》1982年第9期，第2页。

[2] 黄时鉴主编：《解说插图中西关系史年表》，杭州：浙江人民出版社，1994年，图4。

图四　根据汗血宝马形象所铸造的西汉兴平鎏金铜马

马形象的艺术再现，也不会有何不妥。

对西汉鎏金铜马，在史学界还有"马式"说。"马式"，是古代相马时用以衡量良马的标准或标准模型。如林琳在《论秦汉时期中华民族的马文化》一文中指出："考古工作者在陕西兴平县发掘出土一尊汉代鎏金铜马，此即用作相马的标准模型——马式。"①我以为，以上见解是中肯的，但更为完善的表述应该是：西汉鎏金铜马，是根据大宛国汗血宝马形象铸造的相马标准模型——"马式"。

（二）武威铜奔马

武威铜奔马，1969年9月22日出土于甘肃武威雷台汉墓。雷台汉墓位于武威市北郊。雷台是南北长106米、东西宽60米、高约8.5米的人工土筑长方体大土台，台上建有规模宏大的、具有明清建筑风格的雷祖庙，故称雷台。此雷台实际上是一座内砖砌、外与顶部土筑的坟墓。这座墓有墓道、甬道、前室、中室、后室和三间耳室，墓室总长19.34米，最高处3.5米。1969年9月，当地农民在雷台东南壁上从外向内挖防空洞

———————

① 《民族艺术研究》1998年第3期，第55页。

图五　武威铜奔马

时发现了此墓。经文物部门收交流失文物和清理墓室，从此墓中共出土金、银、铜、铁、玉、骨、漆、石、陶等器物230余件，另有铜钱28000余枚，其中最为珍贵者，是一套由铜人、铜车、铜马组成的铜车马仪仗俑，闻名世界的铜奔马就在其中。[①]铜奔马"通高34.5厘米，长45厘米，形神兼备，气韵生动，矫健骠悍，无拘无束，昂首扬尾，张口嘶鸣，三足腾空，右后足巧妙地轻踏在一只飞鸟的背上。鸟眼似鹰，体型似燕，展翅回首，伸展的双翼平铺于地"，具有"天马行空，独来独往"之气势。铜奔马的体态、神韵等，均与大宛国汗血宝马的体态、神韵相吻合。据此分析，武威铜奔马是依据大宛国汗血宝马形象所铸造。

　　铜奔马的出土，引起了国内各方面的广泛关注，郭沫若先生也曾亲临甘肃省博物馆参观。1971年9月17日，郭沫若先生陪同柬埔寨王国民族团结政府首相宾努亲王一行访问兰州。9月19日下午，郭沫若先生来到甘肃省博物馆参观，对铜奔马赞叹不已。他说："我到过很多国家，看过很多马的雕塑和骑士雕塑，但那些东西，最古的也只有几百年的历

---

　　① 参见邵如林、邸明明：《国宝铜奔马》，《丝绸之路》2004年第1期。

史。而我们的祖先，在将近两千年前就创造出这样生动绝妙的雕像，在艺术造型和艺术构思上，以及利用力学的原理上能达到这样高的水平，是我们民族的骄傲。"① 郭老回京后，将铜奔马的情况向周恩来总理作了报告。此后，铜奔马和同墓出土的铜人、铜车马参加了"文化大革命期间出土文物展览"。②

铜奔马这尊举世无双的艺术珍品，究竟是何时铸造的？这一点至今尚无定论。若从同时出土的铜人、铜马身躯上的铭文看，这座墓的主人姓"张"，"冀"人，曾任"张掖长"及"左骑千人官"等官职。再从墓的规模、陪葬品十分丰富和珍贵等情况分析，似为一座"王者之墓"。有的专家认为，雷台墓"是前凉张骏之墓或在他之前的哪两个'凉王'之墓，那无论身份、地位，还是经济实力，都应该是顺理成章的事"③。再若将武威铜奔马的形象、跑姿与嘉峪关魏晋墓壁画中不少马的形象、跑姿比较，即可发现二者几乎是完全相同的。这种现象清楚不过地表明，武威铜奔马的铸造与魏晋墓壁画中马的绘画完成在时间上是一致的。这就是说，武威铜奔马极有可能是在魏晋时期铸造的。

武威铜奔马，以其无与伦比的艺术造型享有极高的国际声誉。中国国家旅游局遂于1983年9月，将其确定为"中国旅游图形标志"，并于同月25日在《旅游报》上公布了相关通知。

二、"昭陵六骏"石刻"白蹄乌"

"昭陵"是唐太宗李世民的陵寝，位于陕西省礼泉县东北45公里之九嵕山。"昭陵六骏"是李世民征战时所骑乘过的六匹战马，即"什伐赤""青骓""特勤骠""飒露紫""拳毛䯄""白蹄乌"的石雕像，原陈列于九嵕山昭陵玄武门内东、西两侧。

据西安碑林博物馆资料介绍，"昭陵六骏"石刻像，是贞观十年（636年）唐太宗令著名画家阎立本根据六匹战马形象绘制，并主持雕刻而成。六骏石雕像采用浮雕形式，构图新颖，姿态各异，刀法洗

---

① 参见王廷芳《陪同郭沫若同志参观甘肃省博物馆的回忆》，《陇右文博》1996年，第1期。
② 参见邵如林、邸明明：《国宝铜奔马》，《丝绸之路》2004年第1期，第8—9页。
③ 邵如林、邸明明：《国宝铜奔马》，《丝绸之路》2004年第1期，第12—13页。

图六　唐太宗昭陵六骏之白蹄乌石刻

练，造型逼真，堪称唐代石刻艺术品中的杰作。但不幸的是，"飒露紫"与"拳毛𬴊"的石雕像，早在1914年时被盗，现藏于美国费城宾西法尼亚大学博物馆，其余四块石雕像现陈列于西安碑林石刻艺术馆。

"白蹄乌"以其"毛色纯黑，四蹄俱白"而得名。据有学者称，"白蹄乌"是一匹汗血宝马，李世民当年十分喜爱它。武德元年（618年），李世民在陕西长武浅水原与薛举之子薛仁果①作战时所骑乘。

"昭陵六骏"中"白蹄乌"的石雕像，呈飞奔状，背部备鞍鞯，两前腿近乎平行向前伸展，两后腿近乎平行向后伸展，整个躯体腾飞于空中，体态矫健、勇猛，有锐不可挡之势。

---

① 《全宋文》卷2015游师雄《题六骏碑》认为："唐史误以'果'为'杲'耳"。

三、唐代汗血宝马画《照夜白图》

在我国古代，以马匹为题材的美术作品创作，多运用写实的艺术手法，其中相当部分作品又是以汗血宝马为表现对象的。唐代汗血宝马画——《照夜白图》，就是以汗血宝马为题材，并运用写实艺术手法所创作的美术作品之一。从这些美术作品中，我们同样可以看到汗血宝马东入中原后，对中国马文化的深刻影响。

"照夜白"原是东入中原的一匹汗血宝马，亦曾是唐玄宗李隆基的坐骑之一。当著名汗血宝马画家韩幹被唐玄宗召为宫廷画家后，便运用写生手法将"照夜白"画为传世杰作《照夜白图》。此画早已流失海外，现藏美国大都会博物馆，多年前我国有人已将其拍照带回国内，并被多种美术史著作所采用。

《照夜白图》这幅汗血宝马画，在所有传世的以马为题材的作品中是十分独特的。若从画面看，一匹拴在木桩上的肥硕的白色马，弓曲躯体似呈椭圆状，并有即刻腾跃之势。黄宗贤在其所编著《中国美术史纲要》中也指出，《照夜白图》"用精炼而富于弹性的铁线勾勒后，稍加

图七 韩幹《照夜白图》(唐摹本)

渲染，将一匹烈马狂暴不安的神情刻画得栩栩如生"①。

韩幹的汗血宝马画《照夜白图》，是我国历史上美术作品中的杰作之一，很受后世的推崇和赞扬。从北宋至明代之间，很多诗人在其诗作中对"照夜白"马和《照夜白图》曾给予高度赞誉。宋人王钦臣《次韵苏子由李伯时所藏韩幹马》诗云："玉花照夜古称美，颜色乃是论其皮。"②周紫芝《题李彦恢家龙眠七马图》诗云："古来画马知几人，当时只数曹将军。龙媒貌得照夜白，七十万匹空云屯。"③元人朱德润《题张参政所藏骢马滚尘图》诗云："玉花照夜争新妍，一马滚尘鬃尾鲜。昂首不受金丝络，汗血辗沙生昼烟。"④

---

① 黄宗贤编著：《中国美术史纲要》，重庆：西南师范大学出版社，1993年，第63页。
② 《全宋诗》卷747，第13册，第8705页。
③ 《全宋诗》卷1511，第26册，第17211页。
④ 《元诗选初集》卷46，《文渊阁四库全书》，第1469册，第225页。

第六章　汗血宝马史的新篇章

2000年是新世纪的开端，同时也是我国汗血宝马史上具有一定阶段性意义的一年。这一年，在土库曼斯坦总统尼亚佐夫向中国赠送汗血宝马和日本清水隼人在新疆天山西部发现汗血宝马两件大事的影响下，我国部分记者和专家，先后发表了一系列有关汗血宝马的报道与论文，促使我国汗血宝马问题研究出现了前所未有的新热潮。这一新热潮，是以汗血宝马史的新事件和学术研究的新成果为突出标志的。

第一节　土库曼斯坦赠送我国的
汗血宝马——阿赫达什

土库曼斯坦，是我国在中亚地区的友好邻邦之一，它的疆域是古代西域大宛国的一部分，同我国有着两千多年的友好交往史。20世纪90年代，土库曼斯坦独立建国，我国政府很快予以外交承认，并相互建立了大使级外交关系。土库曼斯坦和我国，同是上海合作组织的成员国，相互在各方面保持着友好关系。土库曼斯坦尼亚佐夫总统，非常重视中土两国和两国人民友谊，当中国国家主席江泽民同志于2000年7月5日访问该国时，便将该国国宝——一匹汗血宝马赠送给了中国，从而为中土两国和两国人民的友谊、为汗血宝马史的发展，续写了新的篇章。

一、友好使者——阿赫达什

土库曼斯坦尼亚佐夫总统赠送我国的汗血宝马，属世界名马阿哈尔捷金马，名叫阿赫达什。"阿赫达什"，土库曼语意为"白色的石头"。这是一匹公马，来华时已经8岁，躯体黑色，三蹄"踏雪"（即三蹄为白色），身高1.75米，头细颈高，四肢修长。从照片上看，阿赫达什上唇为白色，鼻梁下部亦为白色，且与唇部白色相连；眉骨高耸，前额正中有一块菱形白毛；耳朵较长，平时呈"V"字形伸展，奔跑时两耳前倾，侧看颇似一双弯月；体态优美，精神饱满；尾毛浓密蓬松，奔跑时随风飘扬。来我国时，其脖子上还系着一条五彩丝绦。

阿赫达什成为中土两国的友好使者，还有一段感人的故事。据报道，江泽民主席在2000年对土库曼斯坦进行为期三天的访问时，于7月5日傍晚乘专机抵达土库曼斯坦首都阿什哈巴德。这是中国国家元首对土库曼斯坦的首次访问。江泽民主席在机场受到隆重欢迎并发表了书面讲话。他说：中土两国人民的友谊源远流长，许多世纪以前，我们的先辈通过古老的"丝绸之路"，把中国盛产的茶叶、丝绸和瓷器运到土库曼斯坦，买回了驰名天下的"天马"，留下了千古传颂的佳话。听到江泽民主席在讲述中土两国人民的友谊时提及"天马"，尼亚佐夫总统很为感动，为表达土库曼斯坦人民对中国人民的友好情谊，他决定将一匹时为5岁的阿哈尔捷金马赠送给江泽民主席。

在江泽民主席代表中国政府接受尼亚佐夫总统赠送的汗血宝马后，中国种畜进出口公司就进行积极安排，打算尽快把马运回国内，并为此拟定了运输方案：以技术人员为主的先遣队先从北京飞往乌兹别克斯坦

图八　阿赫达什

首都，再转机飞往土库曼斯坦；待先遣队挑好为宝马做伴的其他汗血宝马后，公司拟从俄罗斯包机直飞土库曼斯坦，把汗血宝马用运马集装箱装上飞机，途经乌兹别克斯坦运回北京。运马方案虽已确定，但因阿富汗战火愈演愈烈，同时中国与土库曼斯坦之间没有直达航线，从安全角度考虑，中国种畜进出口公司向外交部提议推迟运马，得到了外交部的同意。①

阿赫达什原在土库曼斯坦首都阿什哈巴德近郊总统专用养马场，由八十多岁的马尔加莉达老人和她的助手负责饲养。由于马尔加莉达老人亲眼看着阿赫达什长大，因此当得知阿赫达什被赠送中国领导人后，她总是恋恋不舍，并曾一度感伤过。后因故不能立即启程，她又显得十分高兴，对宝马厚爱有加，饲养更为精心。2002年6月17日，中国种畜进出口公司包租到土库曼斯坦航空公司一架伊尔-76型货机，准备把阿赫达什运回国内。这天早晨，阿赫达什草足料饱后，马尔加莉达老人抚摩着宝马长长的鬃毛，并将脸贴在马的脸上，满眼含泪，而后，老人快步离去。或许阿赫达什知道这是永别，因此它仰头长嘶，老人回过头，朝宝马挥挥手，说："孩子，走吧，中国也是你的家。"说完，马尔加莉达老人再也不敢回头。②

装运阿赫达什的大木箱呈长方体，无顶盖。工作人员为防止木箱内侧四周擦伤阿赫达什，就事先用柔软的布做了衬垫。从有关照片看，在木箱正面上部，即靠近阿赫达什脖子处边缘，事先衬了厚厚的垫子。在垫子下方的木箱正面，挂有一大块白布，白布正中印有绿底红字白边隶书"马"字。木箱左侧外亦挂有一大块白布，白布前部印有一个圆形图徽，图徽后上部印有"民航快递"四个汉字，下部印有英文"CHINA AIR EXPRESS"字样。右、后两面印着什么，尚不得而知。

阿赫达什乘坐的土库曼斯坦伊尔-76型货机，于6月17日早晨起飞，穿越古丝绸之路上空，向中国飞来。一路上，怕委屈了宝马，工作人员一边抚摩它的鼻梁，一边给它喂特意配备的草料。阿赫达什由于是第一次乘坐飞机，有点不适应，它时而抬头，扭动脖颈环视四周，时而腾跳

① 参见京晨：《西天飞来一匹"汗血宝马"》，《海内与海外》2002年第11期，第69页。
② 参见京晨：《西天飞来一匹"汗血宝马"》，《海内与海外》2002年第11期，第69—70页。

长嘶。下午4时左右，飞机平安降落到了天津机场。阿赫达什下飞机后，饮了点水，稍作休息，又坐上一辆早已等候在机场的大卡车，沿京津塘高速公路抵达了它的新家——北京郊区育马中心。① 也有报道说：在6月17日长达七个多小时的飞行中，阿赫达什听到飞机马达的轰鸣声，便胆战心惊，负责接运工作的刘忠原不得不始终轻轻抚摩它的鼻梁和脖颈。当刘忠原暂时走开为它拿草料和清水时，它就烦躁不安地用四蹄刨木箱地板，木箱地板便发出"咚、咚"的响声。但一下飞机，它就马上安静下来了，甚至它还边吃草，边抬起头好奇地四处张望。② 随后，阿赫达什就被送到了中国种畜进出口公司在廊坊的养马场隔离检疫。

在阿赫达什到达廊坊的第二天，土库曼斯坦驻华大使库尔班穆哈买德·卡扎洛维奇·卡西莫夫便前往养马场看望阿赫达什。卡西莫夫说："土库曼人将马视作亲人对待，只送给自己最好的朋友。"又说，赠送给中国的这匹马将成为"土中两国和两国人民友谊的象征"。

二、土库曼斯坦人的爱马传统与阿赫达什的光荣家族史

著名的汗血宝马，经过漫长时期的繁衍，在今天的世界上唯独可以在土库曼斯坦等少数国家内找到其纯种后代，这就是世界三大名马之一的阿哈尔捷金马（简称"阿哈马"）。形成这种特殊现象，完全与土库曼斯坦人民的爱马优良传统有着密切关系。

土库曼斯坦人民十分珍爱阿哈尔捷金马，向来把阿哈尔捷金马"视作亲人对待"。为了使阿哈尔捷金马的血统保持纯正，他们永久性坚持圈养和马谱系的记载，并形成了优良传统。

阿哈尔捷金马在土库曼斯坦享有崇高的地位，自古就被视为国宝。这种情况，在现今世界上其他国家内都是没有的。土库曼斯坦人民由于十分珍爱阿哈尔捷金马，他们便把这种马的头像绘制在了本国国徽的中央。我国派遣接运阿赫达什的中国种畜进出口公司廊坊养马场场长刘忠原，在接来宝马后非常兴奋，他连声称赞土库曼斯坦人民爱马爱到了极

---

① 参见京晨：《西天飞来一匹"汗血宝马"》，《海内与海外》，2002年第11期，第70页。
② 摘自新华网，2002年6月20日。

致，并说土库曼斯坦除了国徽中央有阿哈尔捷金马的头像，该国街道上还随处可见阿哈尔捷金马的雕像，甚至就连该国钱币上的防伪标志也都是马的形象。[①]

阿哈尔捷金马在土库曼斯坦已有3000多年的驯养历史了，是世界上人工饲养历史最长久的一个马种。现在，该国仍有2000匹左右的阿哈尔捷金纯种马，另1000匹左右在俄罗斯等国。阿赫达什来我国时，还曾带来了厚厚一迭有关其谱系的证明和它获得的证书，这些资料记载着阿赫达什显赫的身世和其先辈辉煌的过去。阿赫达什的谱系表明，它的爷爷的爷爷是一匹灰色马，名叫"阿拉布"。1935年，阿拉布参加了从阿什哈巴德到莫斯科4300公里的长途赛马，84天跑到了终点。赛马结束后，阿拉布就被送给了当时的苏联政府，此后就在莫斯科的一个驯马基地进行驯养。1945年5月9日，在反法西斯战争胜利之后，朱可夫元帅正是骑着这匹马在莫斯科红场上进行阅兵的。阿拉布的儿子阿布森特是一匹乌黑毛色的马，它是罗马最高骑术比赛的冠军，1964年又在东京的骑术比赛中获得了铜牌[②]。其父于1995年在法国的世界马匹速度赛中获得冠军，并被一名石油大王以1000万美元的拍买价购走[③]。这种显赫身世，显示了阿赫达什的不平凡。据报道，阿赫达什具有其先辈的诸多优点，1996年正当其两岁时，就在平地上用1分12秒4的时间跑完了1000米的路程。

三、阿赫达什来到中国后的惬意生活

阿赫达什来中国前，中国种畜进出口公司廊坊养马场已经给它建好了新家，为它创造了过上惬意生活的良好条件。

阿赫达什在廊坊的厩舍很高，便于通风，顶棚上还安装着电风扇，时值六月，也无一丝闷热。看来，它在廊坊的家很舒适。在检疫期间，记者要一睹其芳容，还必须先消毒。在马厩门口，记者换上了黑色的新水鞋和白色工作服后才被允许通行。[④]

---

① 王海涓：《汗血宝马首次在我国亮相：祖先曾获奥运会冠军》，《北京晚报》2002年6月19日。
② 南方网：《金庸等谈土库曼斯坦赠送的汗血宝马》，2002年8月12日。
③ 杨晨：《汗血宝马即将进京》，《北京晚报》2001年6月18日。
④ 《北京晚报》2002年6月19日。

阿赫达什在其故乡时，主要吃骆驼草，到了中国则以禾本科植物为主，辅以燕麦和大麦等，但在检疫前，它还不能乱吃食物。为了防止来到中国后发生水土不服现象，接运人员刘忠原还从土库曼斯坦带来了两大桶清水，以备阿赫达什饮用。阿赫达什来到中国后，工作人员发现它有爱吃土的习惯，这可能是其身体缺乏矿物质和维生素的缘故。至于它在检疫后的食物配料和驯养方法，据刘忠原讲，还需要根据它自身的情况来确定。①

2002年6月18日下午2时40分，在马场工作人员的牵引下，阿赫达什走出马厩。一进跑马场，它毫不怕生，只见其四蹄轻扬，兴之所至还来了几个马术比赛中盛装舞步的动作，然后便憨态可掬地在沙土上快乐地打着滚儿。工作人员说，它是在"洗"沙浴，这就像人洗澡一样。当它站起来后，便用力抖动全身，抖掉了身上的沙土，然后便沿着马场欢快地跑起来，有时又悠闲地散步。②

阿赫达什的饲养员，是来自内蒙古年仅20岁的王星。在阿赫达什来到廊坊种畜场的最初45天中，王星和阿赫达什的关系非常亲密，是一种"马不离人，人不离马"的情景。据王星介绍，阿赫达什每天要洗两次澡，晚上12点以后才休息。阿赫达什睡觉的方式是最舒服的一种，即"躺着睡"，"它总是把脖子伸直了侧躺在松软的木屑上，很会享受"。

阿赫达什到达廊坊种畜场后，工作人员为它的生活安排好了时间表：早晨4点喂早料；6点~9点测体温，然后牵到沙场上自由活动；11点~11点15分洗澡刷拭；12点喂午料；14点~14点15分洗澡刷拭；16点~18点出舍自由活动；20点喂晚料。

廊坊种畜场对阿赫达什的精心照顾，还体现在每日的配料上。据报道，阿赫达什可以自由饮用新鲜的地下水，自由采食已经消过毒的青干草，每天"正餐"三次，每次一公斤左右燕麦。为了保证充足营养，饲养人员还在燕麦中加入盐、维生素、氨基酸、电解质、微量元素等营养成分。阿赫达什对"正餐"很满意，每次用餐后，喂料槽都是干干净净的。但由于是定量喂养，显然它有些"意犹未尽"。看来，阿赫达什在

---

① 王海涓：《汗血宝马首次在我国亮相：祖先曾获奥运会冠军》，《北京晚报》2002年6月19日。

② 《汗血宝马首亮相，憨态可掬打滚儿》，http://www.dayoo.com.cn。

中国的生活真是惬意。

据王星在接受采访时讲，阿赫达什虽然有"汁血宝马"的美誉，但从未见过它流血汗，即使它的汗向外冒得很厉害，有时汗珠顺着肚皮往下滴，但汗并不是红色的。

第二节 土库曼斯坦赠送我国的汗血宝马 ——阿尔客达葛

2006年4月2日，土库曼斯坦尼亚佐夫总统，赠送我国国家主席胡锦涛一匹名为阿尔客达葛的汗血宝马。这是新中国成立后，土库曼斯坦赠送我国的第二匹汗血宝马。这匹阿尔客达葛汗血宝马的到来，同样续写了中国汗血宝马史和中土两国、两国人民友谊的新篇章，又为丝绸之路史增添了光彩夺目的一页。

一、阿尔客达葛及其骄人业绩

阿尔客达葛于2001年出生于土库曼斯坦，来华时已经五岁了。这匹汗血宝马，通体金黄，额头有颗象钻石一样的白星，而且三蹄踏雪（即呈白色），它有着优美纤细的身体线条，背部毛发细而短。全身皮毛呈浅金色，每当阳光照在阿尔客达葛的脊背处时，就会折射出一道冷艳的金属光泽。

在阿尔客达葛的右胸，有个不太明显的浅疤，这是被注入"护照"的地方。这种"护照"，是汗血宝马血统的证明，是经过专门机构复杂的检验、验证才确认的，然后授予证书，并在马体内注入一个小芯片，芯片上记载着这匹汗血宝马的所有身份资料，有了这种"护照"的马，才是官方认可的、纯正血统的汗血宝马。

阿尔客达葛作为国礼来到中国，是经过了中土专家的择优挑选才实现的。据报道，土库曼斯坦在决定向胡锦涛主席赠送汗血宝马时，先从总统马房中挑选了五匹神态各异、毛色不同的汗血宝马，然后邀请中国的马业专家，按照中国人民对马的审美观为胡锦涛主席选马。经中方马业专家的精挑细选，阿尔客达葛这才脱颖而出，终于成为中土两国人民友谊的使者。

汗血宝马跑速超常是普遍性特点，而阿尔客达葛的跑速更是出众。有关资料表明，阿尔客达葛来华前，曾15次夺得土库曼斯坦国家赛马的冠军，1000米短跑最好成绩是1分06秒，而4000米长跑最好成绩仅用4分50秒。

二、阿尔客达葛来华后的良好表现

阿尔客达葛是一匹很具灵性的汗血宝马，是一匹种公马。据报道，2014年初的一天，有人去国家汗血马中心参观，亲自看到阿尔客达葛具有灵性的一面。当时，马场饲养员轻声呼唤阿尔客达葛的名字，并拿起一条树枝在空中抡捧了一下，树枝发出"呼"的声响，阿尔客达葛听到后顿时将双耳竖起，且向前倾，并微微收低脖颈，使脖子形成优美的拱形。这是很多汗血宝马常常做出的一种优美造型，人们将这一造型称为"鹤颈"，阿尔客达葛的这种造型更为出色。

阿尔客达葛至2014年已达13岁，它对饲养员稍显"挑

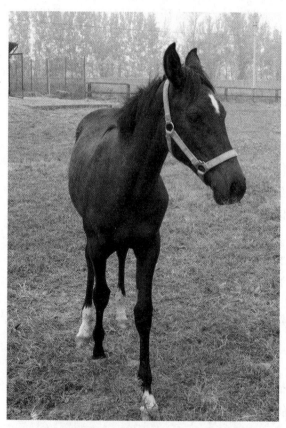

图九　阿尔客达葛

剔"，据说，谁能降伏牠，它就服谁。阿尔客达葛性格较为活泼，时不时将鼻子伸过来闻闻，调皮地用嘴巴扯扯饲养员的衣服。

中国汗血马中心的工作人员，向来对阿尔客达葛精心照料，时时处处犹如对待自己的孩子一样，让它一直过着优裕的生活，它住得好，吃得更好。马场的工作人员每日都要给它做按摩，多的时候先用大刷子刷开马毛，再用棉布自上而下撸顺马毛。睡觉时，饲养员还要亲自给阿尔客达葛的膝盖套上专门的护膝，以防它在睡梦中碰坏了关节。每个月，它的养护费用在10000元左右，相当于普通马匹的5倍。

阿尔客达葛这匹种公马，来到中国已经有8年多时间了。在2014年前，国家汗血马中心工作人员，已经用阿尔客达葛配种繁育了7母1公8匹纯种汗血宝马后代，2014年又有8匹汗血宝马后代出生，为中国汗血宝马繁殖立下了功劳。另据报道，土库曼斯坦赠送给江泽民主席的汗血宝马阿赫达什已经有了20多个自己的孩子，若再加上阿尔客达葛的16个后代，中国已经有了30多匹纯种汗血宝马了。另外，我国还从俄罗斯引进了一匹汗血宝马，这样一来，我国国内的汗血宝马数约有300匹左右，分别养在全国各省赛马俱乐部。①

第三节　土库曼斯坦赠送我国的汗血宝马 ——普达克

2014年5月12日至14日，在首都北京首次举行了"2014年世界汗血马协会特别大会暨首届中国马文化节"，谱写了中国汗血宝马史又一新篇章。

一、2014年世界汗血马协会特别大会盛况

2014年5月12日，在北京开始举行"2014年世界汗血马协会特别大会暨中国马文化节"，中国国家主席习近平和土库曼斯坦总统库尔班古

---

① 本节书稿，依据2014年5月20日《良友周报》第1462期《送给主席的马》一文和新华网2014年5月1日资料综述而成。

图十　普达克

力·别尔德穆哈梅多夫两位国家元首、60个国家和地区的贵宾，以及中国马业方面精英人士出席了大会。在这次大会开幕式上，土库曼斯坦总统库尔班古力·别尔德穆哈梅多夫将经亲自审查确定、名为普达克的一匹金色汗血宝马赠送给了中国国家主席习近平，这是土库曼斯坦作为"国礼"向中国赠送的第三匹汗血宝马。在习近平主席和别尔德穆哈梅多夫总统去看汗血宝马普达克时，普达克一见到两位领导人便做出"前腿交叉屈起，低头请安"的动作，全场"掌声、金铃声、欢呼声响彻夜空"①。

　　在5月14日晚间闭幕大会上，中国马业协会理事长贾幼陵总结说："这是一场世界汗血马事业精彩成果的展示大会，也是一场关于马的艺术盛宴，更是走向复兴的中国马业与世界交流的盛大平台 。能亲眼见证这一盛会，并为之奉献出自己的一份力量，这是我们作为中国马业人的荣幸。"② 5月14日，"2014年世界汗血马协会特别大会暨首届中国马文化节"在北京闭幕。在这次大会上，中土两国首次签署了《中土马业合作战略框架协议》，为中国汗血宝马事业进一步发展奠定了重要基础。

二、金色汗血宝马普达克来华获广泛赞誉

　　自"2014年世界汗血马协会特别大会暨首届中国马文化节"开幕以来，国内新闻媒体对这一盛会迅速进行了广泛而深入地报道，引起了喜爱和崇尚汗血宝马的中国人民的广泛关注，不少人士多方查阅和收集有

---

① 参见网易新闻《陈志峰的汗血宝马情结》，《乌鲁木齐晚报》2014年5月21日。
② 这部分资料采自互联网TOM新闻，2014年5月19日发布。

关珍贵资料。

据报道，汗血宝马"晋达克"是一匹公马，其头颅清秀，脖颈修长，体态优雅，协调性和平衡性好，而且是左后蹄为白色的"一蹄踏雪"，全身呈金黄色，保持了汗血宝马独具的颜色。

据有关工作人员讲，土库曼斯坦为了给中国方面一个惊喜，此前未曾向中方告知赠送汗血宝马的信息。另据中国有关规定，输入种用大中家畜，应在动物隔离检疫场所隔离检疫45日，等检疫结束，将举行正式的交接仪式，届时"普达克"会再度亮相，然后在位于天津武清区的国家汗血宝马中心生活。

第四节　清水隼人在新疆天山西部考察与发现汗血宝马

在中国历史文献中所记载的汗血宝马，曾经产生了深远影响，并曾引起了法、日、伊朗等国学者的广泛关注。[①] 日本清水隼人是21世纪初关注汗血宝马问题颇具代表性的一位学者。他于2000年8月，在中国新疆天山西部发现了一匹汗血宝马，有关消息于2001年4月30日正式宣布。这一消息传出后，在中国引起了强烈反响，并在一定程度上揭开了中国汗血宝马史研究新的一页。

一、清水隼人发现汗血宝马

据国内媒体报道，清水隼人（2001年时39岁）是日本马匹研究专家，从1995年开始在中亚地区考察研究骑术文化。在考察中，他从当地居民那里获悉在天山附近可能有汗血宝马的踪迹。随后，他就去新疆天山一带追寻汗血宝马，并于2000年8月在中国天山西部发现了一匹汗血宝马，还拍摄了"汗如鲜血"的照片。

据清水隼人观察，他所发现的汗血宝马在高速疾驰后，肩膀位置就

---

① ［法］布尔努瓦《丝绸之路》一书，概括介绍了西方人关注汗血宝马的情况。她指出："汗血"一词，"在很长的时间内，这一直是西方人一种百思不解之谜"，"在19至20世纪，许多旅行家们都在伊犁河流域和中国新疆目睹染有这种'汗血'病的马匹"。

慢慢鼓起，并流出像鲜血似的汗水。清水隼人说，当地人认为，马匹"流血"是"强壮及体力充沛的象征"①。他还表示，他所发现的汗血宝马与司马迁《史记》所记载的汗血宝马不但能日行千里，更会从肩膀附近位置流出像血一样的汗液情况极为吻合。②

二、清水隼人发现汗血宝马在中国引起的反响

清水隼人发现汗血宝马的惊人消息和有关照片，原定于2001年4月30日在东京大学举行的马匹研究会上正式公布，当这一消息在公布之日前传出后，我国香港《东方日报》于2001年4月16日就以《并非神话，汗血宝马现身天山》为题首家作了报道，并指出：中国史书记载的"汗血宝马"，以日行千里、汗水像血一样鲜红而闻名，但一直只被视为"神话中的马"。不过，日本一名马匹研究家却在中亚地区发现这种宝马的踪迹，证明这种宝马确实存在。并说清水隼人认为，这次发现汗血宝马是把远古的丝路传说跟现代串连起来的稀有证据。③香港《东方日报》在同一天的报纸上还配发了题为《汗血宝马，汉唐留名》的文章，其中说：据中国史书记载，"汗血宝马"是西汉时期张骞出使西域时发现的一种汗如血般鲜红的宝马。汉武帝亦曾利用"汗血宝马"改良战马，增强军事实力。而"汗血宝马"的原产地，据说是大宛国（即现在乌兹别克斯坦的费尔干纳一带）。至唐代，武功盖世的唐太宗特别喜欢名驹，当时西域进贡的千里马中，据说就有"汗血宝马"。而唐太宗著名的"昭陵六骏"，其中一匹"特勤骠"，传闻就是突厥贵族赠送的"汗血宝马"。"特勤骠"曾载李世民昼夜作战，连打了八场硬仗，战功显赫。唐太宗为它的题赞是："应策腾空，承声半汉；天险摧敌，乘危济难。"唐代以后，"汗血宝马"似乎绝迹。新疆及中亚一带目前仍有野马，特点是个头不高，脸呈正方形，具有良好的适应能力和耐力，但速度不快，因此更像蒙古马。④

---

① 《江南时报》2001年4月17日。
② 《江南时报》2001年4月17日。据笔者查阅《史记》，司马迁在其中并未记载汗血宝马"能日行千里，更会从肩膀附近位置流出像血一样的汗液"。
③ 参见《参考消息》2001年4月18日第8版《日专家称天山发现"汗血宝马"》。
④ 参见《参考消息》2001年4月18日第8版《日专家称天山发现"汗血宝马"》。

随后，《江南时报》同香港《东方日报》作了内容相同的报道。2001年4月18日，《兰州晨报》以《印证中国史书传奇，"汗血宝马"惊现天山》为题转发了《江南时报》的报道，其中说："对现代人来说，'汗血宝马'只是史书上一个传奇，但世界各国的研究者都试图重新发现或培育'汗血宝马'。最主要的原因或许是'汗血宝马'的速度非常快，只要跟家马杂交，便会生产出优良的赛马。"①在此同时，国内各地报纸、人民网等都对清水隼人发现汗血宝马问题作了类似报道，从而使销声匿迹数百年②的汗血宝马又出现于人们的视野之中。

对清水隼人发现汗血宝马一事，国内学术界同时出现了肯定和否定两种不同意见。新疆农业大学努尔江教授很吃惊地说："阿哈马是第二次世界大战时的骑兵马，解放后新疆曾引进过许多匹，但我从没听说过它流的汗像鲜血一样，更没有亲眼见过。"③

中国农业科学院畜牧所马匹研究专家王铁权研究员，在接受记者专访时就日本清水隼人发现汗血宝马问题说："汗血宝马并没有消失，而是一直存在的。"又说："土库曼斯坦和俄罗斯现在还有上千匹汗血宝马，只不过在当地汗血马被称为阿哈马。"并说"阿哈马'流汗如血'只是极个别的现象"④。王铁权研究员指出："日本人发现的汗血马，可能是流入我国的'土种'阿哈马或杂种阿哈马。""根据我所掌握的情况，中国境内不可能存在本土的汗血马资源。"⑤

王铁权研究员还从汗血宝马的发现谈到了引进西域汗血宝马的意义。他说，因为汗血宝马的遗传特别好，可以用它来改良中国马，提高中国马种资源的质量；若从马运动的普及和推广角度来讲，意义也很大，因为汗血宝马步态非常灵巧，速度很快，无论是马术表演还是赛马运动，汗血马的优势都是十分明显的。⑥

---

① 参见《兰州晨报》2001年4月18日《印证中国史书传奇，"汗血宝马"惊现天山》。
② 安史之乱后，汗血宝马在我国文献中较少见，元、明时撒马尔罕等国所贡中肯定有汗血宝马，明末沐国公曾送给云南抚军一匹奔跑后"周身汗血"的汗血宝马。这些汗血宝马均在距今千年左右。
③《北京青年报》2001年6月13日。
④《北京青年报》2001年6月13日。
⑤ 文景：《追寻汗血马》，http://www.wsjk.com.cn。
⑥ 文景：《追寻汗血马》，http://www.wsjk.com.cn。

第五节　2000年以来国内汗血宝马问题研究的新进展

自2000年以来，我国学者对汗血宝马的研究要比历史上任何一个时期都广泛与深入，其成果中既有严谨的学术论文，也有大量资料丰富、见解新颖的报道，并有部分汗血宝马的照片公诸于世，同时，还较为深入地探讨了我国历史上汗血宝马失传原因等。这一切同20世纪情况相比，已有了明显进展。

一、新发表主要论文及其内容

这几年，国内研究汗血宝马问题的论文比较少，篇幅也都比较短，其内容几乎都在探讨汗血宝马"汗血"奥秘问题，其他方面多未涉及。不过，所发表的部分论文，都发掘了一些重要史料，提出和阐述了一些见解，这对整个汗血宝马问题研究无疑具有一定参考价值。

（一）《汗血马小考》

《汗血马小考》，载《文史杂志》2002年第2期，作者为周士琦。

这篇论文在简介《史记·大宛列传》《汉书音义》等有关记载的基础上，提出了汗血宝马"看来恐系野马的后代"的推测意见。若同20世纪已发表论文比较，本文主要有两方面进展：一是在史料方面有新的发掘。在本文中征引了汉东方朔《神异经》"西南大宛宛丘有良马，其大二丈，鬣至膝，尾委于地……日行千里，至日中而汗血，乘者当以绵絮缠头、腰、小腹，以避风病，其国人不缠也"，和清徐珂《清稗类钞》中"布鲁特马"条"布鲁特例至伊犁进马……马之善走者，前肩及脊，或有小痂，破则出血，土人谓之伤气。凡有此者，多健马，故古人以为良马之征，非汗如血也"之说。另又征引了梁元帝《赋登山马》诗"汗赭疑沾勒，衣香不逐风"，陈朝陈暄《紫骝马》诗"天马汗如红，鸣鞭度九峻"，杜甫《高都护骢马行》诗"五花散作云满身，万里方看汗流血"等诗句，明显拓展了史料征引范围。二是对应劭有关汗血宝马的前肩髆处汗出如血说进行了辨析。在文中，作者引《东观汉纪》汗血宝马血从前肩髆上"小孔中出"和《清稗类钞》汗血宝马"前肩及脊，或有小痂，破则出血"之说，认为汗血宝马"决非如应劭说是在前肩髆处汗出如血，而是在前肩及脊上有小痂，经长途跋涉后，小痂破则出血"。

（二）《汗血马的跨文化信仰与中西交流——〈汗血马小考〉文献补正》

《汗血马的跨文化信仰与中西交流——〈汗血马小考〉文献补正》，载《文史杂志》2002年第5期，作者为王立。

这是一篇对周士琦《汗血马小考》的"文献补正"文章。文中通过征引较多文献资料，主要表明了以下观点：一是根据清徐岳《见闻录》有关明季沐国公向云南抚军所赠汗血马奔跑"约一时往回，越百数十里。视之，周身流血"之说，认为汗血宝马的"汗血"是"周身流血"；二是根据元代刘时中散曲《新水令·代马诉冤》咏"谁知我汗血功？谁想我垂缰义？谁怜我千里才？谁识我千斤力"之说指出：汗血"被理解成劳苦功高"之义；三是根据唐王损之《汗血马赋》中"异彼天马，生于远方……当其武皇耀兵，贰师服猛，破大宛之殊俗，获斯马于绝境"诸说，并指出汗血宝马"在中外交流史上的历史来源和英风壮采"；四是根据伊朗一学者有关"汗血马"别名，"可能是指其皮毛上红斑，使用一个波斯文术语就叫作'玫瑰花瓣'状"之说，认为"汗血马得名的又一个说法，则是因毛皮上的红色斑痕所致"等。

二、"寄生虫致病"说的新证据

"寄生虫致病"说，是德效骞最先提出来的，20世纪60年代布尔努瓦《丝绸之路》一书将其传播到了世界很多国家，70年代我国台湾学者于景让进一步将"寄生虫"论定为"副丝虫"。我国马病研究专家崔忠道又提出了"马副丝虫病"之说。他还说，1962年他在新疆伊犁地区做马匹检疫工作时，曾亲自检疫出这种马病。崔忠道说："这种病病原为多乳突副丝虫，寄生在马皮下组织内和肌间结缔组织引起的寄生虫，虫体呈白色丝状，体质柔软，常呈S状弯曲，雄虫2.5~2.8毫米，雌虫长4~6毫米，雌虫常在马匹皮下形成出血性小结节，以吸血蝇类作为中间宿主。该病常在每年四月份开始发病，七八月份达高潮，以后逐渐减少，来年又复发。病马在晴天中午前后，颈部、肩部、鬐甲部及体躯两侧皮肤上出现豆大结节，迅速破裂，很像淌出汗珠。"[1]新疆农业大学动物医学系孙运孝教授有着近乎相同的观点。他说：汗血病"病原为多乳突副丝虫，它们寄生在马皮下组织内和肌间结缔组织内，虫体呈白色丝状。雌虫常在马皮下形成出血性小结节，以吸血蝇类作为中间宿主。这种病常在每年4月份开始发病，7、8月份是高发期。因为到了夏天，这种副丝虫就钻到外面排卵，这时就会刺穿马皮，尤其是在晴天的中午前后，病马的颈部、肩部、鬐甲部及体躯两侧皮肤上就会出现豆大结节，结节迅速破裂后流出的血很像淌出的汗珠"[2]。

以上学者对"寄生虫致病"说运用科学资料和实际检疫结果所作的说明，使其在汗血宝马"汗血"原因诸说中的可据性已成为无可动摇的了。

三、中国古代汗血宝马失传原因的若干见解

大宛国汗血宝马自古以来就是世界上最为名贵的马种之一，历来受到人们的珍爱。在汉武帝太初四年（前101年），首批大宛国汗血宝马进入中国，从此，中国成了汗血宝马的第二故乡。此后，陆续有汗血宝马谱系的纯种马和杂交马因贡献而进入中国。据作者从所见资料统计，在古代，先后进入中国的属汗血宝马谱系的各种马近万匹，其中属纯种者只占少数。

在古代历史上，大宛国汗血宝马进入中国确属不争的事实，但在其保纯和改良中国土种马方面都没有取得实际效果，事实上，纯种汗血宝马在中国已悄然失传了。世界名马汗血宝马的失传，对中国来说无疑是一大损失，其中也有深刻的教训，因此，现在探讨其失传原因自然是十分必要的。

对汗血宝马在我国失传的原因问题，王铁权、郑亦辉等学者曾经正确指出：汗血宝马在中国失传，主要是因为未登记谱系、乱搞杂交改良

---

① 文景：《追寻汗血马》，http://www.wsjk.com.cn。
② 《"汗血"是寄生虫病》，据新华社电，2002年8月3日。

和放弃圈养的结果。现对这一问题略作说明。

（一）从未登记谱系，丧失了保纯的基本条件

汗血宝马这一优良品种之马，要能保持其优良特征不致丧失，最为重要的措施就是持续不断地登记谱系，以此严防与非汗血宝马的杂交。这就是说，汗血宝马保纯的首要措施就是毫不动摇地坚持种内（即汗血宝马品种之内）择优、非近亲繁育。如果不登记谱系，是很难做到这一点的。自西汉以来，我国记载汗血宝马问题的历史文献不少，有的文献记载还较为详细，但没有哪一种文献记载到为汗血宝马登记谱系的问题。这种情况在很大程度上表明，古代中国人从未意识到或从未关注过为优良的汗血宝马登记谱系、进行保纯的重要问题。中国古代社会自然科学不发达，当时的人们还不懂得通过登记谱系能够使家畜中的优良品种得以保纯，所以可能如同对待中国土种马一样地对待汗血宝马，结果致使汗血宝马的保纯基本条件丧失了，这就使得汗血宝马在不知不觉中走向了失传。

（二）乱搞杂交改良，导致了汗血宝马品种发生变异

汗血宝马品种的纯正，主要在于种内选优繁殖，试图同任何良种马杂交而保纯的作法，其结果恰与主观愿望相反。至于用汗血宝马改良劣种马的作法，其结果则更糟。土库曼斯坦马尔加莉达老人，她曾讲述了她们1936年进行改良马的一次教训："1936年那会儿，为求一流赛马，上级硬让全苏联的阿哈尔捷金马都与英国纯种马配种，结果差点断了宝马的香火。养马不是种水稻，讲究杂交改良，强强联手只能导致痛失良马的恶果。"她还指出："培育优良种马并非易事，绝不能乱来。"① 另在中国一篇《阿哈尔捷金马》的文章中说："20世纪50年代，我国也曾从苏联引进过一批阿哈尔捷金马，但却没留下一匹纯种。原因何在？这里或许有水土不服的原因，但缺乏科学管理，粗放经营，特别是乱搞杂交改良恐怕是造成良马失传的主要原因。"② 古代中国利用杂交方法，用纯种汗血宝马改良中原土种马是可能的，可是其结果不但未能真正起到改良土种马的作用，而且致使纯种汗血宝马也失传了。如王铁权先生

① 《阿哈尔捷金马》，《环球时报》2001年7月9日。
② 《阿哈尔捷金马》，《环球时报》2001年7月9日。

指出："由于中国的地方马种在数量上占绝对优势，任何引入马种都走了以下的模式：引种——杂交——改良——回交——消失。"实践证明，对杂交所产生之马，也应进行提纯，否则无限制地杂交下去，其结果必然是良马因变异而失传。

（三）放弃圈养，粗放牧养，丧失了保纯的可能性

土库曼斯坦的汗血宝马，经历数千年仍能保持纯正，实行圈养是十分重要的一个方面。实行圈养，一方面可以防止发生意外杂交现象，另一方面可以防止汗血宝马吃粗糙、不精良饲料。土库曼斯坦的纯种汗血宝马，一律实行圈养，从不放牧。他们给汗血宝马喂的饲料，除马嗜食的苜蓿外，还有优质麦子、人工干草混合饲料。从西汉开始，凡进入中原的汗血宝马，一开始可能圈养，但时间一久，便袭用中国已有的养马传统进行放牧了。这种做法，不但会造成杂交现象，而且牧养中因吃各种野草而发生变异。

王铁权先生还指出：进入中原的汗血宝马，运动不充分、中原的气候干旱程度不够、对公马进行阉割，以及不适宜驾辕等原因，遂使其逐渐退化而失传。

四、全国首次汗血宝马学术研讨会传出的新信息

2002年8月1日至3日，在乌鲁木齐市举办了全国首次汗血宝马问题学术研讨会，30多位专家学者出席了会议，着重讨论了11个有关学术问题。

在会议期间，专家学者最为关注的是两千多年来一直使中外人们所困惑不解的汗血宝马"汗血"的问题。在讨论中，大多专家肯定了汗血宝马"汗血"是因寄生虫钻入马的皮内引起的这一观点，并认为"汗血"是一种季节性疾病，一般在一年中的4月份发病，7、8月份达到高峰期，入秋后逐渐减轻，到了第二年4月份又复发。有的专家又认为，"汗血病"属于马匹的个体现象，与马的品种无关；也有专家指出，"汗血"的"这种马病，广泛分布于中亚地区各国、俄罗斯草原地区、印度次大陆、南非、东欧及我国新疆、云南及青藏高原"[①]。

---

① 参见杨玉峰《专家称汗血马不是一个马种，汗血现象是一种病症》，《北京晨报》网站。

在日本清水隼人宣布于中国新疆天山西部发现"汗血宝马"消息的影响下，与会专家对中国历史上曾经长时期存在过的纯种汗血宝马，现今是否仍然存在的问题也十分关注。有的专家认为，汗血宝马不是一个遗失的物种；有的则推测汗血宝马可能在中国还存在；尤其是会议期间，新疆有的单位还准备组织专家进入新疆戈壁深处去寻找中国的汗血宝马。

专家们在会议的讨论中，还涉及了当今世界现存的汗血宝马情况。有的专家认为："传说中的汗血宝马其实说的是生活在土库曼斯坦和俄罗斯的阿哈尔捷金马，目前还有上千匹的种群。"[1]也有的认为，现在全世界共有阿哈尔捷金马3000匹左右，其中有2000多匹在土库曼斯坦[2]，还有1000多匹在俄罗斯等国。1951年，我国曾从前苏联引进了52匹阿哈马种马，饲养在内蒙古锡林格勒盟的种马场，进行公母马的自然繁殖，并作了部分杂交改良。[3]

在乌鲁木齐市举行的全国首次汗血宝马问题研讨会，是一次富于学术意义的会议。它一方面对国内外汗血宝马问题学术研究进行了总结，另一方面又对今后我国汗血宝马问题学术研究起到了一定促进作用，从此，汗血宝马问题的学术研究将进入一个更加务实、更加深入的阶段。

---

① 杨玉峰：《专家解密"汗血马"》，《北京晨报》网站。
②《专家揭秘"汗血"宝马：寄生虫作怪》，新华网，2002年6月21日。
③ 据《北京青年报》2001年6月13日。

附　录

"汗血马"诸问题考述

大宛"汗血马",两千多年来一直被称作"天马""天马子"和"天马千里驹",不仅如此,而且这种马还能"汗血",以此之故,使其笼罩上了一层神奇色彩。

"汗血马"自司马迁记入《史记·大宛列传》以来,曾受到我国历代史家的关注。到了近现代,外国史家也开始饶有兴趣地探讨这一问题。即使是这样,笼罩在"汗血马"问题之上的神奇色彩,并未因此而消失。下面就有关问题进行一些考述,以便科学地、历史地认识"汗血马"诸问题。

一、汗血马"汗血"之谜

对大宛马的"汗血"问题,从古至今,人们存在着一连串的疑问,诸如大宛马是遍体"汗血",还是局部"汗血"?所汗之"血"有何特点?"汗血"现象从实质看究竟是指什么?等等。

以上疑问,莫不从历史上中原人目睹大宛马"汗血"现象的记载中找到答案。太初四年(前101年),汉武帝因得汗血马而作《太一之歌》,歌曰:大宛马"霑赤汗,沫流赭"[1]。应劭注云:"大宛马汗血霑濡也,流沫如赭。"[2]"霑濡",即浸湿;"流沫如赭",即

---

[1]《汉书》卷22《礼乐志》,第1060页。
[2]《史记》卷24《乐书》,第1179页。

血如沫状①，呈红色。 汉武帝在《太一之歌》 中作如此描述，这显然表明他曾亲眼见过大宛马及其"汗血"现象。令人欣喜的是，东汉明帝竟自称曾亲眼见过大宛马的"汗血"现象。他说："尝闻（汉）武帝歌，天马霑赤汗， 今亲见其然也。"②十六国时期，大宛国向苻坚"献天马千里驹，皆汗血、朱鬛、五色、凤膺、麟身……坚曰：'吾思汉文之返千里马，咨嗟美咏，今所献马，其悉返之。'"③从这条材料看，似乎苻坚也曾见过大宛马的"汗血"现象。后至唐玄宗天宝中， "大宛进汗血马六匹，一曰红叱拨、二曰紫叱拨、三曰青叱拨、四曰黄叱拨、五曰丁香叱拨、六曰桃花叱拨"，玄宗曾将以上各马名分别改为"红玉犀、紫玉犀、平山辇、凌云辇、飞香辇、百花辇"，并宣旨将六马的形象"图于瑶光殿"④。这里虽未提及"汗血"现象，但仍不失为中原人亲睹大宛汗血马及其"汗血"现象的一个佐证。从上可知，大宛汗血马及其"汗血"现象的存在是毋庸置疑的。

那么，大宛马是遍体"汗血"，还是局部"汗血"？据载，东汉明帝曾亲眼看见大宛马的"血从前膊上小孔中出"⑤。应劭说：大宛马"汗从前肩膊出，如血"⑥。胡三省注《资治通鉴》汉纪十一时，也曾沿袭了东汉明帝和应劭等人的说法。法国吕斯·布尔努瓦在《丝绸之路》一书中也有类似的说法， "在十九—二十世纪，许多旅行家们都在伊犁河流域和中国突厥斯坦"曾目睹"马的臀部和背部"有"往外渗血的小包"⑦。

---

① 学术界有将汉武帝《太一之歌》"沫流赭"句中之"沫"作"口水""口沫"解者。如果以上解释确当的话，那就表明"汗血马"患有严重的口腔病。可是，自称对大宛马"汗血"现象"今亲见其然也"的东汉明帝，却仅仅看见过"天马霑赤汗"，而根本未看见天马口中有"沫流赭"现象。许慎《说文解字》云："沫，沫水，出蜀西南徼外，东南入江，从水，末声。"晚于汉武帝并不太久的许慎，在撰《说文解字》时，未将"沫"当"口水"解，这说明在此时及此前，"沫"并不专指"口水"。段玉裁《说文解字注》也仅有"沫，谓水泡"之说。同时，直至近现代，在伊犁河流域等地所繁衍的"汗血马"，也未见口中所吐"口水"呈血色（即"沫流如赭"）的现象。显然，将"沫"作"口水""口沫"解，实难服人。因此，我认为汉武帝《太一之歌》"沫流赭"句中之"沫"，当作汗血马所汗血呈泡沫状之特征解较为当。

② 《太平御览》卷894《兽部六》马二条，第3969页。

③ 《晋书》卷113《苻坚传》，第2900页。

④ 秦再思：《纪异录》，见《说郛》卷3，150—151页。

⑤ 《太平御览》卷894《兽部六》马条，第3970页。

⑥ 《汉书·武帝纪》卷6，第202页。

⑦ ［法］吕斯·布尔努瓦著，耿昇译：《丝绸之路》，1982年，第17页。

虽然，吕斯·布尔努瓦所说马的出血部位与中国古代人所见有明显不同，但二者却说明了一个共同问题，即大宛汗血马并非遍体"汗血"，而仅只是局部"汗血"。只不过汉唐间大宛汗血马之"汗"是从"前肩髆出"，而近现代则从"臀部和背部"出而已。

至于大宛马"汗血"的奥秘，就现在所知而言，其主要存在于"汗血"现象本身。但在古代，由于条件所限，其奥秘并未能被人们揭开。到了近现代，人们从病理角度对大宛马的"汗血"现象进行了研究，从而在这一问题的研究上出现了很大进展。吕斯·布尔努瓦指出："至于'汗血'一词，其意是指这些马匹的特点，在很长的时间内，这一直是西方人一种百思不解之谜。近代才有人对此做出了令人心悦诚服的解释：说穿了，这只不过是简单地指一种马病，即一种钻入皮内的寄生虫，这种寄生虫尤其喜欢寄生于马的臀部和背部，在两小时之内就会出现往外渗血的小包，'汗血马'一词即由此而来。"并说，在十九—二十世纪，"这种'汗血'病"蔓延到伊犁河流域和中国突厥斯坦地区的各种马匹"[①]。吕斯·布尔努瓦关于马因患皮肤病，在皮肤上有"往外渗血的小包"的说法与汉武帝大宛马"霑赤汗，沫流赭"、汉明帝"血从前膊上小孔中出"的说法极为相合。以此看来，大宛汗血马的"汗血"现象，实质上是马患的一种流着呈浸湿与沫状血的皮肤病。这样，大宛马"汗血"现象的历史之谜就彻底揭开了。

二、汗血马称"天马"的由来

大宛汗血马，本不以"天马"见称。据《汉书·李广利传》记载，当汉使车令等请宛王汗血马时，大宛人把匿于贰师城的汗血马叫做"贰师马"。据《史记·大宛列传》记载，在李广利率重兵围困大宛国都城、以武力索取汗血马时，大宛贵人们曾商议说：汉军所以攻宛，是因国王毋寡"匿善马"、杀汉使之故，今若杀国王毋寡、向汉军"出善马"，汉军必解除对都城的围困。为此，大宛贵人们便向李广利等提出：汉军若停止攻宛，宛将"尽出善马"，若不停止攻宛，宛将"尽杀善马"。当时，急于获

---

① ［法］吕斯·布尔努瓦：《丝绸之路》，第17页。

得汗血马的李广利等接受了大宛贵人所提条件，于是大宛贵人杀毋寡、向汉军"出善马"，并让汉军自择之。这样，汉军获得"善马"数十匹。这条涉及大宛汗血马的重要材料，其中竟接连出现了六个"善马"字样，足见在汗血马入汉前，大宛人通常既不称这种马为"汗血马"，也不称"天马"，而是以"贰师马"和"善马"相称。

西汉人当初又是以何名称汗血马的呢？张骞是西汉最早得知汗血马的人，他出使西域回来后曾说：大宛"多善马，马汗血，其先天马子也"[1]。又据《汉书·李广利传》记载："汉使往（大宛）既多，其少从率进孰于天子，言大宛有善马在贰师城，匿不肯示汉使。天子既好宛马，闻之甘心，使壮士车令等持千金及金马以请宛王贰师城善马。"在李广利伐大宛时，又"拜习马者二人为执驱马校尉，备破宛择取其善马"。以上文证虽不算多，但对说明西汉人当初同样既不称大宛马为"汗血马"，也不称"天马"，而是称"善马"或"贰师城善马"亦足矣。至于张骞"其先天马子也"的说法，那也不能看作是已把汗血马称作"天马"了。因为在张骞的心目中不仅汗血马不是"天马"，而且就连汗血马的祖"先"也仅仅是"天马子"。如果按张骞的说法推断，经过长期繁衍而来的汗血马同"天马子"的关系无疑是相当疏远的。

然而把大宛汗血马称"天马"，并不是没有来由的。

从大宛方面来说，这与当地民间传说有关。张骞关于大宛马"其先天马子也"和《汉书·西域传》大宛汗血马"言其先天马子也"的说法，我以为绝不会是张骞和《汉书》的作者杜撰的，很明显都是得自大宛的民间传说。魏晋间孟康所谓"大宛国有高山，其上有马，不可得，因取五色母马置其下，与集，生驹皆汗血，因号天马子云"[2]，显然这也是得自大宛的民间传说。这个民间传说，是把大宛国高山之上不可得之马视为神马（或天马），而这种神马与普通五色母马之子为"天马子"。从以上所述可以断定，作为"天马子"后代的汗血马，不是完全意义上的"天马"。应劭和张华也不称汗血马为"天马"，而是仅称其为"天马种"[3]。显而易

---

[1] 《史记》卷123《大宛列传》，第3160页。

[2] 《资治通鉴》汉纪十一，元狩元年五月乙巳条，第627页；《太平御览》卷894《兽部六·马》注文大致同于《资治通鉴》上述注文。

[3] 《汉书》卷6《武帝纪》，第202页。

见，<u>丛正史所载材料中人们是无法找到大宛人称汗血马为"天马"的证据的</u>，但是，若将"其先天马子也"的民间传说，认定为西汉人把汗血马称"天马"的渊源显然是不会有什么问题的。

就西汉方面来说，大宛汗血马被称作"天马"，是同汉武帝崇儒分不开的。据《汉书·张骞传》载："初，天子发书《易》，曰：'神马当从西北来。'得乌孙马好，名曰'天马'。及得宛汗血马，益壮，更名乌孙马曰'西极马'，宛马曰'天马'云。"这是说，汉武帝依据儒家经典《易》中"神马当从西北来"的符咒，先前曾把得自西北方的乌孙马叫做"天马"，而后来当获得西北方比乌孙马更好的大宛汗血马时，又把大宛汗血马称誉为"天马"，乌孙马则又改称为"西极马"。至太初四年（前101年），武帝又作《西极天马之歌》以纪之，歌中曰："天马来兮从西极，经万里兮归有德。"[1]从此，"天马"的神秘称号就加在大宛汗血马身上了，并一直流传了下来。到了西汉以后，冠有"天马"神秘称号的大宛汗血马，在一些人的心目中变得更加神秘了[2]。从上述可以看出，大宛人"其先天马子也"的民间传说，分明是汗血马被称"天马"之源，而汉武帝《西极天马之歌》中"天马来兮从西极"的歌词，无疑是汗血马被称"天马"之流了。

三、汗血马产地的变化

在我们对汗血马的产地尚未进行探讨时，难免有汗血马遍产大宛全国各地的想法。其实这种想法与史实相去甚远。因为在我拟对汉武帝太初元年（前104年）至唐玄宗天宝中八百多年间的史事进行考察时，可明显看出汗血马的始产地及产地的扩大，存在着较为复杂的情况。

据《汉书·李广利传》记载，汉武帝时，曾到过大宛的汉使说："大宛有善马在贰师城，匿不肯示汉使。"这句话似乎可以理解为：大宛为防止汗血马东入西汉，故将遍产全国各地的汗血马统统集中起来，特地"匿"于贰师城中，有意不让汉使看见。再若联系"大宛国别邑七十余城，多善马，汗血"[3]

---

① 《史记》卷24《乐书二》，第1178页。
② 《晋书》卷113《苻坚载记》，第2907页。
③ 李昉：《太平御览》卷894《兽部六·马》条，第3968页。

的记载，更使人感到以上理解全然能够成立。然而，令人费解的是：大宛人为何在汉使前往其国索取汗血马时，不是把全国各地的汗血马就近、分别"匿"于本国那七十余座城中，而却要统统集中起来，仅仅"匿"于贰师城这座孤城中？史书又载，在李广利第二次武力索取汗血马时，得到善马三十匹，中马以下三千多匹，以此可以想见，这次未被李广利等所选中的汗血马也会不在少数，试想，如此之多的马匹，仅仅"匿"于贰师城这座孤城中，诸如放牧、饮水等问题如何解决？又使人费解的是：大宛人为何还要把汗血马称之为"贰师马"？

以上令人所费解问题，无不涉及汗血马的产地。其实，当初汗血马既不遍产大宛全国各地，至西汉前期也未分布于大宛全国各地。根据汉武帝遣壮士车令等持千金及金马以请宛王"贰师城善马"和大宛人所谓"贰师马，宛宝马也"①的说法，我以为，大宛汗血马仅始产于大宛贰师城地区。这是因为，大宛是由七十多个类似于西汉时西域"居国"的城邦组成的国家，贰师城是其中城邦之一。这样的城邦，是以城为中心，并包括城周围农田和广大牧场的地区。据此分析，汗血马"在贰师城，匿不肯示汉使"的记载，显然是说汗血马在贰师城所在的地区，只是不肯让汉使到那里去看就是了。因此，如果认为大宛人为防止汗血马东入西汉，故将遍产全国各地的汗血马统统集中起来特地"匿"于贰师城这座孤城中，那显然是误解。这也说明，由于汗血马始产于以贰师城为名的这一城邦境内，故称之为"贰师马"。大宛汗血马并不始产其全国各地，这一点还有其他文证。如前已所引孟康"大宛国有高山，其上有马，不可得，因取五色母马置其下，与集，生驹皆汗血"的说法，很清楚地说明，汗血马并不始产大宛全国各地，而是始产于大宛境内某一高山之下②。

---

① 《汉书》卷61《李广利传》，第2697页。

② 汗血马的产地，《隋书·西域传》、《新唐书·西域传》、《通典·边防九》、《太平御览·兽部五》马条、《册府元龟》卷961等史籍，还有如下大致相同的记载："吐火罗国城北有颇黎山，南崖穴中有神马，国人每岁牧牝马于穴所，必产名驹，皆汗血焉。"《太平广记·马》有着更为详细的记载："吐火罗国波汕山阳，石壁上有一孔，恒有马尿流出。至七月平旦，石崖间有石阁道，便不见。至此日，厌哒人取草马，置池边与集，生驹皆汗血。今名无数颇黎。"又载，图记云："吐火罗国北，有屋数颇梨山。即宋云所云讪山者也。南崖穴中，神马粪流出，商胡曹波比亲见焉。"（出《洽闻记》）吐火罗虽系晚于大宛的西域国家，但其国的汗血马也不是遍产全国各地，而是仅产于颇梨山下。

到了西汉之后，汗血马的产地开始逐渐扩大。若考察其扩大方向，大体在三个方向上。《魏书·世祖纪上》云：者舌国"遣使朝献，奉汁血马"。《魏书·西域传》注云："者舌国，故康居国，在破洛那（即汉大宛国）西北。"《隋书·炀帝纪上》注云：西突厥（位于汉大宛国北部和西北部）处罗可汗曾于大业四年（608年）向隋贡汗血马。以上两条材料说明，北魏和隋朝时，汗血马的产地向两汉时大宛国北部和西北方扩大了。《通典·吐火罗》条云：吐火罗当时产名驹，皆汗血，"其北界"则汉时大宛之地。这一记载表明，汗血马的产地又向两汉时大宛国西南方扩大了。《丛书集成》转引《凉州记》、《西河记》记载云："吕光太安二年，龟兹国使至，贡宝货奇珍、汗血马"。这条材料表明，十六国时期汗血马的产地还向东扩大到今新疆境内库车等地。同时，由于自西汉时大宛汗血马不断进入中原，从而长安、洛阳等地必然也有汗血马的繁育。

四、汉武帝以武力索取汗血马的主要原因

汉武帝以武力索取大宛汗血马的原因，大致有三说：一是当做玩物和用于礼仪，二是为补充对匈奴战争所需军马，三是为巩固四夷臣服和汉王朝强大的文治武功。虽然以上几说都有据可征，但并不表明每一说都能成立。

《汉书·西域传》云："孝武之世……闻天马、蒲陶则通大宛、安息，自是之后……蒲梢、龙文、鱼目、汗血之马，充于黄门"。这里"汗血之马，充于黄门"一说，显然是汗血马被当做玩物和用于礼仪的一条重要文证。唐人杨师道的《咏马》诗，曾生动描述过西汉王公贵族把汗血马当做玩物的情景。诗云："宝马权奇出未央，雕鞍照耀紫金装，春草初生驰上苑，秋风欲动戏长杨。鸣珂屡度章台侧，细碟经向濯龙傍，徒令汉将连年去，宛城今已馘名王。"这首唐诗，虽有以古喻今之意，但对西汉王公贵族骑着精心装束的汗血马，一年四季在长安附近及上林苑宫殿区肆意游戏情景的描述当不会过分。据上所载，似乎汉武帝为王公贵族寻找称心玩物和为备礼仪之用而向大宛索取汗血马的说法不无道理，但如果从汉武帝不惜

引起 "天下骚动"①，断然派数万大军，以武力索取汗血马的史实来分析，把当做玩物和用于礼仪视为索取汗血马的主要原因，显然是欠妥当的。

为补充对匈奴战争所需军马是汉武帝武力索取汗血马的主要原因。这是一种在史学界有着较大影响的观点，法国吕斯·布尔努瓦力主这一观点。布尔努瓦说："汗血马是一种大品种的战马，其用处特别大。"在汉朝与其宿敌匈奴人的战争中，马匹起着主要作用。"无论如何，汉朝政府也特别急需马匹以补充军马。因为在前121—前119年对匈奴的战争使它损失了两万多匹战马。"②布尔努瓦这些话，似乎讲得很有道理，然而令人遗憾的是史书中尚无将汗血马用于补充军马的哪怕是一条文证。因此，这些话只不过是臆测之辞而已。再就当时历史而言，经公元前119年汉匈大战，匈奴势力已基本削弱，"是后匈奴远遁，而幕南无王庭"③，从此匈奴已不足对汉造成威胁。特别是汉武帝以武力索取汗血马的时间在此后十多年，这时对匈奴战争已明显减少，对军马的需求已不如以前迫切。试想，在急需补充军马时不索取汗血马，而在不太急需时却又以武力索取，这种道理能够讲得通吗？

我认为，汉武帝以武力索取汗血马的真正原因当在巩固四夷臣服和汉王朝强大的文治武功。

据载，元朔三年（前126年）张骞从西域返汉后，武帝就已得知大宛"多善马，马汗血"的情况，但当时武帝并未下令索取汗血马。四年后的元狩元年（前122年），汉匈大战即将爆发，武帝虽也"欣然以骞言为然"，遣张骞等再度出使大夏等国，但仅只是以为大宛、大夏及安息之属，可施之以利，诱令入朝，"诚得而以义属之，则地广万里，重九译，致殊俗，威德遍于四海"④。这里明显是说，武帝派张骞等再度出使西域，其目的在于建立"威德遍于四海"的文治武功，而不是为索取汗血马。元封三年（前108年），武帝遣赵破奴掳楼兰王、破车师，意在

① 《资治通鉴》汉纪十三，太初三年条，第705页。
② ［法］吕斯·布尔努瓦：《丝绸之路》，第25页。
③ 《汉书》卷94上《匈奴传》，第3770页。
④ 《资治通鉴》汉纪十一，元狩元年五月乙巳条，第628—629页；《太平御览》卷894《兽部六》马条注文大致同于《资治通鉴》上述注文。

"举兵威以困乌孙、大宛之属"①，没有索取汗血马。至太初元年（前104年），当入西域汉使说"有善马，在贰师城，匿不肯示汉使"，武帝方遣壮士车令等持千金及金马以请宛王汗血马。不料由于宛王与其群臣不议不肯将汗血马给予汉使，而且还杀汉使，取财物。大宛王对汉威德的公然蔑视，终于引汉武帝大怒，为此，同年八月拜李广利为贰师将军，命令率军出征大宛，以武力索取汗血马②。由于李广利第一次以武力索取汗血马未获成功，致使汉公卿议者担心"宛小国而不能下，则大夏之属渐轻汉，而宛善马绝不来，乌孙、轮台易苦汉使，为外国笑"，故又于太初三年（前102年）不惜引起"天下骚动"，派兵再次伐宛，以索取汗血马③。从以上史实清楚看出，汉武帝以武力索取汗血马的主要原因，既不是为了把汗血马当做玩物和用于礼仪，也不是为对匈奴战争补充所需军马，而实质上是为了巩固四夷臣服和汉王朝强大的文治武功。

我们还知道，汉武帝是以武力索取汗血马的主要决策人，他的言论在说明以武力索取汗血马的主原因方面，必然具有特殊的说服力。武帝《西极天马之歌》曰："天马来兮从西极，经万里兮归有德。承灵威兮降外国，涉流沙兮四夷服。"④《天马歌》曰："天马徕，从西极，涉流沙，九夷服。"⑤这两首歌中的"天马"均指汗血马⑥。汗血马不远万里，从西极东来，是因汉朝之威德，其显示四夷、九夷对汉朝的臣服。这两首歌同样说明，为巩固四夷臣服和汉王朝强大的文治武功，是汉武帝以武力索取汗血马的主要原因所在。

---

① 《资治通鉴》汉纪十三，元封三年十二月条，第687页。
② 《资治通鉴》汉纪十三，太初元年八月条，第709页。
③ 《资治通鉴》汉纪十三，太初三年正月条，第714页。
④ 《史记》卷24《乐书二》，第1178页。
⑤ 《汉书》卷22《礼乐志》，第1060页。
⑥ 《汉书》卷61《张骞传》，第2693页。

"汗血宝马" 与丝绸之路

一、"汗血宝马" 的神奇传说

"汗血宝马" 也称汗血马，是古代西域的一种神奇之马，有关它的信息，是张骞第一次出使西域时带回中原的。张骞回国后向汉武帝报告说：大宛 "多善马，马汗血，其先天马子也"①。张骞所谓 "汗血马" 之说，道出了大宛马的奇异外观，而 "其先天马子也" 之传说，经过出使西域归来使臣们的一再渲染，居然引起渴望与羡慕神仙之事的汉武帝的强烈占有欲，希冀能乘之飞升。于是，将早先用和亲公主换来的乌孙 "天马" 降格称 "西极马"，而把大宛汗血马又命名为 "天马"。②必欲得之而甘心。元鼎四年（前113年）秋，敦煌得渥洼马，武帝曾作《天马歌》以抒怀，歌中说："太一贶兮天马下，霑赤汗兮沫流赭。志俶傥兮精权奇，籋浮云兮晦上驰。体容与兮迣万里，今安匹兮龙为友。"③这首《天马歌》的大意说：天帝恩赐天马入世间，天马身上流着血色汗，意气卓异神态非凡，驰骋纵横在云天。自在逍遥飞腾千万里，如今唯有龙可与它为伴。此时，大宛汗血宝马还未东来，汉武帝不过是借得渥洼马之际，而抒发对神奇的大宛汗血宝马的遐想而已。此后不久，武帝果真不惜以 "天下骚动" 为代价，万里伐宛，终于牵回了神往已久的名贵种马。

随着汗血宝马的不断东来，有关汗血宝马的诸多神奇传说，也从西域通过丝路传播到了中原。魏晋间孟康曾说："大宛国有高山，其上有马，不可得，因取五色母马置其下，与集，生驹皆汗血，因号天马子云。"④《隋书·西域传》说："吐火罗国城北有颇黎山，南崖穴中有神马，国人每

---

① 《史记》卷123《大宛列传》。
② 《汉书》卷61《张骞传》。
③ 《汉书》卷22《礼乐志》。
④ 《资质通鉴》汉纪十一，元狩元年五月条注。

岁牧牝马于穴所，必产名驹，皆汗血焉。"而《太平广记》所说则更为详尽："吐火罗国波讪山阳，石壁上有一孔，恒有马尿流出。至七月平旦，石崖间有石阁道，便不见。至此日，厌哒人取草马（即母马），置池边与集，生驹皆汗血。"《洺闻记》也说："吐火萝国北，有屋数颇梨山。即宋云所云讪山者也。南崖穴中，神马粪流出，商胡曹波比亲见焉。"以上诸说，虽多歧异，但汗血宝马是由"神马"与当地民马繁殖而来则是共同的，为此张骞便说大宛汗血宝马"其先天马子也"。不过，对以上说法，若用科学观念来辨析，便觉得即使大宛和吐火罗的"神马"再"神"，也绝不可能同民马生出驹来的。既然能生驹，那所谓的"神马"极有可能是一种野生的优良公马，或许这是一种合乎情理的解释。

二、"汗血宝马"的生理特征

在古代中原人的心目中，汗血宝马的神奇和不可思议之处，还表现在当时人们不能认识的马的生理特征上。

"汗血"是大宛汗血宝马最为突出的生理特征。据汉武帝《天马歌》描述，大宛马所"汗"之"血"，是"霑赤"和"沫流赭"状。对此应劭解释说："大宛马汗血霑濡也，沫流如赭。"[1]后来，有的学者又将"霑赤汗"解释为马的身体上流血，而将"沫流赭"单独解释为马口中所流涎水呈红色。可是，亲眼见过大宛汗血宝马的东汉明帝却说："尝闻武帝歌，天马霑赤汗，今亲见其然也。"[2]这是说，汉明帝所亲睹的汗血宝马，只是"霑赤汗"，而不曾有"沫流赭"即流红色涎水现象。据此我们可以断定，大宛马"霑赤汗，沫流赭"的"汗血"现象，只是马的身体上所流血呈浸湿和沫状，且显红色而已。

那么，大宛汗血宝马是否是全身都出血和流血呢？当然不是。据汉明帝亲见，汗血宝马的"血从前髀上小孔中出"[3]。应劭说：大宛马之"汗从前肩髀出，如血"[4]。这至少可以说，在两汉时，中原人所见汗血

①《史记·乐书》注。
②《太平御览》卷894兽部六马二。
③《太平御览》卷894兽部六马二。
④《汉书》卷6《武帝纪》注。

宝马之"汗"，是从马的"前肩髆出"，而其他部位并未曾出血和流血。到了20世纪50年代初，法国人吕斯·布尔努瓦《丝绸之路》一书则说，在19—20世纪，许多到过伊犁河流域和中国突厥斯坦（今我国新疆）的旅行家，曾目睹伊犁马（古代汗血马的后代）的"臀部和背部"，有"往外渗血的小泡"。这说明，经过两千多年，伊犁马与其祖先身体之出血与流血部位已有所不同了。

大宛汗血宝马"汗血"的奥秘，被近代人从病理角度彻底揭开了。吕斯·布尔努瓦曾指出："至于'汗血'一词，其意是指这些马匹的特点，在很长的时间内，这一直是西方人一种百思不解之谜。近代才有人对此作出了令人心悦诚服的解释；说穿了，这只不过是简单地指一种马病，即一种钻入皮内的寄生虫，这种寄生虫尤其喜欢寄生于马的臀部和背部，在两小时之内就会出现往外渗血的小泡，'汗血马'一词即由此而来。"①据此看来，大宛汗血宝马的"汗血"现象，实质上是马患的一种流着浸湿与沫状血的皮肤病。

大宛汗血宝马，还具有以下生理特点，如"朱鬣（红鬃毛）、五色、凤膺（胸呈鸡胸状）、麟身（毛色呈斑点状，且有光亮）"，若按其特点细分，足可分成500多个奇异种类。②《隋书·西域传》根据马的体毛和耳毛颜色，将汗血宝马的特点作了进一步描述，说"骊马（赤身黑鬃马）、乌马多赤耳；黄马、赤马多黑耳；唯耳色别，自余毛色与常马不异"。《异物志》却把汗血宝马描述成怪异且具灵性之马，如说"大宛马有肉角数寸，或有解人语及知音舞与鼓节相应者"③。这是说，大宛汗血宝马长有肉角，角长数寸；其中有的马不仅能听懂人的话，而且颇有灵性，能按音乐节拍和鼓点跳舞。汗血宝马个大、体壮、蹄坚利，能踏石留迹，且能日行千里，故称"天马千里驹"。

三、"汗血宝马"在丝路上传播友谊

西汉以降，汗血宝马因中亚各国的"贡献"而不断东来，在丝绸之路

① ［法］吕斯·布尔努瓦：《丝绸之路》。
②《晋书》卷113《苻坚载记上》。
③ 宋膺：《异物志》。

上留下了连绵不绝的足迹。这一时期的汗血宝马，不再是中原王朝的战利品，而是成了中亚各国和中原王朝之间撒播友谊种子的"丝路使者"。

古代中亚各国，在同中原王朝友好交往时，总是贡献汗血宝马东来。晋太康六年（285年），大宛王兰庚卒，"其子摩之立，遣使贡汗血马"①。前凉太元四年（327年），"西域献汗血马、火浣布、犁牛、孔雀、巨象及诸珍异二百余品"②。北魏太延三年（437年）破雒那、者舌国"遣使献奉汗血马"，五年（439年）遮逸国"献汗血马"③。和平六年（465年），破雒那"献汗血马"④。隋大业四年（608年），西突厥处罗可汗"贡汗血马"⑤。唐武德中（618—626年），康国"献四千匹"大宛种马⑥。这一时期，通过丝路东来的汗血宝马，无疑都是中亚各国的友好使者和中亚各国与中国之间友谊的象征。

中原王朝的统治者，向来对中亚各国所贡献的汗血宝马十分珍爱，视之为中亚各国臣服、向化及友好的表示。西汉时，统治阶级将来自大宛的汗血宝马皆"充于黄门"⑦，即用于宫廷礼仪和贵族骑乘。这些汗血宝马所佩鞍鞯等，均用珍奇、贵重之物装饰。如《西京杂记》说："后得贰师天马，帝以玫瑰石为鞍，镂以金银锡石，以绿地五色锦为蔽泥。后稍以熊罴皮为之。熊罴毛有绿光，皆长二尺者，直（值）百金。"东汉明帝，视大宛汗血宝马为珍奇之物，故将一匹赐给了其母阴太后和东平王刘苍⑧。李恂领西域副校尉期间，西域各国多次献"宛马、金银、香罽之属"，为表示无贪图各国财物之意，故"一无所受"⑨。三国曹魏时，康居、大宛献名马，曹魏统治者便将马"归于相国府，以显怀万国致远之勋"⑩。前秦王苻坚，为了表示对西域诸国友好，不贪求西

① 《晋书》卷97《四夷传·西夷》。
② 《十六国春秋辑补·前凉录》。
③ 《册府元龟·外臣部·朝贡二》。
④ 《册府元龟·外臣部·朝贡二》。
⑤ 《资治通鉴》隋纪，大业四年二月条。
⑥ 《唐会要》卷72。
⑦ 《汉书》卷96《西域传》。
⑧ 《东观汉纪校注·东平宪王传》。
⑨ 《后汉书》卷81《李陈庞陈桥传》。
⑩ 《三国志》卷4《魏书·三少帝纪》。

域名马，于是将所献汗血宝马全部退还西域诸国。[①] 唐天宝中（742—756年），大宛进献6匹汗血宝马，其名一曰红叱拨、二曰紫叱拨、三曰青叱拨、四曰黄叱拨、五曰丁香叱拨、六曰桃花叱拨（叱拨为波斯语asp或asb的音译，义谓马）玄宗得马，颇显珍爱，故将马名分别改为红玉犀、紫玉犀、平山辇、凌云辇、飞香辇、百花辇，并令将6马形象画在"瑶光殿"内[②]，以作永久纪念。从上看来，中原王朝的统治者，通过对丝路使者汗血宝马的珍爱，充分表达了对中原王朝和中亚各国之间友谊的珍视。

汗血宝马东来日多，中原王朝的统治者为了很好饲养和繁育，还注意了饲料问题。据《史记·大宛列传》记载：大宛马"嗜苜蓿"，为此令"汉使者取其实来，于是天子始种苜蓿"，从此长安"离宫别观旁"尽种苜蓿。这一措施的实施，对汗血宝马在中原地区的繁育，起了很大促进作用。所以，时至唐代中期，终于出现了"京师皆骑汗血马"[③]的盛况。

（原刊《丝绸之路》1995年第3期）

---

① 《晋书》卷113《苻坚载记上》。
② 秦再思：《纪异录》，《说郛》卷3。
③ 杜甫：《洗兵马》。

汗血宝马 "汗血" 问题的再探讨 *

"汗血宝马"是世界历史上具有神奇生理现象的一种马。这种马最初产于中亚土库曼斯坦境内的科佩特山脉和卡拉库姆沙漠间的阿哈尔绿洲，至今已有3000多年历史。自西汉起"汗血宝马"开始驰名于中国，继而由于中国帝王将相、史家、诗人和广大人民群众的高度崇尚，从而使它的美名传播于全世界。到了近现代，"汗血宝马"被确认为世界四大优良马种之一，直至今日，"汗血宝马"在中国和世界各国仍然圈养着3000多匹。那么，"汗血宝马"神奇的"汗血"生理现象到底是怎么回事呢？

一、"汗血宝马"神奇的生理现象

中国古代，从国内发现和从西域来到国内来的"汗血宝马"很多，约有2000多匹。在中国看见过"汗血宝马""汗血"等生理现象的人也很多。不过，"汗血宝马"显得神奇的生理现象主要有三种，其中是："汗血"、奇异灵性、跑速超常。现就有关生理现象的具体情况予以简介：

（一）"汗血"

"汗血宝马"神奇的生理现象，最主要的就是"汗血"。"汗血"这一说法是说"汗血宝马"身上渗（或流）出来的汗是"血"。也就是说，别的马种身上渗出来的汗如同水，而"汗血宝马"身上渗（或流）出来的汗则是"血"。那么，"汗血宝马"身上渗（或流）出来的到底是汗水还是"血"？如果真的是血，那它为什么会渗（或流）血？

在历史文献中，对"汗血宝马"的"汗血"现象有多种多样的记载。东汉明帝刘庄，得到大宛国一匹"汗血宝马"，这匹马"血从前肩

---

* 本文是作者于2014年为西北师范大学知行学院电子工程系学生所作报告稿的摘要，主要探讨汗血宝马"汗血"诸问题。

髁上小孔中出。"他并说"天马露赤汗，今亲见其然也。"①东汉应劭也说：大宛天马"汗从前肩髁出，如血。"②清朝徐珂在《清稗类钞》中记载"布鲁特马"的"前肩及脊，或有小痂，破则出血"③。法国布尔努瓦《丝绸之路》一书也曾指出：西方人在新疆伊犁河谷曾目睹当地"汗血宝马""臀部和背部"有"往外渗血的小包"④。日本清水隼人，于2001年在新疆天山西部看到的"汗血宝马"，在高速奔跑后"肩膀位置就慢慢鼓起，并流出像鲜血似的汗水"⑤等。看来，历史上的"汗血宝马""汗血"的具体情况虽然各有不同，但却是一种客观真实的现象。

（二）奇异灵性

"汗血宝马"具有灵性，而且灵性奇异，这也是一种神奇的生理现象。据张澍所辑《凉州异物志》记载：三国时，曹植给魏文帝曹丕献了一匹大宛国紫骍马，这匹马"善持头尾，教令习拜，今辙已能行与鼓节相应"⑥。宋膺《异物志》也载道："大宛马有肉角数寸，或有解人语及知音舞与鼓节相应者。"⑦在唐朝时，唐玄宗和杨贵妃喜欢看"汗血宝马"跳舞，有时"汗血宝马"在宫院场地上跳舞，有时在一层"床"上跳舞，也有时在两层"床"上跳舞。杜甫《斗鸡》诗云："斗鸡初赐锦，舞马既登床。"⑧唐庚《舞马行》诗云："天宝舞马四百蹄，綵床衬步不点泥。"⑨北宋和尚释居简《续舞马行》诗云："见说开元天宝间，登床百骏俱回旋。"⑩从"善持头尾""知音舞与鼓节相应"等纪实性记载看，"汗血宝马"确有灵性，善于跳舞，而且非一般马种可比。

（三）跑速超常

据历史文献记载：大宛国"汗血宝马"，因跑得快，习称千里马，

① 《后汉书》卷72《光武十王传·东平宪王苍传》，《二十五史》第2册，上海：上海古籍出版社，1986年，第170页。
② 《汉书》卷6《武帝纪》，太初四年春条注，第202页。
③ 徐珂：《清稗类钞》第1册，《朝贡类·布鲁特贡马》条，第412页。
④ [法]吕斯·布尔努瓦著，耿昇译：《丝绸之路》，第12页。
⑤ 《江南时报》，2001年4月17日。
⑥ 张华：《凉州异物志》，《中国西北文献丛书》第65册，第558页。
⑦ 《通典》卷192《边防八·大宛》，北京：中华书局，1984年，第1035页。
⑧ 杜甫：《斗鸡》，《御定全唐诗录》卷30，《文渊阁四库全书》第1472册，第504页。
⑨ [宋]唐庚：《舞马行》，《全宋诗》卷1323，第15020页。
⑩ [宋]释居简：《续舞马行》，《全宋诗》卷2792，第33102页。

也称"天马千里驹"。西汉东方朔的《神异经》说：大宛马日行千里，"乘者当以絮缠头，以避风病，其国人不缠"①。其意是说，由于"汗血宝马"跑得特别快，所以骑着"汗血宝马"的人感到空气变成了很强的冷风，不断向骑马人扑来，为避免扑面而来的冷风给骑马人造成病，骑马人就得用"絮缠头"予以保护，而当地人则不缠头。那么，汗血宝马到底跑多快呢？2001年4月25日，土库曼斯坦在其首都阿什哈巴德举行了一场"汗血宝马"马拉松赛，赛马场负责人告诉记者：土库曼斯坦的阿哈尔捷金马（即汗血宝马）"1000米的最快奔跑速度为70秒"②。土库曼斯坦总统尼亚佐夫赠送给我国的"汗血宝马"阿赫达什，于1996年两岁时，"在平地上1000米的奔跑纪录就达到了1分12秒4"。

其实，"汗血宝马"的生理现象还有：能够理解人语、毛色多样、体形出众、头细颈高、四肢修长、步伐轻快、温文尔雅等，但若同以上三种生理现象相比，显然都达不到"神奇"的程度。

二、汗血宝马"汗血"诸说辨析

"汗血宝马"的生理现象，有些是这一优良马种从其祖先那里继承下来的，如能理解人语、毛色多样、体形出众、身体细高、四肢修长、步伐稳健等；有些是这种马后天产生的，如"汗血"现象等；另一些则是先天的特质和后天人们训练形成的，如跳舞、跑速快等。在这里，我要专门来探讨"汗血宝马""汗血"这一神奇生理现象的相关方面：

（一）在"汗血宝马"中是所有马匹都"汗血"还是部分马匹"汗血"？

"汗血宝马"的汗血问题，在历史文献中记载颇为复杂：有的以为所有的"汗血宝马"都"汗血"，如魏晋南北朝时期的孟康说：大宛国高山上野生公马与民间母马所"生驹皆汗血"③；《通典·吐火罗》所载亦说：吐火罗国民马所产"名驹，皆汗血"④。但也有的文献记载说个

---

① 《太平御览》卷897《兽部九·马五》，第3981页。

② 《"汗血宝马"至少仍有两千匹》，大洋网，2001年4月17日。

③ 《资治通鉴》汉纪十一，武帝元狩元年五月条注，第627页。

④ 《通典》卷193《边防九·吐火罗》，第1044页。

体"汗血"，如西汉时，李广利从大宛国所得到3000多匹"汗血宝马"中，"善马"（特别优良之马）"汗血"，而"中马以下"则不"汗血"①，即认为"汗血"是个体现象。直至近现代，人们所见"汗血宝马"都是部分马匹"汗血"。

（二）"汗血宝马""汗血"的躯体部位在何处？

"汗血宝马"的"汗血"躯体部位问题，其情况颇为复杂。在历史文献中对这个问题的说法也不完全相同。如清朝人徐岳《见闻录》记载：明朝末年云南抚军得到从西番来的为"龙种"的马，名字叫"捧月乌骓"。这匹"汗血宝马"被人骑着跑了"百数十里"，结果"周身汗血"②。有的"汗血宝马"则局部"汗血"。局部"汗血"的具体部位也不相同，如有的马血从"前髆"③出，有的马血从"臀部和背部"④出，有的马"前肩及脊，或有小痂，破则出血"⑤，有的马血还从"颈部、肩部、鬐甲部及体躯两侧"⑥出等。看来，"汗血宝马"的"汗血"是多部位的。那么，我对这一问题怎么看呢？我的看法是：凡是"汗血"的"汗血宝马"，其"汗血"的部位各不相同，但大多在躯体的前半部（原因后述）。

（三）"汗血宝马""汗血"的原因是什么？

根据大量资料，我们完全可以断言："汗血宝马"所"汗"的"血"真的是血，而不是从皮肤中渗出的汗水。这一点从"汗血宝马""汗血"的原因方面看得很清楚。至于"汗血宝马""汗血"的原因，所收集到的资料说法很不一致，其中主要有以下几种说法：

1. "喝神秘河水流血"说

2001年6月13日，《中国青年报》上的《中国还有汗血宝马吗？》的文章说：据"传说，土库曼斯坦有一条神秘的河，凡是喝过这里河水的

---

① 杨晨：《汗血宝马即将进京》，《北京晚报》2001年6月18日

② 参见徐岳《见闻录》，引自王立《汗血马的跨文化信仰与中西交流——〈汗血马小考〉文献补正》，《文史杂志》2002年第5期。

③《后汉书》卷72《光武十王传·东平宪王苍传》，第170页。

④ [法] 布尔努瓦著，耿昇译：《丝绸之路》，第2页。

⑤ [清] 徐珂《清稗类钞》第一册，《朝贡类·布鲁特贡马》条，第412页。

⑥ 文景：《追寻汗血马》，《深圳周刊》，http://www.wsjk.com.cn。

马在疾速奔跑之后都会流汗如血，如今这条河却无从寻找。"①另有一篇《神话中走来的汗血马》说：据清代时传说，新疆"北疆有条神奇的河流，凡在此饮过水的马都会神勇异常，且会汗出如血。"②这是说，"汗血宝马"因喝了有毒的河水而流血。但是，从古至今找不到这样的河流，所以这些说法不具有说服力，不具可信度。

2."毛细血管发达"与"体温升高"说

有专家说，"汗血宝马""在高速奔跑时体内血液温度可以达到摄氏45度到46度，但它头部温度却恒定在与平时一样的40度左右。据此，有关动物专家猜测：汗血宝马毛细而密，这表明它的毛细血管非常发达，在高速奔跑之后，（其体温）随着血液增加5度左右，少量红色血浆从细小的毛孔中渗出也是极有可能的。"③显然这是一种猜测，无实据，并同东汉明帝"血从前髀上小孔中出……今亲见其然也"④说法完全矛盾，自然不具有说服力。

3."毛色鲜艳"与"皮毛红斑"说

"毛色鲜艳"与"皮毛红斑"似乎是"汗血宝马"存在"汗血"现象的两种说法，但若予以分析，即可发现二者却属同一种说法。因为"毛色鲜艳"说法，是说"汗血宝马""出汗后局部毛色会显得更加鲜艳，给人感觉是在流血"。其实这种说法是说"汗血宝马"出汗后，汗把马"鲜艳"的毛润湿了，看起来好象"汗血"了，其实是错觉。"皮毛红斑"说法，是说本来"鲜艳"的马毛，在有的马身上长成斑纹状，当马出汗后把马毛润湿，看起来好像在"汗血"。这种情况同样是把马毛中的汗误认为是"血"的一种说法。看来这两种说法都不能证明"汗血宝马"真的在"汗血"。

三、汗血宝马"汗血"原因再探讨

汗血宝马"汗血"的真正原因，古今学者曾经从马的病理学角度进

---

① 《中国还有汗血宝马吗?》，转引自《北京青年报》2001年6月13日。
② 《我们爱科学》，2002年第21期。
③ 文景《追寻汗血马》，《深圳周刊》，http://www.wsjk.com.cn。
④ 《后汉书》卷72《光武十王传·东平宪王苍传》，第170页。

行了科学探讨，已在多年前完全破解了其奥秘。

清朝祁韵士在《西陲总统事略·渥洼马辩》中首先提出了一种"蚊蠓吮噬"的观点。祁韵士指出："今哈密、土鲁番一带，夏热甚，蚊蠓极大，往往马被其吮噬，血随汗出，此人人所共见，当即所谓汗血者也。"①其实，这里说的"蚊蠓吮噬""血随汗出"是"汗血宝马"能够"汗血"的表面情况。那么，"蚊蠓吮噬"为什么会使"汗血宝马""汗血"呢？"蚊蠓"是蝇类昆虫，具体还可分为好几种，其中有的为黑色，有的草绿色，有的黑红色。这些"蚊蠓"外形与蜜蜂类似，其嘴很尖，可直接刺入动物的毛细血管吸血。蚊蠓不再吸血时，血便从毛细血管被蚊蠓刺破处流出。这便是"汗血宝马""汗血"的一个重要方面。因马尾扫打，蚊蠓很难落到马体的后半部分，所以蚊蠓叮咬马身体的部位，大多在马体前半部。

汗血宝马"汗血"的另一方面就是"寄生虫致病"，而且与"蚊蠓吮噬"情况相关联。据清朝时来中国的美国人德效骞在《班固所修前汉书》一书中说："说穿了，（汗血宝马'汗血'）这只不过是马病所致，即一种钻入马皮内的寄生虫，这种寄生虫尤其喜欢寄生于马的臀部和背部，马皮在两个小时之内就会出现往外渗血的小包。"②法国人布尔努瓦在《丝绸之路》一书中也说："在19至20世纪，许多旅行家们都在伊犁河流域和中国新疆目睹染有这种'汗血'病的马匹，这种疾病蔓延到这一地区的各种马匹。"③这种马病，先是蚊蠓叮咬、传播病毒，而后由苍蝇将卵排在蚊蠓叮咬流血处，形成蛹，钻入马皮肤内，到了第二年苍蝇蛹再从蚊蠓叮咬的小孔中钻出，当马奔跑时，血就顺着苍蝇蛹钻出马皮肤的小孔中流了出来。

我国马病专家崔忠道说：1962年他在新疆伊犁地区做马匹检疫工作时，曾亲自检疫出这种马病。"这种病病原为多乳突副丝虫，寄生在马皮下组织内和肌间结缔组织引起的寄生虫，虫体呈白色丝状，体质柔软，常呈S状弯曲，雄虫长2.5~2.8毫米，雌虫长4~6毫米，雌虫常在马匹皮下形成出血性小结节，以吸血蝇类作为中间宿主。该病常在每年4月

---

① 祁韵士：《西陲总统事略》卷12《渥洼马辩》，《中国西北文献丛书》，第102册，第558页。
② 《北京青年报》2002年6月13日。
③ ［法］吕斯·布尔努瓦著，耿昇译：《丝绸之路》，第12页。

份并始发病，7、8月份是高发期，以后逐渐减少，来年又复发。"② 这一说法进一步揭示了汗血宝马"汗血"奥秘在于：先是蚊蠓叮咬、传播病毒，然后寄生虫致病。

以上探讨表明，在古代历史上的很长时期，因人们不具有马的病理科学知识，自然对汗血宝马被蚊蠓叮咬、传播病毒、苍蝇排卵形成蛹、钻入马的皮肤内、蛹于第二年钻出、血从蝇蛹钻出孔中流出，误认为是一种神奇的生理现象。

---

① 文景：《追寻汗血马》，http://www.wsjk.com.cn。

西汉敦煌"渥洼水"今名今地考辨

西汉敦煌"渥洼水"[①]，似乎是个微不足道的小问题，其实并非如此。现在引起我们的特别关注，完全是因为在汉武帝元狩三年（前120年），南阳新野暴利长于此水边首先发现和捕获了一匹野生汗血宝马，这比张骞于公元前128年在西域发现大宛国汗血宝马仅晚了约8年时间。正是由于这一颇带传奇色彩事件的发生，遂使"渥洼水"之名盛传于古今中国，通过丝绸之路又远播于世界。后世专家，凡是研究汗血宝马在中国本土的发现问题，"渥洼水"一名无论如何是要触及的。那么，西汉敦煌"渥洼水"如今叫何名？今地又何在？鉴于如今在中国对汗血宝马问题的关注程度远胜于当年，因此很有必要将这一问题考辨清楚。

一、敦煌南湖为西汉"渥洼水"说质疑

敦煌"渥洼水"，据《敦煌遗书·寿昌县地境》记载："寿昌海，源出（寿昌）县南十里，方圆一里，深浅不测，即渥洼水也，（暴利）长得天马之所。"[②]"寿昌海"又名寿昌泽，今人多以为即敦煌南湖。不过，在《敦煌遗书·寿昌县地境》问世（约后晋天福十年，即945年）前后，文献对南湖为西汉"渥洼水"说则多持不同见解。

对西汉"渥洼水"为今敦煌南湖说的质疑表现在多方面。首先来看西汉"龙勒县"的沿革与"渥洼水"的方位问题。据《汉书·地理志·敦煌郡》"龙勒"县下记载："有阳关、玉门关，皆都尉治。氐置水出南羌中，东北入泽，溉民田。"[③]这一记载表明，西汉开拓河西走廊后，

---

① "渥洼水"名，始见《汉书》卷22《礼乐志》元狩三年条，北京：中华书局，1962年，第1060页。

② 转引自李正宇《古本敦煌乡土志八种笺证》，《散录1700敦煌吕钟氏抄件〈寿昌县地境〉影印本》，兰州：甘肃人民出版社，2008年，第321页。

③《汉书》卷28下《地理志·敦煌郡》，第1614页。

在今敦煌市西部南起阳关地区、北达玉门关地区，设置有"龙勒县"，县境内有条名为"氐置水"的河流，并记载有"泽"存在。从数百年后的唐《元和郡县图志》记载看，自魏晋以降，"龙勒县"曾发生了一系列沿革变迁，如说"寿昌县"："本汉龙勒县，因山为名，属敦煌郡。周武帝（561—578年在位）省入鸣沙县。隋大业十一年（615年）于城内置龙勒府，武德二年（619年）改置寿昌（县），因县南寿昌泽为名也。"①《元和郡县图志》这条较为具体的记载，主要说明了伴随王朝更替，西汉"龙勒县"发生了以下沿革：先是唐沙州（即今敦煌）以西百里之遥的汉"龙勒县"原辖地，至北周武帝宇文邕时，将其并入鸣沙县（今敦煌县）；继而隋大业十一年（615年）在原龙勒县城内置龙勒府；然后于唐高祖武德二年（619年）将龙勒府改置为"寿昌县"，"因县南寿昌泽为名"。通过对以上记载的分析可知，今南湖汉代时称"泽"，自唐代始载为"寿昌泽"，其余时间叫什么名不得而知，若予大胆推测或许就叫龙勒泽或寿昌泽。如果这一推测能够成立，那就表明西汉暴利长发现和捕获野生汗血宝马的地方应是"龙勒泽"边，若如此，那所捕获的野生汗血宝马也应叫"龙勒马"或"寿昌马"，可是《寿昌县地境》却记载是在"渥洼水"边捕获野生汗血宝马，而且叫作"渥洼马"。若换一角度分析，西汉时的南湖在当时或许就没有具体名称，只是到了唐代方始叫作"寿昌泽"。据以上分析，在西汉时"渥洼水"势必另有其地，同样也另有其名。

再来看今敦煌南湖地方的自然环境状况：南湖"位于（今）敦煌市西南70公里处与南湖乡政府东南4公里处，因邻近古寿昌城，又名'寿昌海''寿昌泽'，是上游（古氐置水，今党河）众多泉水汇集积蓄而成的一片湖泊之地，现名黄水坝水库。周围有无际的绿地草滩，自古以来为理想的天然牧场和屯田佳地"②。党河流域为祁连山西段之地，当地有山地、草原、冰川、河流和湖泊，自然环境状况较为良好。党河"全长390公里，南出祁连，北流大漠，（古代）汇疏勒河入罗布泊"，"党河发源地，位于肃北蒙古族自治县盐池湾自然保护区。在盐池湾可看到：

---

① 《元和郡县图志》卷40《沙州·寿昌县》条，北京：中华书局，1983年，第1026页。

② 转引自敦煌市鸣沙山月牙泉管理处网站。

清清的水，波光粼粼，附近还有一眼喷泉，四溅晶莹的水珠，水面上不时有受惊的黑颈鹤仓皇飞过。"① "党河水源为祁连山冰川，年平均径流量为2.98亿立方米。"②党河中、上游还有一些支流，水量也不小，野马群能喝得着水的地方确有多处，并非仅有南湖这一唯一水源。敦煌南湖地方，原是一片沼泽地，在几十年前修建了黄水坝水库以后，当地之水才汇聚一起。所以，西汉时南湖周围地方，堪称是野马生活的理想之地。

试想，据以上诸多客观自然环境条件，在党河流域活动的野马群被人惊吓之后，它们还能持续不断地来到南湖边的固定地方喝水吗？我们知道，野马群需要喝水这是肯定无疑的，但敦煌南湖并不是当地野马群饮水的唯一水源，而且南湖周长约1里，野马群来喝水一定会找对自己的安全没有威胁的湖边地段，对那泥巴人和后来的真人野马群一定会惊惕的，若真的来南湖边喝水，那它们一定会在距离拿着绳索的泥巴人或真人较远地方喝水。这就是说，暴利长在如今的南湖边捕获野生汗血宝马是极为困难的，他要能捉到野生汗血宝马必然另有地方或另有湖泊。据此有人把南湖认定为西汉敦煌"渥洼水"显然是误断。

如果我们再从暴利长的身份方面来分析，他从南湖边发现和捕获野生汗血宝马可能性也不是很大的。据《汉书·武帝纪》元鼎四年六月条注道："李斐（东汉后期人）曰：'南阳新野有暴利长，当武帝时遭刑，屯田敦煌界。'"《通典·沙州·敦煌》条载道："敦煌，汉旧县，……南阳新野人暴利长遭刑屯田。"若进一步来看，当《汉书·武帝纪》注说"敦煌界"之时，南湖地方辖属"龙勒县"；《通典》说"敦煌"汉旧县之时，南湖地方辖属"寿昌县"。可是，在这两条纪载中，暴利长屯田之地，既未说是"龙勒县"，又未说"寿昌县"，这显然表明暴利长屯田之地就是"敦煌"县。这样一来就产生了一个问题，即暴利长这个"刑"徒，服刑期间随便能够去到70多里之外不隶属"敦煌"县的地方捕捉野生汗血宝马？现在如果客观看待上述记载，作为"敦煌"县地方"刑"徒的暴利长，他多次去到辖属"龙勒县"的南湖地方发现与捕捉野生汗血宝马实际上是不大有可能的。

---

① 达勇编著：《魅力敦煌锦秀党河》，兰州：甘肃人民美术出版社，2011年。
② 转引自敦煌市鸣沙山月牙泉管理处网站。

二、今月牙泉是西汉敦煌“渥洼水”的佐证

　　敦煌月牙泉，是中国名泉，也是世界名泉。当前，在学术界部分专家认定敦煌南湖为“渥洼水”和旅游界在南湖边修建“渥洼池”标志清况下，提出月牙泉为“渥洼水”有可靠佐证吗？请看下面有关资料：

　　“渥洼水”又称“渥洼池”和“渥洼泉”。在“渥洼”一词中，“渥”与“洼”二字，都与水有关。请看《说文解字注》的解释：

　　“渥，霑也。……按渥之言厚也。濡之深厚也。《邶风》传曰：渥，厚渍也。”[①]这里的“霑”“濡”“渍”三字，都涵有浸湿、浸润之义，而“渍”还包含浸润时间长久之义。由此可知，“渥”是水积蓄多、水层厚，长久浸湿、浸润的泥土层也厚之义。

　　“洼，深池也。史汉皆云得神马渥洼水中。”[②]这是说，“洼”是深水池之义，又说《史记》《汉书》都记载“得神马渥洼水中”。同时，《辞海》缩印本还根据现代汉语进一步解释“洼”道：“①小水坑”，“②低凹；深陷。”[③]分析至此，我们再把两部辞书的解释同位于草原上的南湖与深陷鸣沙山腹中的月牙泉自然环境情况联系起来比对，自然而然地就会得出“渥洼”更像月牙泉而不像南湖的结论了。

　　再者，从“甘肃酒泉旅游信息”网站资料中得知，月牙泉所在的鸣沙山区，东西“绵延40多公里，南北广布20多公里，最高处海拔1715米”。在这片面积为800平方公里的沙山区，月牙泉是可供当时敦煌城以东、瓜州县以西草原、荒漠地区野马群饮水的唯一水源，当地野马群不来这里势必没有水喝，也就是说当地再无别的可供野马群饮水的水源。另外，问世于唐代贞元十七年（801年）的文献《通典》，在《敦煌遗书·寿昌县地境》问世之前144年就载道：“敦煌，汉旧县，三危山在东南，山有三峰，有鸣沙山、渥洼水。汉武帝元鼎（‘鼎’，疑为‘狩’字之误）中，南阳新野人暴利长遭刑屯田，于此水边见群野马来饮，中有

----

① 《说文解字注》“渥”字条，上海古籍出版社，1981年，第558页。
② 《说文解字注》“洼”字条，上海古籍出版社，1981年10月版，第553页。
③ 《辞海》缩印本，上海辞书出版社，1980年8月版，第925页。

奇，名羌（可能有误）作土人持勒靽立，后马靽习，久之（暴）利长因代土人，牧得马以献帝，欲神异之，云从水中出，于是（汉武帝）作天马之歌也。"[1]这一记载说明，早在《寿昌县地境》之前，《通典》已明载渥洼水在鸣沙山中。《寿昌县地境》后来为何出现歧说，现无据可考。

另外，凡记载于"渥洼水"边发现和捕获汗血宝马的问题，都与"敦煌"相联系，如《汉书·武帝纪》注引李斐曰：南阳新野有暴利长，当武帝时遭刑，屯田"敦煌界"；《通典·州郡四·敦煌》亦载道："敦煌，汉旧县"，汉武帝元鼎中，南阳新野人暴利长遭刑屯田，于渥洼水边见群野马来饮。虽然《寿昌县地境》"寿昌海，源出县南十里……（暴利）长得天马之所"的记载与"寿昌县"相关联，但"寿昌县"设置于唐武德二年（619年），同时前已证明"寿昌泽"本不是"渥洼水"。这就是说"渥洼水"必在汉敦煌县境内，而不在汉龙勒县境内，除此别无其他解释。清苏履吉所修纂《敦煌县志》载道："月牙泉，即渥洼泉。旧志：'汉元鼎四年秋，天马生渥洼水中，武帝得之，作天马之歌。'《通志》：'在卫南十里。其水澄澈，环以流沙，虽遇烈风而泉不为沙掩，盖名迹也。'"[2]

现查阅《重修敦煌县志》所载"月牙泉"名称，发现修纂者加写了如下按语："渥洼泉形式逼肖月牙，音亦类似，故转呼为月牙也。"[3]《重修敦煌县志》这一按语是说，"渥洼泉"的形状极像"月牙"的形状，而"渥洼"二字与"月牙"二字的读音也极"类似"，故将"渥洼"二字"转呼为月牙"了。民国《于右任诗存·骑登鸣沙山》诗自注中也说："月牙泉在鸣沙山围中，作新月形，传为汉时产天马之渥洼池。"在此于右任也肯定"渥洼池"是"月牙泉"，而不是南湖。据以上佐证看来，敦煌月牙泉无疑是西汉"渥洼水"。

---

① 《通典》卷174《州郡四·沙州·敦煌》，北京：中华书局，1984年，第923页。在此还必须指出，《汉书·武帝纪》注李斐的话中仅有"当武帝时"之说，并无"武帝元鼎中"的记载。
② （清）苏履吉修纂：《敦煌县志》第2册，道光辛卯版（校注本），卷2《地理志·山川》，第15—16页。
③ 吕钟修纂：《重修敦煌县志》，兰州：甘肃人民出版社，2002年，第31页。

三、诗歌对"渥洼水"与"天马"问题的描述

"渥洼水"在汗血宝马问题研究中具有一定重要性，它所具自然特点亦颇奇异，以此之故，历史文献多所记载，诗歌亦多吟咏与描述。尤其自西汉时张骞出使西域回来，将他在大宛国发现汗血宝马情况向汉武帝作了奏报，此后这一消息传遍了朝野上下。后来在敦煌渥洼水边发现与捕获了野生汗血宝马，汉武帝还作了《天马之歌》。在这些历史信息感悟之下，后世相当多的诗人，也曾作了大量涉及"渥洼水"的诗文，这对我们考辨发现与捕获野生汗血宝马的"渥洼水"今名今地同样是有所帮助的。

早在五代以后，不少史家和诗人根本上就不认可《寿昌县地境》之说。自清代以来，众多在敦煌任职和游历过的文化人，曾用诗歌将月牙泉认定为"渥洼水"，并联系天马作了较多描述。清韩锡麟在《月牙泉怀古》诗中云："半泓秋水是月牙，人言此即古渥洼。曾出天马贡天子，汗血流赭喷桃花。"[①]清苏履吉《同马参戎进忠游鸣沙山月牙泉歌》云："敦煌城南山鸣沙，中有天泉古渥洼。后人好古浑不识，但从形似名月牙。或为语言偶相类，听随世俗讹传讹。我稽志乘分两处，古碑何地重摩挲？……渥洼渥洼是与否？我还作我鸣沙山下月牙歌。"[②]这首诗肯定鸣沙山中"天泉"为"古渥洼"。同时还指出"后人"糊里糊涂根据志乘又把渥洼水定在"月牙泉"和"南湖"这两处地方。看来苏履吉将月牙泉认定为"渥洼水"是坚定不移的。清景廉在《月牙泉歌》诗中云："灵泉一泓号月牙，碧琉璃净无纤瑕。……归稽志乘心惘然，此水乃古渥洼泉。房星下降毓灵秀，忽见天马出深渊。"[③]清朱坤《月牙泉歌》亦云："房星当年水底过，失群天马出青波。至今不见古渥洼，我道龙媒此即家。除却灵池何处觅，茫茫千里尽平沙。"[④]朱坤这首诗，其大意是说：汉武帝天马出此"青波"，现在虽然见不到古代"渥洼

---

① 转引自张辉选注：《历代河西诗选》，甘肃省准印本，并同2012年7月21日互联网"怀古堂主人的博客"中石碑碑文木刻版拓片进行了核对。
②《敦煌县志》卷6《艺文》，台北：成文出版社有限公司，第34—35页。
③ 转引自张辉选注：《历代河西诗选》，第517页。
④（清）苏履吉修纂：《敦煌县志》第4册，第66—67页。

图十一　月牙泉

水"，但我还是要说天马是以月牙泉为家的，除了"灵池"月牙泉再也
没有什么地方能找到"渥洼水"了，所见只能全是千里黄沙。

　　民国时期，在甘肃敦煌任职、游历月牙泉的部分名人，也曾用诗描
写了月牙泉与"渥洼水"以及月牙泉与发现野生汗血宝马的情况。水梓
《渥洼池》诗云："异境久闻渥洼泉，轻车快马互争先。月牙千古一湾
水，妙造鸣沙出自然。"①周炳南《月牙泉歌》诗中写道："闻说天马
出此泉，自贡汉皇去不旋。泉耶池耶皆渥洼，何须口辩如河悬。"②罗
家伦《月牙泉纪游》诗云："新月澄池水，龙媒产渥洼。"③这也是一
个月牙泉是"渥洼水"的佐证。

　　考辨至此，对西汉时由南阳新野暴利长发现和捕获野生汗血宝马的
"渥洼水"，我们确信是地处敦煌鸣沙山中的今月牙泉，而不是今敦煌阳
关之南的南湖（即黄水坝水库）。

---

① 水天长先生所提供民国兰州《和平日报周刊》第11—15期，1948年11月，复印件。
② 转引自互联网敦煌市鸣沙山月牙泉管理处网站。
③ 转引自互联网敦煌市鸣沙山月牙泉管理处网站。

汗血宝马大事记

1. 汉武帝建元三年（前138年），张骞奉命与堂邑父等第一次出使西域。元朔元年（前128年），张骞在大宛国时发现了汗血宝马。元朔三年（前126年），当张骞等回到长安后，曾向汉武帝报告称：大宛国"多善马，马汗血，其先天马子也"。

2. 汉武帝元狩三年（前120年），南阳新野刑徒暴利长，在敦煌"渥洼池"（今月牙泉）边发现并捕获了"渥洼马"（即野生汗血马），后献武帝。暴利长"欲神异此马，云从（渥洼）水中出"。元鼎五年十一月，汉武帝颁诏曰："渥洼水出马，朕其御焉。"这是说，汉武帝自称骑乘过渥洼马。

3. 元狩三年（前120年），武帝得渥洼马，遂作《太一之歌》，歌曰："太一况，天马下，霑赤汗，沫（沫）流赭。志俶傥，精权奇，籋浮云，晻上驰。体容与，迣万里，今安匹，龙为友。"

4. 在张骞两次出使西域后，西汉很多人争相出使西域，并把"大宛有善马在贰师城，匿不肯示汉使"的情况报告了汉武帝，武帝"闻之甘心"，从此决心获得大宛国汗血宝马。

5. 太初元年（前104年），汉武帝派遣车令等人为使者，"持千金及金马，以请宛王贰师城善马"。大宛举国上下认为，"贰师马，宛宝马也"，且以大宛既已"饶汉物"，宛又距汉遥远，故不肯予汉使。汉使车令等发怒，并椎坏金马，于是发生了宛王毋寡令大宛郁成王杀汉使、夺汉物事件，从而激化了汉、宛矛盾。

6. 太初元年（前104年），汉武帝为伐大宛，遂任命李广利为"贰师将军"。太初二年（前103年）秋，李广利率军从河西走廊出发第一次伐大宛。汉军抵达大宛国郁成城地方，被大宛军打败，损失惨重，李广利等无功而返。

7. 太初二年（前103年），李广利率军东归至玉门关下，汉武帝得报大怒，当即传令遮于玉门关外，并称："军有敢入，斩之。"贰师将军惊恐，因留敦煌。

8. 太初二年（前103年）末，汉朝廷讨论第一次伐宛战争失败问题，认为不打败大宛国，"则大夏之属轻汉"，"乌孙、仑头易苦汉使，为外国笑"。故为了巩固汉朝在西域"威德"，又作出决定，不惜引起"天下骚动"，发动第二次伐宛战争。

9. 太初三年（前102年），李广利奉命率校尉50余人、各种获赦囚徒等6万多人（私从者不计在内），还带了水工工匠、执驱校尉及牛10万头、马3万多匹，驴、骡、骆驼等万余，并补充粮食与兵器后第二次伐宛。

10. 太初四年（前101年），李广利率军包围大宛国都城，逼杀大宛国王毋寡，获得最好的汗血宝马30匹、中等以下汗血宝马3000匹后凯旋。

11. 太初四年（前101年），大宛国贵人立蝉封为国王。蝉封遣子入侍汉朝，并与汉约定"岁献天马二匹"，从此开了西域各国向中原王朝贡献汗血宝马的先例。

12. 太初四年（前101年），在汉军威逼下宛贵人杀宛王，获汗血宝马，武帝作《天马之歌》曰："天马徕，从西极，涉流沙，九夷服。天马徕，出泉水，虎脊两，化若鬼。天马徕，历无草，径千里，循东道。天马徕，执徐时，将摇举，谁与期？天马徕，开远门，竦予身，逝昆仑。天马徕，龙之媒，游阊阖，观玉台。"

13.《史记·大宛列传》载："初，天子发书《易》，云'神马当从西北来'。得乌孙马好，名曰'天马'。及得大宛汗血马，益壮，更名乌孙马曰'西极'，名大宛马曰'天马'云。"

14. 在太初四年（前101年）之后，大宛国"蒲梢、龙文、鱼目，汗血之马"相继东入西汉，"充于黄门"。

15. 苜蓿，一名"怀风"，又称"光风"，茂陵人称为"连枝草"，是大宛国汗血宝马最喜食之饲草。在大宛国汗血宝马不断东入中原的情况下，汉使遂取来苜蓿籽呈交汉武帝。武帝在汉朝始种苜蓿于肥饶之地，后又种植于离宫别观旁。

16. 汉武帝得大宛国汗血宝马，精心进行打扮，曾"以玫石为鞍，镂以金银、鍮石，以绿地五色锦为蔽泥，后稍以熊罴皮为之，熊罴毛有绿光，皆长二尺者，直百金"。

17. 汉宣帝元康元年（前65年），郎官冯奉世和他的副手严昌，奉命出使大宛国，大宛国王将该国"象龙"名马赠予之，并带回国内。

18. 中元二年（57年），东汉明帝刘庄将一匹"血从前髆上小孔中出"的汗血宝马赐给了东平宪王刘苍。明帝还说："吾闻武帝（天马）歌，天马霑赤汗，今亲见其然也。"

19. 东汉梁冀曾"远致汗血马"。

20. 建宁三年（170年），汉灵帝将击羌的护羌校尉段颎召回，段颎将获自羌地的"汗血千里马"带回洛阳。

21. 晋武帝司马炎泰始六年（270年）九月，大宛国贡献汗血宝马；太康六年（285年），大宛国王摩之遣使贡汗血宝马。

22.《汉书音义》说："大宛国有高山，其上有马不可得，因取五色母马置其下，与交，生驹皆汗血，因号曰天马子。"

23. 前凉张骏太元四年（327年），西域献汗血宝马。

24. 前秦苻坚时（378年），大宛国献天马千里驹，皆汗血，朱鬣、五色、凤膺、麟身。苻坚不受，婉言却还。

25. 东晋孝武帝太元七年（382年）二月，大宛国进献汗血宝马；太元十七年（392年），大宛国再次进献汗血宝马。

26. 后凉吕光太安二年（387年），龟兹国贡汗血宝马，吕光亲临正殿，设会文武博戏；麟嘉五年（393年），疏勒王献"善舞马"。

27. 北魏太武帝拓跋焘太延三年（437年）十一月，破洛那（故大宛国）、者舌国（故康居国）各遣使奉汗血宝马；五年（439年），遮逸国献汗血宝马。

28. 南朝宋孝武帝大明三年（459年）十一月，西域献舞马。

29. 南朝宋明帝刘彧泰始元年（465年）四月，破洛那国献汗血宝马。

30. 北魏文成帝拓跋濬和平六年（465年）夏四月，破洛那国献汗血宝马。

31. 北魏孝文帝拓跋宏太和三年（479年），破洛那国遣使献汗血宝马。

32.《隋书·吐谷浑传》记载，青海湖中产有名为"青海骢"的汗血宝马，此马是得自波斯的草马（母马）与当地野生公马的后代。

33. 隋文帝开皇（581—600年）初，大宛国献千里马，号"师子骢"，莫能制驭。郎将裴仁基说："臣能制之。"说罢，攘袂向前，去十余步，踊身腾上，一手撮耳，一手抠目，马战不敢动，乃鞴乘之，朝发西京，暮至东洛。隋末，师子骢下落不明。唐初，太宗颁敕天下寻找，同州刺史宇文士及"访得，其马老，于朝邑市面家挠硙，骣尾焦秃，皮内穿穴，及见之悲泣。帝自出长乐坡，马到新丰，向西鸣跃，帝得之甚喜。齿口并平，饲以钟乳，仍生五驹，皆千里足也"。

34. 大业四年（608年）二月，崔君肃（又称崔君毅或崔毅）奉炀帝之命出使西突厥，以计说服处罗可汗。处罗可汗为表示臣服之意，遂遣使者随崔君肃东来向隋朝贡汗血宝马。

35. 唐太宗"昭陵六骏"之一"白蹄乌"，是根据太宗平薛仁果（一称杲）时所骑乘名为"白蹄乌"战马形象刻石而成。

36. 唐玄宗天宝（742—756年）中，大宛国献六匹汗血宝马，一曰红叱拨、二曰紫叱拨、三曰青叱拨、四曰黄叱拨、五曰丁香叱拨、六曰桃花叱拨，玄宗得马后依次更名为红玉犀、紫玉犀、平山辇、凌云辇、飞香辇、百花辇，并命令将六马形象画于瑶光殿墙壁上，以示纪念。

37. 唐郑处诲《明皇杂录补遗》，较为详细地记述了唐玄宗时，由教坊训练汗血宝马为"舞马"以及"舞马"表演舞蹈的情况。郑处诲称：唐玄宗时训练舞马百匹，分为左、右两部分，均衣以文绣，络以金银，间杂珠玉。舞马表演，多在"千秋节"（玄宗生日）进行，观众有时多达万人。舞马多在床上表演，床有一层、二层和三层三种，有时让大力士把床与马一并举到空中表演。所演奏乐曲名为《倾杯乐》。玄宗所享受舞马，安史之乱时部分被安禄山所得，后又落到藩镇田承嗣之手。田承嗣等当时以舞马为"妖"，故击杀于槽下。

38. 杜甫《斗鸡》诗描述唐玄宗观赏汗血宝马跳舞的享乐生活说："斗鸡初赐锦，舞马既登床。帘下宫人出，楼前御柳长。仙游终一阕，女乐久无香。寂寞骊山道，清秋草木黄。"

39. 唐杨师道《咏马》是一首以古喻今之诗，其中以描述汉朝王公贵族骑着汗血宝马在长安附近宫殿区游玩情况以讽喻唐朝王公贵族说："宝马权奇出未央，雕鞍照曜紫金装。春草初生驰上苑，秋风欲动戏长杨。鸣珂屡度章台侧，细蹀经向濯龙傍。徒令汉将连年去，宛城今已馘名王。"

40. 唐代中期涌现了部分汗血宝马画家，其中最为著名者，当属曹霸和韩幹等。韩幹的画作，唐宋时都有诗人极力称颂，如说："韩幹画马名独垂，冰纨数幅横素丝。"

41.《新唐书·西域传下·吐火罗》载：吐火罗"北有颇黎山，其阳穴中有神马。国人游牧牝于侧，生驹辄汗血"。

42.《太平广记·畜兽二·马》载："吐火罗国波讪山阳，石壁上有一孔，恒有马尿流出，至七月平旦，石崖间有石阁道，便不见。至此日，厌哒人取草马，置池边与集，生驹皆汗血，日行千里，今名无数颇黎。"

43. 宋代徐积《舞马诗并序》，较为详细地转述了唐郑处诲《明皇杂录补遗》的有关内容，并作诗一首，诗云："开元天子太平时，夜舞朝歌意转迷。绣榻尽容麒骥足，锦衣浑盖渥洼泥。才敲画鼓头先奋，不假金鞭势自齐。明日梨园翻旧曲，苑阳戈甲满西来。"

44. 宋代唐庚《舞马行并序》诗，也描述了唐玄宗等观看汗血宝马跳舞情况，其序与诗云："明皇时，教坊舞马百匹，谓之某家娇，其曲谓之《倾杯乐》。天宝之乱，此马流落人间，魏博田承嗣得之，初不识也。已而承嗣大宴军中，酒行乐作，马闻乐声起舞，承嗣以为妖，命杀焉。予读其说而悲之，作《舞马行》。"其诗云："天宝舞马四百蹄，绛床衬步不点泥。梨园一曲倾杯乐，骧首顿足音节齐。几年流落人世间，挽盐驾鼓不敢嘶。忽然技痒不自禁，俗眼惊顾身颠隮。后生何尝识此舞，谓之不祥固其所。"

45. 宋代释居简《续舞马行》诗描述唐玄宗开元、天宝年间舞马表演简况，诗云："见说开元天宝间，登床百骏俱同旋。一曲倾杯万人看，一顾群空四十万。"

46. 宋代楼钥《习马长杨诗》，首次描述"冀北骐骥"（属汗血宝马）说："强汉承平后，兢兢武不亡。""冀野来骐骥，天闲出骓骝。骧腾射熊馆，驰聚华山阳。"

47. 金代王寂《跋张舍人所收杨仲明天厩铁骢图》诗描述大宛国汗血宝马说："大宛山下汗血驹，麟鬐凤臆龙头颅。黑花细洒云满躯，倜傥不与驽骀俱。"

48. 明永乐十三年（1415年）十一月，麻林国及诸番国进天马等。

49.《三宝太监西洋记》第七十八回记载说：郑和下西洋时，当率宝船队经过祖法国（即祖法儿国，位于阿拉伯半岛阿曼佐法尔一带），该国进贡"汗血马二十匹（本国颇黎山有穴，穴中产神驹，皆汗血），良马十匹（头有肉角数寸，能解人语，知音律，又能舞，与鼓节相应）"。

50. 明代宋濂《题李广利伐宛图》诗描述李广利以武力夺取汗血宝马历史说："贰师城头沙浩浩，贰师城下多白草。六千铁骑随将军，风劲马鸣高入云……上书天子引兵还，使者持刀遮玉关……玺书昨夜下敦煌，太白高高正吐芒。戍甲重征十八万，居延少年最翘健。杀气漫漫日月昏，边尘冉冉旌旗敌。水工决水未绝流，旌竿已揭宛王头。"

51. 明朝末年，沐国公曾将一匹千里马赠送云南抚军。这匹马色黑，胸有白毛，形似月牙，故称"捧月乌骓"，"来自西番，龙种也"。一个时辰能跑"百数十里"，并"周身流血"。

52. 美国汉学家德效骞在《班固所修前汉书》一书中，解释汗血宝马"汗血"原因时指出："说穿了，这只不过是马病所致，即一种钻入马皮内的寄生虫，这种寄生虫尤其喜欢寄生于马的臀部和背部，马皮在两个小时之内就会出现往外渗血的小包。"此说由〔法〕布尔努瓦《丝绸之路》一书传播到了世界很多国家。

53. 1951年，中国曾从前苏联引进了52匹阿哈尔捷金马（纯种汗血宝马），饲养在内蒙古锡林郭勒盟种马场，进行了公母马的自然繁殖，并进行了部分杂交改良试验。

54. 20世纪70年代，台湾微生物学家于景让提出："汗血马是因为一种叫副丝虫的寄生虫寄生于马的皮下，形成硬结，马匹活动时，体温升高，虫子钻出，形成出血。"

55. 1982年4月，〔法〕吕斯·布尔努瓦著、耿昇译《丝绸之路》一书，由新疆人民出版社在国内首次出版发行。书中指出："至于'汗血'一词，其意是指这些马匹的特点，在很长的时间内，这一直是西方人一种百思不解之谜。近代才有人对此作出了令人心悦诚服的解释。"在他引述了美国汉学家德效骞的话后又说："在19至20世纪，许多旅行家们都在伊犁河流域和中国新疆目睹染有这种汗血病的马匹，这种疾病蔓延到这一地区的各种马匹。"

56. 1983年9月，中国国家旅游局将甘肃省武威雷台出土的"马超龙雀"即根据汗血宝马形象铸造的铜奔马，确定为"中国旅游图形标志"，并于同月25日在《旅游报》上公布了《天马被定为中国旅游图形标志》的通知。

57. 1983年12月5日，《人民日报》刊发《"马超龙雀"被定为我国旅游图形标志》报道，报道说："1969年在甘肃省武威出土的马超龙雀，原称马踏飞燕。后经考证，所谓飞燕并非燕子，而是古代传说中的龙雀，而马亦非凡马，而是神马，即天马。""国家旅游局已通知旅游系统各单位，用这个标志装饰办公地点、交通工具、办公用品及各种宣传品。"

58. 纯种汗血宝马（今称阿哈尔捷金马）现今全世界约有3000匹左右，其中约2000匹在土库曼斯坦，约1000匹在俄罗斯等国。

59. 1988年，侯丕勋在《西北民族研究》第2期发表了《"汗血马"诸问题考述》一文，较为系统地探讨了汗血马"汗血"之谜、"天马"的由来、汗血马产地的变化、汉武帝遣李广利以武力索取汗血马原因等问题。

60. 2000年7月5日，土库曼斯坦总统尼亚佐夫将国宝——一匹阿哈尔捷金马（汗血宝马）赠送到访的中国国家主席江泽民，从而续写了汗血宝马史的新篇章。但因阿富汗战争愈演愈烈，故推迟了接运回国的时间。

61. 2001年4月30日，日本清水隼人在东京大学宣布，他于2000年8月在中国新疆天山西部发现了汗血宝马，并拍摄了照片。

62. 马病研究专家崔忠道于2002年指出：汗血病"病原为多乳突副丝虫，它们寄生在马皮下组织内和肌间结缔组织内，虫体呈白色丝状，体质柔软，常呈S状弯曲。雄虫长2.5~2.8毫米，雌虫长4~6毫米。雌虫常在马匹皮下形成出血性小结节，以吸血蝇类作为中间宿主。这种病常在每年4月份开始发作，7、8月份是高发期，以后逐渐减少，来年又复发"。病马在晴天中午前后，"颈部、肩部、鬐甲部及体躯两侧皮肤上就会出现豆大结节，结节迅速破裂后流出的血很像淌出的汗珠"。

63. 2002年6月17日，土库曼斯坦领导人向江泽民主席赠送的一匹名为"阿赫达什"的阿哈尔捷金马，空运抵达天津机场，后送往中国种畜进出口公司在廊坊的养马场隔离检疫，在45天后对游人开放，以供参观。

64. 2002年8月1日至3日，在乌鲁木齐市举行了全国首次汗血宝马问题学术研讨会，与会专家30余人，就汗血宝马"汗血"之谜等11个问题进行了研讨，并交流了有关学术成果。

65. 2002年8月，当汗血宝马阿赫达什在天津廊坊养马场隔离检疫结束后，江泽民主席等一行前往养马场视察，察看了阿赫达什情况。

66. 2002年8月11日，中央电视台《新闻夜话》栏目播出了题为"又见汗血宝马"的节目，并请土库曼斯坦驻华大使库尔班穆哈买德·卡扎洛维奇·卡西莫夫为嘉宾，专门就汗血宝马及阿赫达什问题进行座谈。座谈中，节目主持人还展示了江泽民主席视察廊坊养马场的照片。卡西莫夫在谈话中指出："这匹'阿赫达什'土库曼语的意思是'白色的石头'，这是从我们总统的私人马匹里选出来的一匹。"他还指出："土库曼人将马视作亲人对待，只送给自己最好的朋友。"阿赫达什是"土中两国和两国人民友谊的象征"。

67. 据《环球时报》报道：土库曼斯坦总统尼亚佐夫于2006年3月23日在政府办公例会上宣布，4月2日访华时他赠送胡锦涛主席的礼物将是土库曼斯坦最珍贵的阿哈尔捷金马，也就是中国民间传说中的"汗血宝马"。阿哈尔捷金马最早产自土库曼斯坦科佩特山脉和卡拉库姆沙漠间的阿哈尔绿洲，至今已有3000多年的历史，是世界上最古老的马种之一。

68. 2006年4月2日，土库曼斯坦总统尼亚佐夫赠送中国国家主席胡锦涛一匹名为阿尔客达葛的汗血宝马，续写了中国汗血宝马史和中土两国及两国人民友谊的新篇章。

69. 2014年5月12—14日，在我国首都北京首次举行了"2014年世界汗血马协会特别大会暨首届中国马文化节"，谱写了汗血宝马史又一新篇章。

70. 2014年5月12日，土库曼斯坦总统库尔班古力·别尔德穆哈梅多夫赠送中国国家主席习近平一匹名为普达克的汗血宝马，并获广泛赞誉。

汗血宝马史料集萃

汗血宝马问题，唯有《汉书·张骞李广利传》记载最为详尽和系统，但只限于汉武帝建元三年（前138年）至太初四年（前101年）间史事。此后，不论正史还是野史，记载均极零散和简略，查阅十分不易。至于唐、宋、金、元、明诸王朝之诗、赋等，涉及汗血宝马问题者虽然很多，但如《御定全唐诗录》《全宋诗》等诗集部头很大，查阅也极费时。

本著作在撰写时，多从论证观点和说明问题的角度征引有关汗血宝马史料，因此，未能将部分重要史料整体引入，这为读者了解有关史料全貌带来了不便。现为了对已征引的部分重要史料有所弥补，也为了便于读者了解有关史料全貌，特地将汗血宝马有关重要史料分四大类辑录（部分为节选）如下：

一、渥洼马

《汉书》卷6《武帝纪》：元鼎四年，"秋，马生渥洼水中。作《宝鼎》《天马之歌》。"注引李斐曰："南阳新野有暴利长，当武帝时遭刑，屯田敦煌界，数于此水旁见群野马中有奇（异）者，与凡马（异），来饮此水。利长先作土人，持勒靽于水旁。后马玩习，久之代土人持勒靽收得其马，献之。欲神异此马，云从水中出。"

《汉书》卷22《礼乐志二》：汉武帝作《天马之歌》（一称《太一之歌》）曰："太一况，天马下，霑赤汗，沫流赭。志俶傥，精权奇，籋浮云，晻上驰。体容与，迣万里，今安匹，龙为支。元狩三年马生渥洼水中作。"

《汉书》卷6《武帝纪》：元鼎五年十一月，武帝诏曰："渥洼水出马，朕其御焉。"

唐乔彝《渥洼马赋》："域中之宝，生乎天涯。天子之马，产乎渥洼。泽出腾黄，独降精于太乙；神开滇壑，固不涉于流沙。目散电兮龙彪骏，喙含丹而虎牙。蹑红云而喷玉，霑赤汗以攒花。望兮以义，来何晚耶。应图合谋，光我帝业。星通两瞳，月贴双颊。四蹄曳练，飜瀚海之霜华；一喷生风，下胡山之木叶。然后落以金羁，拂于鳞鬣。晴射紫焰，梢垂绿丝。凝娇欲嘶，嚼凄锵之玉勒；送影不愿，纷偃蹇之朱旗。皇矣帝彻，汉网斯缺。凭百万之精劲，倚四夷之磔裂。屠蒲梢而亘大漠，指二师而求汗血。谓灭没之未来，竟羁縻而不绝。有生必感，有感必通。通也不极，环之无穷。彼泓污之斗水，乃幽赞于神功。然后陬沙卷浪于冯夷之宫，迭足侧身于斋沦之中。星精降兮河岳动，天驷入兮弩骀空。嗟我皇之英特，而牵其惑。欲能败度，侈多凉德。夏后九代，越天地之纪；穆皇八骏，荒帝王之则。而况金通月支，价及疏勒。悉复驰去，终无所得。此余吾之降生，解倒悬于中国。祈招愔愔，式昭德音。感激万古，凄凉至今。愿以采求马之人，为求贤之使；待马之意，为待贤之心。"（《文苑英华》卷132《赋·鸟兽二》）

清祁韵士《西陲总统事略》卷12《渥洼马辩》："事之不可信者，或传之千百年而不知其谬，如所云神马、天马及汗血马是已。按汉书注李斐曰：南阳新野有暴利长，遭刑，屯田敦煌界，数于渥洼水旁见群野马中有奇者，与凡马异，来饮此水。利长先作土人，持勒绊于水旁。后，马玩习久之，乃代土人勒绊收得其马，献之，欲神异此马，伪云从水中出，武帝以为神马。是当时，武帝固未必知其伪，或知其伪而姑藉以为夸大云尔。一时好奇之士，辗转相传，笔之于册，遂以为真，若欲与负图之龙马同目谬矣。考渥洼水，为氏置水之支流，即今党河，在敦煌县，为哈密迤东而北孔道之旁。即有地名为大宛者，疑武帝所得西域之马，未必皆出大宛，特以大宛马善，故随处有此名，其实凡属行国，无不产马。所言代土偶人勒绊数语，实理之所必无，注又明言其伪，而人顾诧称之甚，至或有汗血之说，则尤谬之谬者，推原其故，盖亦有因。今哈密、吐鲁番一带，夏热甚，蚊蠓极大，往往马被其吮噬，血随汗出，此人人所共见，当即所谓汗血者也。若如汉书颜师古注云：大宛国有高山，其上有马，不可得，因取五色马置其下，与集，生驹皆汗血，因号曰天马子。似若其马生而汗血者，果尔，则何以书策载之，古今传之，卒无一人亲见之者哉。"（《中国西北文献丛书》第102册）

二、大宛国汗血宝马

《汉书》卷61《张骞李广利传》："初，天子发书《易》，曰'神马当从西北来'。得乌孙马好，名曰'天马'。及得宛汗血马，益壮，更名乌孙马曰'西极马'，宛马曰'天马'云……而天子好宛马，使者相望于道，一辈大者数百，少者百余人。"

《汉书》卷61《张骞李广利传》：李广利与宛贵人达成停战之约，"宛乃出其马，令汉自择之，而多出食食汉军。汉军取其善马数十匹，中马以下牝牡三千余匹"。

《汉书》卷22《礼乐志》："天马徕，从西极，涉流沙，九夷服。天马徕，出泉水，虎脊两，化若鬼。天马徕，历无草，径千里，循东道。天马徕，执徐时，将摇举，谁与期？天马徕，开远门，竦予身，逝昆仑。天马徕，龙之媒，游阊阖，观玉台。太初四年诛宛王获宛马作。"

《神异经》曰："西南大宛有马，其大二丈，髦至膝，尾委地，蹄如外踠可握，日行千里，至日中而汗血，乘者当以絮缠头，以避风病，其国人不缠。"（《太平御览》卷897《兽部九·马五》）

《西京杂记》："（汉武帝）后得贰师天马，帝以玟石为鞍镂，以金、银、鍮、石以绿地，五色锦为蔽泥，后稍以熊罴皮为之，熊罴毛有绿光，皆长二尺者，直百金。卓王孙有百余双，诏使献二十枚。"（刘歆撰，葛洪辑：《西京杂记》卷2）

《后汉书》卷72《光武十王传·东平宪王苍传》："（汉明帝）中元二年……并遗宛马一匹，血从前髆上小孔中出。尝闻武帝歌，天马霑赤汗，今亲见其然也。"

《通典》卷190《边防六·西戎二·吐谷浑》："青海周廻千余里，海中有小山，每冬冰合后，以良牝马置此山，至来冬收之，马有孕，所生得驹号曰龙种。吐谷浑尝得波斯草马，放入海，因生骢驹，能行千里，故时称青海骢焉。"

杨师道《咏马》："宝马权奇出未央，雕鞍照曜紫金装。春草初生驰上苑，秋风欲动戏长杨。鸣珂屡度章台侧，细蹀经向濯龙傍。徒令汉将连年去，宛城今已鹹名王。"（《文苑英华》卷330《诗·禽兽三》）

张鷟《朝野金载》卷5："隋文皇帝时，大宛国献千里马，骏曳地，号曰师子骢。上置之马群，陆梁人莫能制。上令并群驱来，谓左右曰：'谁能驭之？'郎将裴仁基曰：'臣能制之。'遂攘袂向前，去十余步，踊身腾上，一手撮耳，一手抠目，马战不敢动，乃鞴乘之，朝发西京，暮至东洛，后隋末不知所在。唐文武圣皇帝敕天下访之，同州刺史宇文士及访得其马，老于朝邑市面家，挠碨，骏尾焦秃，皮内穿穴，及见之，悲泣。帝自出长乐坡，马到新丰，向西鸣跃，帝得之甚喜。齿口并平，饲以钟乳，仍生五驹，皆千里足也。后不知所在矣。"（《文渊阁四库全书》第1035册）

唐王损之：《汗血马赋》："异彼天马，生于远方。每流汗以津润，如成血以煐煌。所以名重騄骥，价高骕骦。骨腾肉飞，既挥红而沛艾；麟超龙骜，亦流汗以徜徉。当其武皇耀兵，二师服猛，破大碗之殊俗，获斯马于绝境。由是辞虏塞以员（一作俱）来，望汉庭于退骋。初疑霡霂，染瀚海之霜华；终讶淋漓，变榆关之霞（一作雪）影。及乎献阙之始，就驾之初，锡金羁而势如摄景，排玉勒而态若凌虚。伯乐怎观，讶露襟而沃若；王良载驭，惊溅袖以班如。观其步骤如流，驱驰若灭。恣余力而耸跃，控中衢而复绝。长鸣向日趼趼，而色若渥丹；骧首临风奋迅，而光如振血。疾徐中节，羁束如濡。流膺臆以飞赭，洒缨鬣以疑珠。雄姿泛彼，逸态濡于。映白驹之群，皆疑失素；齐紫燕之匹，不可夺朱。卓彼奇姿，实为殊观。初溢腹（二字一作益丹）而霑洒，终尽足而涣汗。小朱翼而表异，难并骏良；彼赤骥以称奇，飜同款段。超腾莫及，迅疾难俦。赫如以浃洽，乍焕若以飞浮。儵遂越都，甚追风而更疾；如同过隙，似奔屯以潜龙。且其戢联翩，异踥蹀。材逾良骥，名夫逸足。倘不弃于血，诚将八銮而齐躅。"（《文苑英华》卷132《赋·鸟兽二》）

《说郛》卷3《纪异录》："天宝中，大宛进汗血马六匹：一曰红叱拨、二曰紫叱拨、三曰青叱拨、四曰黄叱拨、五曰丁香叱拨、六曰桃花叱拨，上乃改名红玉犀、紫玉犀、平山辇、凌云辇、飞香辇、百花辇，命图于瑶光殿。"

宋司马光《天马歌》："大宛汗血古共知，青海龙种骨更奇。网丝旧画昔尝见，不意人间今见之。银鞍玉镫黄金辔，广路长鸣增意气。富平公子韩王孙，求买倾家不知贵。芙蓉高阙北向开，金印紫绶从天来。路人回首无所见，流风瞥过惊浮尘。如何弃置归皂栈，踠足垂头困羁绊。精神惨澹筋骨羸，举目双睛犹璀璨。伏波马式今已无，子阿肉腐骨久枯。举世无人相骐骥，憔悴不与驽骀殊。神兵淬砺精芒在，宝鉴遊尘肯终晦。君今髴劂被鸣鸾，尚能腾踏崑崙外。"（《全宋诗》卷498）

宋何麟瑞《后天马歌》："建元天子不世出，天相神武产异物，有马出在月氏窟。宝剑之精，乾龙之灵。足如奔电，目如耀星。汗血雨洒，骏肉飘轻。渴吻一饮，黄河尘生。昂首一鸣，天雷收声。曾为伏羲出河负八卦，曾随穆王远与西母会。鸾旂属车相后先，龙盾虎韔八宝鞯。万乘亲临拜甘泉，稳驭玉辂坛壝前。兀鼎勒兵十八万，天子自将孰敢战。骏气横出立阵前，百万闻嘶股俱颤。笑此马，神哉沛。西极龙媒□望退。天子作歌畅皇明，四夷竭蹷咸来庭。天马来，帝作歌，汉时此马今更多。"（《全宋诗》卷3765）

明宋濂《题李广利伐宛图》："贰师城头沙浩浩，贰师城下多白草。六千铁骑随将军，风劲马鸣高入云。师行千里不畏苦，战士难教食黄土。上书天子引兵还，使者持刀遮玉关。乌孙轮台善窥伺，宛若不降轻汉使。玺书昨夜下敦煌，太白高高正吐芒。戍甲重征十八万，居延少年最翘健。杀气漫漫日月昏，边尘冉冉旌旗乱。水工决水未绝流，旒竿已揭宛王头。执驱校尉青狐裘，牝牡三千聚若丘。惜哉五原白日晚，郅居水急游魂返。"（《全明诗》卷47）

清徐珂《清稗类钞》第1册《朝贡类·布鲁特贡马》："布鲁特例至伊犁进马，每年夏秋，将军赴察哈尔、厄鲁特游牧，查孳生牲畜。其马群扣限取孳，照三年一均齐之例办理。马之善走者，前肩及脊，或有小痂，破则出血，土人谓之伤气，凡有此者多健马。故古以为良马之征，非汗如血也。"

清祁韵士：《西陲总统事略》卷12《哈萨克马说》："自古相传，大宛产善马。此说昉自史迁，今考西域诸国固无地不产良马。何以独属之大宛？正以汉时人未履其地，徒闻其名，阻阂昧，遂以善马为大宛所独耳，不宁惟是，即我朝西极未定之先，准噶尔所贡马，率以大宛称之，大抵出今哈萨克回部者居多。按史记载，康居国南羁事月氏，东羁事匈奴，是康居本他人之属国。张骞使月氏，为匈奴所闭，及亡抵大宛，而大宛遂为发导驿抵唐居，则康居又系听大宛役属。唐书载，石国为故康居小王窳匿城地，即汉书所谓康居小五王之一，而唐显庆中以为大宛都督府，亦其一证，故哈萨克以汉语言之，则为康居，自其服属言之，则原大宛是哈萨克之马未尝不可。称为大宛马，特大宛故地在今安集延回部，其所产马乃不及哈萨克远甚，岂古今物产固有转移消长欤。伏读高宗纯皇帝御制诗曰：

大宛之迹见张骞，去汉万里俗耕田。多善马号天马子，属邑七十余城焉。骞仅耳闻非目睹，以今证古多讹传。哈萨克或康居是，大宛则实安集延。善马率出哈萨克，伊犁来鬻岁数千。安集延虽亦有马，素乏良骑来天闲。且哈萨克无城郭，安集延原村落连。昔之大宛今鲜马，今哈萨克非大宛。彼其汉事尚谬记，何况异域悬天边。皇舆西域辑图志，一一征实登诸篇。但考古即误于古，斯之未信吾殷然。

敬谨读此可以知，善马之不必专属大宛，而大宛之非即哈萨克亦晓

然无疑矣。"（《中国西北文献丛书》第102册）

[法] 阿里·玛扎海里著、耿昇译《丝绸之路：中国—波期文化交流史》："从丝绸之路凿空之日开始，也就是公元前2世纪末前后，中国人就非常仰慕由贵霜王朝或安息王朝的人送给他们的第一批波斯马。第一批到达的这种牲畜在中国获得了一个'汗血马'的别名。这一奇怪的名称可能是指其皮毛上红斑，使用一个波斯文术语就叫作'玫瑰花瓣'状。当马的毛皮颜色很深时，其斑点就很鲜明，或反之，长'玫瑰花瓣'状皮毛的马最受好评。如波斯历史上最著名的一匹坐骑的情况就是如此。该坐骑是达斯坦（78—110年）的孙子——著名英雄鲁达斯塔赫姆（120—155年）的骏马……传说中最著名的坐骑即为这种颜色，也就是血和火的颜色。传说中认为，马匹毛皮与其性格是相一致的。'古人'认为这样的马匹也具有火一般的性格，即以骠悍和疾速而出名。"

三、舞马

清张澍辑《凉州异物志》：三国魏曹植《献文帝马表》云："臣于先武皇帝世，得大宛紫骍马一匹，形法应图，善持头尾，教令习拜，今辄已能行与鼓节相应。"

《通典》卷192《边防八·大宛》：宋膺《异物志》云："大宛马有肉角数寸，或有解人语及知音舞与鼓节相应者。"

郑处诲《明皇杂录补遗》："玄宗尝命教舞马四百蹄，各为左右，分为部目，为某家宠、某家骄。时塞外亦有善马来贡者，上俾之教习，无不曲尽其妙。因命衣以文绣，络以金银，饰其鬃鬣，间杂珠玉。其曲谓之《倾杯乐》者，数十回（疑为"曲"字之误），奋首鼓尾，纵横应节。又施三层板床，乘马而上，旋转如飞，或命壮士举一榻，马舞于榻上，乐工数人立左右前后，皆衣淡黄衫、文玉带，必求少年而姿貌美秀者。每千秋节，命舞于勤政楼下。其后上既幸蜀，舞马亦散在人间。禄山常观其舞而心爱之，自是因以数匹置于范阳。其后转为田承嗣所得，不之知也，杂之战马，置之外栈。忽一日，军中享士，乐作，马舞不能已。厮养皆谓其为妖，拥篲以击之马，谓其舞不中节，抑扬顿挫，犹存故态。吏遽以马怪白承嗣，命箠之，甚酷，马舞甚整，而鞭挞愈加，竟毙于枥（马槽）下。时人亦有知其舞马者，惧暴而终不敢言。"（[唐]郑处诲：《明皇杂录补遗》，《开元天宝遗事十种》）

唐杜甫《斗鸡》："斗鸡初赐锦，舞马既登牀。簾下宫人出，楼前御柳长。仙遊终一闷，女乐久无香。寂寞骊山道，清秋草木黄。"（《御定全唐诗录》卷30）

唐郑锡《舞马赋》："《书》曰：'击石拊石，百兽率舞。'是知时贞而物应，德博则化光。故九有宅心，万方惟允。我开元圣文神武皇帝陛下，懋建皇极，丕承宝命。扬五圣之耿光，安兆民于反侧。功成道备，作乐崇德。上以殷荐祖宗，下以导达情性。则有天马绝足，来从东道。出天庭而屡舞，仰皇心而载悦。岂止绿错开图，分九畴于夏后；汗沟走血，服四夷于汉皇而已哉。野人沐浴圣造，与观盛德，敢述蹈舞之事而赋之：

皇帝叶天行，乘春候。张广乐而化通鬼神，征舞马而怀柔奔走。尔其聆音却立，赴节腾凑。顾迟影而倾心，效长鸣而引咙。徘徊振迅，类威凤之来仪；指顾倏忽，若腾猨之惊透。昒钟鼓而载止，畅箫韶之九奏。洇宛迹迟迟，汗血生姿，顺指不动，因心所之。日照金羁而晴光交映，风飘锦覆而淑气相资。顾以退而未即，将欲进而复疑。绝节交衢而大人相庆，赴曲齐列而皇心则怡。岂若檀溪水上，章台路前。尘埋玉勒，汗湿金鞭。竟空疲于力用，固无取于当年。孰若矫足腾摧，婉柔姿而近日；惊身耸跃，娇逸态于钧天。别有假象天星，因时降灵。双瞳夹镜而异质，两髐夹月而殊形。出渥洼兮道已泰，历具坂兮心匪宁。愿因百兽之相率，舞圣德于天庭。"（《文苑英华》卷131《赋·鸟兽一》）

唐郑锡《舞马赋》："渥洼之骏兮，逸群特秀；简伟之来兮，稀代是靓。岂惮夫行地无疆，是美其承天之祐。弥雄心以顺轨，习率舞而初就。因大乐以逞状，随伶官而入奏。乐彼皇道，上委拆于一人；狎节广场，下欢心于百兽。饎金锛，顿红绖，类却略以凤态，终宛转而龙姿。或进寸而退足（尺之误），时左之而右之。至如鼍鼓历考，龙笛昭宣。知执辔之有节，乃躞足而争先。随曲变而貌无停趣，因矜固而态有遗妍。既习之十规矩，或奉之以周旋。迫而观焉，若桃花动而顺吹；远而察之，类电影倏而横天。固绝伦之妙有，岂众伎之齐焉。我皇端拱无事，垂意至宁。愔愔正声，以允变而合乐；逐逐良马，终万舞而在庭。岂比夫汉皇取乐而同辔，鲁侯空牧而在堈。以今古而匹敌，何长短之相形。”（《文苑英华》卷131《赋·鸟兽一》）

宋徐积《舞马诗并序》：“唐明皇时，尝令教舞马四百蹄，为左右部，因谓之某家娇。其曲谓之《倾杯乐》者凡数十曲。奋首鼓尾，纵横应节。乐工数十人，衣淡黄衫、文玉带，立于马左右前后。或施榻一层，或令壮士举一榻，而马舞于其上。又饰其鬃鬣，衣以文绣，络以金铃，杂以珠玉之类，其穷欢极侈如此。余读唐书，感天宝之乱，于是作《舞马诗》云：开元天子太平时，夜舞朝歌意转迷。绣榻尽容麒骥足，锦衣浑盖渥洼泥。才敲画鼓头先奋，不假金鞭势自齐。明日梨园翻旧曲，范阳戈甲满西来。”（《全宋诗》卷654）

宋唐庚《舞马行并序》：“明皇时，教坊舞马百匹，谓之某家娇，其曲谓之《倾杯乐》。天宝之乱，此马流落人间，魏博田承嗣得之，初不识也。已而承嗣大宴军中，酒行乐作，马闻乐声起舞，承嗣以为妖，命杀焉。予读其说而悲之，作《舞马行》：天宝舞马四百蹄，綵床衬步不点泥。梨园一曲倾杯乐，骧首顿足音节齐。几年流落人间世，挽盐驾鼓不敢嘶。忽然技痒不自禁，俗眼惊顾身颠隮。后生何尝识此舞，谓之不祥固其所。”（《全宋诗》卷1323）

宋释居简《续舞马行》：“见说开元天宝间，登床百骏俱回旋。一曲倾杯万人看，一顾群空四十万。梨园部曲能穷奇，蹄铁矫揉杨柳枝。不直玉环一解颐，更走泸戎生荔枝。天上人间反复手，故态忽生乱离后。将军入眼可曾有，误骏为妖不足咎。于戏唐虞全盛时，百兽率舞凤鸟仪。雍熙之和乃其效，何用区区教坊教。”（《全宋诗》卷2792）

宋沈枢撰《通鉴总类（一）》卷一下《明皇穷声技之巧》："至德、元载初，明皇每酺宴，先设太常雅乐坐部立部，继以鼓吹胡乐，教坊、府县散乐杂戏，又以山车陆船……又教舞马百匹，衔杯上寿，又教犀象入场，或拜或舞。安禄山见而悦之，既克长安，命搜捕乐工，运载乐器、舞衣、驱舞马、犀象，皆谐洛阳。"（《文渊阁四库全书》第461册）

四、诗中的汗血宝马画家与汗血宝马画

宋吴则礼《伯时三马图》："从来画马称神妙，至今只说江都王。将军曹霸实仲季，沙苑丞辈犹诸郎。龙眠老人亦画马，独与三子遥相望。两马骈立真骕骦，一马脱去仍腾骧。龙眠老人今则亡，呜呼三马谁平章。北湖居士两鬓苍，初无长吉古锦囊。饭豆不足将游梁，手持三马三太息，墙乌已复催船樯。"（《全宋诗》卷1267）

宋周紫芝《韩幹画郭家师子花此画本江南故家物自腕而下绢素烂脱李伯时得之马忠肃家补足之蔡天启貌本以传其甥王季贡》："神驹堕地无渥洼，象龙不复来流沙。开元画手老韩幹，为作郭家师子花。当年物故不堪看，蹄铁四蹄俱脱腕。英姿逸态犹精神，彷佛风鬃血流汗。"（《全宋诗》卷1528）

宋苏轼《次韵子由书李伯时所藏韩幹马》："潭潭古屋云幕垂，省中文书如乱丝。忽见伯时画天马，朔风胡沙生落锥。天马西来从西极，势与落日争分驰。龙膺豹股头八尺，奋迅不受人间羁。元狩虎脊聊可友，开元玉花何足奇。伯时有道真吏隐，饮啄不羡山梁雌。丹青弄笔聊尔耳，意在万里谁知之。幹惟画肉不画骨，而况失实空留皮。烦君巧说腹中事，妙语欲遣黄泉知。君不见韩生自言无所学，厩马万匹皆吾师。"（《全宋诗》卷811）

宋李纲《赵叔霈运判见示宣和御画二轴一马举足奋迅将起其一兔正面踞地啮草皆绝去笔墨畦径间意态如生精妙入神伏观叹息感慨因赋诗二

篇以赞扬宸翰且叙小臣悽愤之情云》：“宣和天厩多清新，肉鬃汗血皆翔麟。圉人牵来赤墀下，宸笔落纸亲传神。非行非立非驰逐，独写腾身前举足。展沙奋迅欲嘶风，骧首骖骤初喷玉。流云飞电五花骢，庭前榻上双真龙。始知韩幹画多肉，坐使冀北群皆空。銮舆远狩龙荒外，八骏瑶池杳何诣。空留此马落人间，感愤暗洒累臣涕。”（《全宋诗》卷1560）

宋李纲《罗畴老所藏李伯时画马图二首·右御马》：“房星之精下天驷，产生骐骤奉天子。龙媒徕自大宛城，汗血生从渥洼水。那知妙手居合淝，笔端能出神俊姿。顾视清高气深稳，志意俶傥精权奇。兰筋秀骨连钱直，细毛萧捎丰颊臆。金鞚络首牵奚官，自中伏波铜马式。一定驻立一定行，坐看千载风云生。鸾旗在前属车后，虽有绝足何由呈。”（《全宋诗》卷1547）

宋张侃《题李伯时马》：“近代李伯时，能画天厩马。画本出心匠，不在韩幹下。真骨独当御，汗血沫凝赭。为渠生光辉，神妙非力假。平日熟意态，绘事颇闲暇。谁知赝易真，万马悉暗哑。色带碧云䎩，和鸾亦雅雅。一笔竟不予，此意识者寡。”（《全宋诗》卷3109）

宋黄庭坚《和子瞻戏书伯时画好头赤》：“李侯画骨不画肉，笔下马生如破竹。秦驹虽入天仗图，犹恐真龙在空谷。精神权奇汗沟赤，有头赤乌能逐日。安得身为汉都护，三十六城看历历。”（《全宋诗》卷987）

宋刘攽《次韵苏子瞻韩幹马赠李伯时》：“李侯洒笔定超诣，尚有天骥君未知。宛王毋寡今授首，汗血不敢藏贰师。”（《全宋诗》卷604）

宋岑津《题韩幹马》：“左辅周垣隐白沙，龙媒绝种进天家。骄嘶玉勒怜丰草，渴饮冰泉带落花。西狩还经千里栈，东巡会驾五云车。权奇灭没犹惊电，漫许拳毛世特夸。”（《全宋诗》卷3774）

金王寂《跋韦偃病马图》："开元天宝谁能画，韩子规摹出曹霸。惜乎画肉不画骨，坐使骅骝减声价。晚生韦偃非画工，少也得名能古松。试拈秃笔扫东绢，便觉天厩无真龙。胡不写明皇照夜白，弄骄顾影嘶长陌。又不写太宗拳毛䯄，百战万里轻风沙。"（《全金诗》卷30）

元朱德润《题张参政所藏骢马滚尘图》："盛唐太仆王毛仲，八坊分队三花动。当时画马称曹韩，尺素幻出真龙种。玉花照夜争新妍，一马滚尘鬃尾鲜。昂头不受金丝络，汗血辗沙生昼烟。翰林妙写不减古，名驹染出青豪素。延祐君王赏骏材，金盘赐帛开当宁。时清处处生骊骝，何必汉朝称渥洼。王良幸勿嗔蹑啮，一跃大衢千里沙。"（《元诗选初集》卷46）

明危素《题韩干马图后》："韩公画马得马趣，落笔宛有卢遵风。腯肥不见筋骨露，腾骧始知气力雄。朝逢圉人汲秋水，精神炯炯双方瞳。卷中题诗十五客，惟有括苍留古色。"（《全明诗》卷23）

明妙声《题画马》："画师胸中有全马，三马斯须生笔下。中有一马玉花骢，似是西来大宛者。不群不食意气豪，羞与二马同凡槽。使我见画三太息，于今谁是九方皋！"（《全明诗》卷31）

参考文献

一、古代文献

1. 史记.北京：中华书局，1959

2. 汉书.北京：中华书局，1962

3. 后汉书.北京：中华书局，1965

4. 三国志.北京：中华书局，1982

5. 晋书.北京：中华书局，1974

6. 魏书.北京：中华书局，1974

7. 北史.北京：中华书局，1974

8. 宋书.北京：中华书局，1974

9. 隋书.北京：中华书局，1973

10. 旧唐书.北京：中华书局，1975

11. 新唐书.北京：中华书局，1975

12. 元史.北京：中华书局，1976

13. 明史.北京：中华书局，1974

14. （汉）刘歆撰，（晋）葛洪辑.西京杂记.文渊阁四库全书

15. 东观汉纪校注.全后汉文

16. （晋）张华.博物志.文渊阁四库全书

17. （晋）宋膺.异物志.文渊阁四库全书

18. （北魏）崔鸿撰，（明）屠乔孙、项琳辑.十六国春秋辑补.文渊阁四库全书

19. （梁）任昉·述异记.文渊阁四库全书

20. （唐）张鷟.朝野佥载.文渊阁四库全书

21. （唐）崔令钦.教坊记.文渊阁四库全书

22. （唐）徐坚.初学记.文渊阁四库全书

23.（唐）杜佑.通典.北京：中华书局，1984

24.（唐）郑处诲.明皇杂录补遗.开元天宝遗事十种.上海：上海古籍出版社，1985

25. 唐会要.文渊阁四库全书

26. 文苑英华.北京：中华书局，1966

27. 册府元龟.文渊阁四库全书

28. 太平御览.北京：中华书局，1960

29. 太平广记.北京：中华书局，1961

30. 资治通鉴.北京：中华书局，1956

31. 全唐文.文渊阁四库全书

32. 说郛.文渊阁四库全书

33. 玉海.文渊阁四库全书

34.（明）罗曰褧.咸宾录.文渊阁四库全书

35.（明）董斯张.广博物志.文渊阁四库全书

36. 宋稗类钞.文渊阁四库全书

37. 清稗类钞.北京：中华书局，1984

38. 御定全唐诗录.文渊阁四库全书

39. 全宋诗.北京：北京大学出版社，1993、1995、1998

40. 全金诗.天津：南开大学出版社，1995

41. 全明诗.上海：上海古籍出版社，1990

42. 古今图书集成.文渊阁四库全书

二、近现代论著

1. 许氏方舆考证稿.中国西北文献丛书

2. 张星烺.中西交通史料汇编.北京：中华书局，1977

3. 吴蔼宸选辑.历代西域诗钞.乌鲁木齐：新疆人民出版社，1982

4. 王秉钧等选注.历代咏陇诗选.兰州：甘肃人民出版社，1981

5. 祁韵士.西陲总统事略.中国西北文献丛书

6. 黄时鉴主编.解说插图中西关系史年表.杭州：浙江人民出版社，1994

7. ［法］吕斯·布尔努瓦.丝绸之路.耿昇译.济南：山东画报出版社，1982

8. 陈直.三辅黄图校证.西安：陕西人民出版社，1980

9. 王朝闻总主编.中国美术史.济南：齐鲁书社、明天出版社，2000

10. 徐改.中国古代绘画.北京：商务印书馆，1996

11. 辞海.缩印本.上海：上海辞书出版社，1980

12. 黄宗贤.中国美术史纲要.重庆：西南师范大学出版社，1993

13. 竺可桢文集.北京：科学出版社，1979

14. 侯丕勋.汗血马诸问题考述.西北民族研究，1988（2）

15. 楼毅生.天马.解说插图中西关系史年表.杭州：浙江人民出版社，1994

16. 侯丕勋.汗血马与丝绸之路.丝绸之路，1995（3）

17. 周士琦.汗血马小考.文史杂志，2002（2）

18. 王立.汗血马的跨文化信仰与中西交往——〈汗血马小考〉文献补正.文史杂志，2002（5）

三、新闻报道

1. 郑小红.找寻汗血宝马.中新社，2001年11月17日电

2. 土库曼总统汗血宝马赠中国领导人.大洋网，2001年6月18日

3. "汗血马"至少仍有两千匹.大洋网，2001年4月16日

4. 郑小红.九运传真：九运会赛马中找寻汗血宝马.中新社广州，2001年11月17日电

5. 中国还有汗血宝马吗？.北京青年报，2001年6月13日

6. 速度赛马现奇观，"汗血马"现身九运赛场.新闻晨报，2001年11月19日

7. 杨晨.汗血宝马即将进京.北京晚报，2001年6月18日

8. 王海涓.汗血宝马首次亮相，祖先曾获奥运冠军.北京晚报，2002年6月19日

9. 文景.追寻汗血马.深圳周刊，2002

10. "汗血"是寄生虫病.新华社，2002年8月3日电

11. 杨玉峰.专家称汗血马不是一个马种，汗血现象是一种病症.北

京晨报网站

12. 专家揭秘"汗血"宝马：寄生虫作怪.新华网，2002年6月21日

13. 李晓玲,陈国安.专家解析"汗血马"在中国失传原因.新华网，2002年8月3日

14. "汗血宝马"重返中国，父辈身价一千万美元.中国日报，2002年6月19日

15. 中国有纯种"汗血宝马"吗？新华社乌鲁木齐，2002年8月2日电

16. "汗血宝马"惊现天山，印证中国史书传奇.人民网，2001年4月17日

17. 揭开"汗血马"的神秘面纱.东方网，2002年8月3日

18. 神话中走来的汗血马.我们爱科学，2002 (21)

19. 金庸等谈土库曼斯坦赠送的汗血宝马.南方网.新闻夜话，2002年8月12日

20. 土库曼斯坦总统访华，带来汗血宝马.环球时报，2006年3月27日

初版后记

1988年，笔者在《西北民族研究》第2期发表的《"汗血马"诸问题考述》，是国内首篇较为系统探讨汗血宝马诸问题的论文。当时因阅读文献有限，该文所涉及问题并不多。1995年，曾从已掌握史料中认识到汗血宝马在古代大宛国和中国之间在一定程度上起了"友好使者"的作用，于是又发表了《汗血马与丝绸之路》一文。2001年4月，从报纸上看到日本人清水隼人在新疆天山西部发现汗血宝马的消息，激起了笔者继续研究汗血宝马问题的兴趣。2002年6月，土库曼斯坦尼亚佐夫总统向我国国家主席江泽民同志赠送汗血宝马的新闻报道，使我萌发了将汗血宝马问题撰写成一部系统著作的想法。从那时起，经过四年的努力，这本书终于和读者见面了。

在查阅文献和撰写书稿的过程中，笔者对中国传统马文化的认识逐渐深化了。大量史料表明，在汗血宝马东入中原之前，中国本土马文化以崇尚和识别"千里马"为基本特征，而在此后，中国马文化则逐渐以神化、艺术化和人格化汗血宝马为基本特征。这说明，大宛国汗血宝马的东入中原，使得源于先秦时期的中国传统马文化的内涵极大丰富和人文化了，尤其在中唐之后，除了民间的"马神"崇拜之外，汗血宝马所带来的诸文化元素终于变成中国传统马文化的主要元素了。这便是本书用一定篇幅去写汗血宝马文化的根本原因所在。

拙著的撰稿，进行得比较快，出版也较顺利，这与各方面的关心和大力支持分不开。西北师范大学文学院王宗元副教授、李并成研究员提供和帮助拍摄了部分照片。西北师范大学文学院伏俊琏教授帮助标点了部分史料。西北师范大学文学院黄兆宏副教授，研究生郎军涛、赵炳林，酒泉市博物馆赵建平等同志，曾帮助收集了部分史料和汗血宝马图片，并提供了部分史料的查阅线索，从而节省了不少时间。在此还需要说明的是，由于对史学界、新闻界诸专家学者论著中众多见解、网上资料、图片的转述与征引，使得拙著显得更为完善。为此，在拙著面世之际，特地对所有给予热忱帮助和支持的同志及学术界同仁谨致衷心感谢。

作　者

二〇〇六年四月五日

增补版后记

2006年4月，拙著《汗血宝马研究》由甘肃文化出版社出版已有九年多时间了。近日，西北师范大学社科处和西北师范大学历史文化学院商定将《汗血宝马研究》收入《丝绸之路与华夏文明研究文库·西北边疆史地研究丛书》予以再版，使我感到非常高兴。尤其令我欣喜的是：2006年4月2日，土库曼斯坦尼亚佐夫总统，赠送给我国国家主席胡锦涛同志的一匹名为阿尔客达葛的汗血宝马，和2014年5月12日土库曼斯坦库尔班古力·别尔德穆哈梅多夫总统，赠送给我国国家主席习近平同志的一匹金色汗血宝马普达克的重要资料，可以补充到再版的《汗血宝马研究》中了。这两匹汗血宝马来到中国，续写了中土两国人民传统友谊的新篇章。当我从电视、报纸和网络上获得有关珍贵资料后尽快补入了即将再版的书稿，使本书进一步具有了"实录"的特点。

土库曼斯坦尼亚佐夫总统赠送江泽民主席、胡锦涛主席和别尔德穆哈梅多夫总统赠送习近平主席的汗血宝马部分资料，《良友周报》以《送给主席的马》为题，作了综述报道，本版已将有关新颖资料补入本书，从而使本书更为系统和完整。

这次再版，为了同整个丛书保持同一体例，于是为之确定了"西极与中土"的主题。这是因为，在汉武帝通西域之前，中国人将汉朝以西极远的地区称为"西极"，"西极"所产名马称为"西极马"。当公元前128年，张骞在大宛国发现汗血宝马，回来后又把汗血宝马的情况向汉武帝作了奏报，从此，汉朝人就把"西极马"改称为"天马"与"汗血马"，而把乌孙马改称为"西极马"。不过，当时西汉人并不真正了解"天马"即"汗血马"的始产地，所以在此后很长时期，总是以为"汗血马"产于西域大宛国。到了当代，中亚土库曼斯坦国家有关资料表明，"汗血马"的始产地为土库曼斯坦境内科佩特山脉和卡拉库姆沙漠间的阿哈尔捷金绿洲，故该国人称"汗血马"为"阿哈尔捷金马"。据此可知，"天马"和"汗血马"，只是中国人对土库曼斯坦阿哈尔捷金马的称谓。

同时，我们在确定增补版的主题时曾考虑到，古代中国人将中国腹地即今河南省中北部、山西省南部、山东省西部和河北省西南部等地称为"中原"，而将整个中国习称为"中土"。又考虑到汗血宝马于西汉时东入"中土"，如今又知地处古代"西极"的土库曼斯坦是"汗血宝马"的始产地，而土库曼斯坦国名的第一个字"土"为汉语译音字，所以，"中土"一词又成了中国与土库曼斯坦两国国名并称时的简称，为此，特将本著作主题确定为"西极与中土"是颇具历史与现实意义的。

有关汗血宝马问题的图片，都是客观而真实反映汗血宝马历史的珍贵资料，也是广大读者都很喜欢查阅和观看的。这次再版时，也将原来具有代表性的大多图片改收再版正文之中，另外又增收了少量图片，以供广大读者观览和欣赏，同时经新的考辨，敦煌南湖不是西汉"渥洼水"，而月牙泉才是真正的西汉"渥洼水"，故将南湖照片用月牙泉照片予以替换。至于匈奴王冒顿的"千里马"，在《史记·匈奴列传》中虽然有记载，但所记载并未明确肯定是汗血宝马，同样未予采收。

本书这次出增补版，西北师范大学社科处张兵同志、历史文化学院刘再聪同志、甘肃文化出版社原彦平编辑等都付出了辛勤劳动，特此谨致诚挚谢意！

作　者

二〇一五年一月五日

后　记

　　2012年6月，西北师范大学以历史学系和敦煌学研究所为基础，组建历史文化学院。为了适应国家重大战略调整，适应地方经济社会发展需求，历史文化学院发挥学科优势，突出研究特色，凝练方向，在原有的西北师范大学敦煌学研究所、甘肃省西北边疆史地研究中心、简牍学研究所之外，调整和新设了西北民族与宗教研究所、文化遗产研究中心、陇商研究中心、西北近现代史研究中心、美国历史文化研究中心。

　　历史学是西北师范大学最早设置的专业之一，也是研究实力最强的专业之一。西北师范大学历史学研究底蕴深厚，成就突出，利用汉晋简牍、敦煌吐鲁番出土文书及宋元以来的地方志和碑刻资料开展丝绸之路研究、西北民族和宗教研究、中西文化交流研究取得了显著成绩，学术影响较大。从1996年至2005年，历史文化学院在西北师范大学历史系阶段、西北师范大学文学院阶段、西北师范大学文史学院阶段，联合省内科研院所，先后编辑出版过《西北史研究》三辑四册，《简牍学研究》四辑，共收录文章230多篇。《西北史研究》具有汇集性质，主要收录已刊发文章。文章作者以历史文化学院教师为主，包括部分博士、硕士研究生，也有部分校外同行专家；《简牍学研究》以反映最新研究成果为主，主要收录未刊发文章。文章作者有历史文化学院教师，也有国内外著名学者。

　　为了汇聚学术积淀、承袭优良学脉、扩大学术交流、推动学科建设，历史文化学院编辑出版《西北边疆史地研究丛书》，作为《西北史研究》的后续。《西北边疆史地研究丛书》按专题分类，主要选录2005年以来署名单位为西北师范大学的相关文章。同时，继续编辑出版《简牍学研究》。

　　《汗血宝马研究：西极与中土》是《西北边疆史地研究丛书》的一

种，也是"丝绸之路与华夏文明研究文库"的重要组成部分。侯丕勋教授长期关注和研究汗血宝马问题，在广泛采收国内外资料的基础上，先后出版了《汗血宝马研究》与《陇马史话》两部著作，还发表了部分专题论文，使汗血宝马问题的相关资料进一步系统化与条理化，梳理了汗血宝马的来龙去脉，解决了汗血宝马问题研究中的诸多难题，富有创见。本书是侯丕勋教授《汗血宝马研究》的增补版，作者对原作相关章节进行了调整，并补充了有关资料，为彰显汗血宝马在古代"西极与中土"之间所起的重要纽带作用，故将本书定名为《汗血宝马研究：西极与中土》。

《西北边疆史地研究丛书》得到了西北师范大学考古学、中国史、世界史、民族学等四个甘肃省重点学科的支持，也得到了"丝绸之路与华夏文明传承发展协同创新中心"的支持。

在书稿的编辑出版过程中，西北师范大学刘基教授、刘仲奎教授、张兵教授、李并成教授给以热忱关怀。甘肃文化出版社原彦平同志在文稿编排方面倾注了大量心血。他们付出的辛勤劳动使书稿得以顺利出版，在此谨致谢意。

二〇一五年十一月